"十二五"国家重点图书出版规划项目
城 市 与 建 筑 遗 产 保 护 实 验 研 究

U0288883

天辽地宁 格致探原

东南大学城市保护与发展工作室研究系列

辽宁近现代文物建筑的研究与保护

RESEARCH & CONSERVATION
OF MODERN ARCHITECTURAL RELICS
IN LIAONING

沈 旸 周小棣 李向东 马骏华 著

东南大学出版社 · 南京

国家自然科学基金青年科学基金项目（51308100）
东南大学基本科研业务费创新基金（3201000501）

图书在版编目（CIP）数据

天辽地宁　格致探原：辽宁近现代文物建筑的研究与保护 / 沈旸等著 . -- 南京：东南大学出版社，2013.12
ISBN 978-7-5641-4114-1

Ⅰ.①天… Ⅱ.①沈… Ⅲ.①建筑物—保护—研究—辽宁省—近现代 Ⅳ.① TU.87

中国版本图书馆 CIP 数据核字（2013）第 034406 号

书　　名：天辽地宁　格致探原
责任编辑：戴　丽　魏晓平
装帧设计：沈　旸　申　童　布　超
出版发行：东南大学出版社
社　　址：南京市四牌楼 2 号
邮　　编：210096
出 版 人：江建中
网　　址：http://www.seupress.com
电子邮箱：press@seupress.com
印　　刷：利丰雅高印刷（深圳）有限公司
开　　本：787mm×1092mm　　1/16
印　　张：14.25
字　　数：368 千
版　　次：2013 年 12 月第 1 版
印　　次：2013 年 12 月第 1 次印刷
书　　号：ISBN 978-7-5641-4114-1
定　　价：68.00 元
经　　销：全国各地新华书店
发行热线：025-83791830

本社图书若有印装质量问题，请直接与营销部联系。电话（传真）：025-83791830

　　周小棣是我的邻居，我是看着他长大的。他勤奋好学，从事古代建筑史、景观史、景观设计、建筑设计等研究。近年来，他和他的团队涉足遗产保护领域的研究，目前已经取得了阶段性的成果。

　　城市是有情感的城市，记忆的城市。由于人们的生活居住和特定自然条件所限，城市和建筑往往都具有某些一致性和特殊性，其空间本身也具有某些鲜明的特色。在漫长的岁月积淀中，人们对城市留下了深刻的记忆，同时，城市也承载着地域、民族的特色和历史文化空间要素，在这样的城市中人们才能找到归属感和认同感。

　　小棣及其团队通过对这些具有历史厚重感、特色鲜明、被普遍认同的历史文化空间要素的合理组织，建立起了清晰独特的历史空间环境意象，这样的操作思路不仅可以使人们在日常生活中建立起与传统文化的联系，而且也有利于整个社会的传承和发展。

　　预祝这套丛书的出版能给肩负着文化传承的遗产保护工作者及建筑师、规划师们带来有益的参考。

中国科学院院士

　　近些年，因为参加省内一些国家重点文物保护单位和省级文物保护单位保护规划的论证，与规划编制单位及参与规划的学者有所接触，在讨论过程中向他们学习了不少有关规划方面的知识，并体会到文物保护规划不仅是对规划对象认识的扩展，更是一次升华，为此需要文博考古与规划这两个学科的有机结合和有关学者的密切配合。

　　在这方面，东南大学城市保护与发展工作室做得较好。这套包括长城资源在内的有关辽宁文物研究和保护的专著出版就是很好的说明。

　　东南大学城市保护与发展工作室从2005年开始，与辽宁省刚刚组建的文物保护中心合作开展文物保护单位的规划编制工作。他们在辽宁省编制的首项文物保护单位——抚顺市平顶山惨案遗址的保护规划，就获得教育部2005年度优秀规划设计一等奖。此后的八年时间里，他们先后承担了清永陵、铁岭银冈书院、九门口长城、前所城、北镇庙等多处全国重点文物保护单位和省级文物保护单位的保护规划编制。其中与长城有关的保护规划，从长城墙体的本体如小河口长城、九门口长城等的保护规划，扩展到长城相关的卫所如兴城古城与前所城等城镇的保护规划，表现出编制参与者规划领域的开拓和专业研究水平的提升，使他们的工作成为我省文物保护的有力支撑。

　　以兴城古城和前所城的保护规划为例。在进行规划编制过程中，规划参与者并不局限于对规划本身的了解，而是对相关历史背景如辽东长城具有的"负山阻海"的整体防御体系，尽可能地做全面了解和研究。从对明代辽东镇的全面介绍和研究部分看，他们除了参考我省编写、反映近年辽东长城调查最新成果的《辽宁省明长城资源调查报告》中有关长城资源调查所取得的各类文字、表格、图纸、照片等成果资料以外，还查阅了其他相关史料，尤其对未列入具体规划项目的辽东镇都指挥司使所在地、辽东长城的指挥枢纽——明代辽阳城着墨较多。这就使每一个具体规划项目能够建立在较为广阔和深入的历史背景基础之上，以作进一步的挖掘和更深入的理解，编制出来的规划自然也会较为符合历史实际，更接近于对历史原貌的复原，从而使规划的保护目标和展示效果尽量达到上佳。

　　在具体的研究过程中，他们也不满足于已有资料，而是坚持进行实地的深入调查，取得第一手资料，从而有新的发现和理解，这在兴城古城的规划中表现显著。从古城保护要求的标准看，兴城古城的优势在于城内几乎没有高度超过城墙的建筑，这在我国现存的明代古城中是很少见的，在快速发展的城市建设中也是十分难得的，这就为古城规划的编制从指导思想到具体操作都提供了十分有利的条件和发挥的空间。不过兴城古城的保护，也曾经历过一个不断加深认识的过程：由20世纪只保护城墙到现今包括城内几处古代庙宇和近代建筑群分别列入国家和省级文物保护单位。与此同时，我们也逐渐觉察到对散布于城内各处的民居进行保护的重要性，但一直未能开展全面调查，缺少这方面的系统资料，使对古城以内实施总体全面保护缺少依据，以致有关方面曾酝酿对城内实行全面改建的设想。东南大学城市保护与发展工作室在接到相关保护规划的委托后，除对已认定为国家和省级的文物保护单位进行全面细致的调查和分析以外，对尚未公布为保护单位的各类民居和其他历史建筑物也进行了全面摸底和仔细调查，取得了城内近代民居全面系统的资料，并提出具有辽西地域特点的囤顶式民居在民居建筑史上的重要学术价值和对其采取保护措施的必要性。这就为兴城古城的总体全面保护提供了科学依据，使兴城古城的保护从格局到肌理都比以往充实了许多。

　　还要提到的是兴城古城保护规划将其外城也纳入规划中。兴城有外城，在明代《辽东志》中已有体现，但外城遗迹早已不存，也一直未进入保护视野。规划参与者在文献提供线索的基础上，对外城做了反复的调查，对知情人做了采访，并在规划文本中加以确认。目前兴城古城的内城以外建筑，从街道走向到建筑风格、高度以至建筑密度，都与古城风貌甚不协调，如何改善一直是兴城古城及其环境保护的一个难题。这次规划中外城的提出，为扩展保护范围和实现对兴城古城内城以外规划范围和建筑的控制，提供了又一科学依据。

近些年，随着我国文化遗产保护事业的迅速发展，已编制通过并实施和正在编制的文化遗产保护规划项目越来越多，这对我国的文化遗产保护事业来说，是一件好事，也是一件新事。为此，有学者已提出不妨将规划项目的进度放缓一些，冷静下来做点总结。东南大学将规划过程中所取得的研究成果和规划文本纳为一体，编著成书，可视为对前一段规划工作的一次总结，是使文化遗产保护规划编制工作事半功倍的扎实工作，值得推广。

郭大顺

辽宁省文物保护专家组组长
原辽宁省文化厅副厅长

辽宁省文物资源十分丰富，堪称北方文物大省之一，地上文物遗迹和地下文物遗址众多，宝贵的文物资源丰富了辽宁省的文化内涵。近年来，在国家文物局"保护为主，抢救第一，合理利用，加强管理"的文物工作原则指导下，辽宁省对亟须保护和能够惠及于民的文物保护单位编制了保护规划，达到了有效保护与合理利用的目的。同时，我们深刻地认识到遗产保护需要社会各方面的参与，专业的保护规划编制更离不开专业团队的合作。

东南大学建筑历史与理论学科是国内建筑院校唯一的国家级重点学科，具有悠久的历史和丰富的人才资源，在国内有较强的专业优势。辽宁省文物保护中心成立较晚，专业人才少。我们通过和东南大学的合作，借助高校的教学资源形成辽宁省文物建筑保护的人才培养平台，不断提升辽宁省文物建筑保护人才的数量和质量，提高辽宁省文物建筑保护工作的整体水平，也为辽宁省申请规划资质积累了业绩。

近几年来，东南大学的城市保护与发展工作室成员勤勤恳恳、埋头钻研，在涉及遗产保护的研究、规划等领域都颇有建树，在文化遗产保护理念、认识方面不断提高，并将其与地方经济、社会发展相结合，实现文物保护与经济发展的双赢。近期，为将珍贵的文化遗产和城市记忆留给子孙，并推动文物保护规划与城市建设、发展规划的有效衔接，他们将双方合作的抚顺市战犯管理所旧址、抚顺市平顶山惨案遗址等多个保护规划项目的研究集结付梓。城市保护与发展工作室嘱我为序，将辽宁的文化遗产保护规划项目展示给读者。我希望他们的学术视野更为开阔，研究成果更为丰富。

辽宁省文化厅副厅长
辽宁省文物局局长

致谢

东南大学建筑学院：陈薇、王建国

东南大学建筑设计研究院有限公司：相睿、常军富、俞海洋、高琛

北京大学考古文博学院：张剑葳

辽宁省建筑设计研究院：黄欢

杭州园林设计院股份有限公司：于娜

杭州市汉嘉设计集团服务有限公司：汪涛

南京市建筑设计研究院有限公司：肖凡

西安建筑科技大学城市规划设计研究院：高磊

北京清华同衡规划设计研究院有限公司：高婷

北京市建筑设计研究院有限公司：布超

浙江省古建筑设计研究院：梁勇

香港大学建筑学院：林晓钰

辽宁省文物保护中心

抚顺市文化广播电影电视局

抚顺市平顶山惨案遗址纪念馆

抚顺市战犯管理所

抚顺市元帅林文物管理中心

铁岭市周恩来同志少年读书旧址纪念馆

营口市文化局

营口市西炮台文物管理所

葫芦岛市文化广播电影电视局

葫芦岛市塔山烈士陵园管理处

目录

引言

　　文物保护单位的保护规划是我国专门用于各级文物保护单位的文化资源整体保护的综合性科技手段，在文化遗产保护整体工作中属于关键性环节，在文化遗产保护领域属于新兴科技门类。自1990年代国家文物局审批的文物保护规划开始，至2004年国家文物局发布《全国重点文物保护单位保护规划编制审批办法》和《全国重点文物保护单位保护规划编制要求》止，基本属于一个完整的缘起和初创时期。自2004年至今，文物保护单位的保护规划已经发展成为一个成熟的规划编制体系，大量保护规划编制项目得以完成，有关保护规划的学术成果也屡屡出现。

　　但是，由于历史、政治方面的原因造成的对历史遗存价值认识的片面性，使得我国的文物建筑保护工作在较长的一段时间内，存在忽视近现代的问题。近年来，随着保护观念的转变，近现代文物建筑的保护日益受到更多方面的重视，在国家保护制度的建设方面也有一定的体现。囿于起步较晚，在保护理念、认定标准和法律保障以及技术手段等方面都尚没有形成成熟的理论和实践的框架体系，使近现代文物建筑保护充满了挑战，保护规划控制的有效性、可操作性亟待提高[1]。

　　本书辑录了辽宁省六处近现代文物建筑（全国重点文物保护单位、省级文物保护单位各三处）的保护规划案例与方法研究，旨在通过具体的近现代文物建筑的保护规划编制实践和总结，检验并形成与完善与之相适应的方法论思维和理论架构。辑录的先后顺序契合于本书作者及设计团队在近现代文物建筑保护规划编制实践过程中的时间轨迹，关于保护规划方法的探讨亦借此呈现出由浅入深、从点至面、于窄变宽的思维态势。

　　起步阶段从对"革命旧址类"文物建筑的"事件性"主题归纳入手，强调"事件性"的主体属性以及"事件性"的研究方法，总结出"事件性"理念对"革命旧址类"保护规划制定的意义。该方向的思考缘起于2004年由东南大学陈薇教授、周小棣副教授领衔编制的《全国重点文物保护单位·南昌"八一"起义指挥部旧址保护规划》[2]。

　　"八一"起义指挥部旧址共五处（起义军总指挥部、贺龙20军指挥部、朱德第3军军官教育团、朱德旧居、叶挺11军指挥部），在实地调研中发现与朱德相关的军官教育团和旧居两处，虽空间距离较近，但实际到达却需绕行近1公里，颇为费解，求教纪念馆工作人员亦茫然。经史料查阅和相关走访，方真相大白：朱德于1926年冬至南昌时，租住在现位于花园角街的朱德旧居内；1927年初，开办国民革命军第3军军官教育团时，朱德亲任团长，团址即现军官教育团旧址。朱德当时只需出家门沿花园角街走过两三百米的距离，即可到达军官教育团，故每日步行往返于居所与教育团之间，而现在两处旧址之间的绕行乃是因为后来的居民楼与其

1　关于近现代文物建筑保护中的难点热点，如背景、特点、问题、意义、措施等，参见单霁翔. 第三次全国文物普查与中国近现代建筑文化遗产保护. 中山纪念建筑与中国近现代建筑文化遗产保护论坛，2009-05-27；单霁翔. 20世纪遗产保护的理念与实践. 中国文化遗产保护无锡论坛——20世纪遗产保护，2008-04-10；张松，周瑾. 论近现代建筑遗产保护的制度建设. 建筑学报，2005（07）等。

2　国家文物局审批通过，规划编制单位：东南大学建筑设计研究院，项目组成员：陈薇、周小棣、沈旸、张剑葳、王劲。

他单位的建设不断侵占巷道所致。本案在调整保护区划时，将两旧址之间的联系巷道纳入保护范围，沿街划为建设控制地带，以表达特定历史时期的历史信息，在此基础上进行的环境整治和展示规划也着重体现当时的历史信息和环境氛围。保护区划的调整，是在结合历史环境、历史事件、事件路线的基础上进行的，这实际上是一种尊重文物背景环境的理念，也体现了"文化路线"的概念[3]。

通过这一尝试，不仅证明在历史研究的基础上充分挖掘革命事件的相关资源是行之有效的观察角度和研究方法，并且被运用到整个规划编制过程中。如：由于旧址分布在南昌城内五处，因此展示线路的研究与设计是展示规划中的工作重点，以规划游览线路之一"军队摇篮"为例：起义军总指挥部—贺龙20军指挥部—朱德第3军军官教育团—朱德巷道—朱德旧居—佑民寺—叶挺11军指挥部，主线路中均有支路通往敌我两军的其他指挥部及驻地（只余地点，无遗存）。线路中的佑民寺始建于南朝梁，初称为上蓝寺，1929年起称为佑民寺，1997年重建，是目前市内仅存的一座完整寺院；据"八一"起义相关史料记载，南昌起义前为敌军弹药库，起义战斗时被起义军七十二团占领。将佑民寺设计到游览线路中，既整合了资源，为旅游线路增添了一个重要景点，更使得"八一"起义的历史事件由此表现得更为完整。

本案的保护对象属于2002年修订的《文物保护法》中规定"与重大历史事件、革命运动或者著名人物有关的以及具有重要纪念意义、教育意义或者史料价值的近代现代重要史迹、实物、代表性建筑"，再细化其所属范畴，可称之为"革命旧址类"，其特点是物质实体的限定是革命事件，参与主体是革命人物（尤指在中国共产党领导下的），发生全过程是革命任务的完成或革命的突发事件，空间上的物质投影是发生事件的载体（如建筑、场景等）。因此，"革命旧址类"的保护规划就是针对革命事件的发掘和保护，既是保护的主题内涵，又是主要对象。

这也决定了此类保护规划区别于其他历史遗产保护的特点：（1）作为主要保护对象，相对而言，其物质性遗产本身留存的时间相对并不久远，建筑艺术价值本身可能并不特别突出，革命旧址本体所具有的艺术价值及建筑史价值大多并非其文物价值中最重要的部分；（2）保护规划更多的是要求以一定历史时期内的与革命相关的事件和活动为主题的整体保护，强调事件的过程性、真实性，强调时间、空间与事件的对应性和准确性，强调保护的整体性。因此，"事件性"的发掘对于"革命旧址类"保护规划具有前提性的重要意义；换言之，"事件性"是其真正的内涵与实质。

在2005年编制的《全国重点文物保护单位·抚顺平顶山惨案遗址保护规划》[4]中，无论是对

3　在本案编制渐入尾声时，2005年10月21日，国际古迹遗址理事会第十五届大会在西安发表《西安宣言》，强调了对古迹、遗址"周边环境"及"文化路线"的重视。本规划可算是对《西安宣言》相关理论的一次"先期"应用。

4　规划编制单位：东南大学建筑设计研究院、辽宁省文物保护中心，项目组成员：周小棣、李向东、沈旸、张剑葳、邹晟。

于价值主体的保护观念，还是保护规划的具体技术手段，"事件性"理念的运用都得到了更为深入和系统的探索。

首先，解读历史事件并发现原真性的缺失：1932年日本侵略者屠杀抚顺平顶山村3000多名中国民众，结束后，直接将屠场背后断崖的土下推，掩埋现场，并将平顶山村纵火烧毁。其后由于抚顺西露天矿的开采，这里成为矿区的一部分，修有铁路专用线和厂房，平顶山村址不复存在。直至今天，由于城市的发展和环境的改变，惨案发生时的历史场景已消失殆尽，唯有累累白骨和遗骨馆前砌有水泥护坡的断崖还能反映出当年惨案发生地的些许证据。

其次，在"事件性"理念的指导下编制规划，除了文物自身符合规定要求的保护外，特别注意了与城市规划间的协调与互动：（1）保护区划调整满足城市中对事件的最完整记忆；（2）保护区域展示注重事件性与城市的内在联系。

最突出的体现在于遗址东侧城市干道——南昌路的调整：建议调整后的保护范围新增了遗骨馆东侧，包括西露天矿一车间部分厂房在内的地段。根据历史研究和现场调查，此地段原为平顶山村被毁前所在地。这是平顶山惨案发生的历史环境，是平顶山惨案这一历史事件的真实的历史信息的重要部分。而按照原抚顺市城市总体规划，南昌路将拓宽至40米并将与调整后的保护范围相交，这对遗址保护是极其不利的。因此，本案将原有规划道路自现遗骨馆北侧300米处起至南端南昌路丁字路口止，向东移至40米外，并仍然与现有道路相接。不仅使城市干道远离遗址，又通过绿化隔离带将城市外围的噪音和降尘污染减至最小，更紧要的是保证了事件发生地的完整和事件证据本体的真实性再现。

以上两案初步形成了近现代文物建筑保护规划中的"事件性"理念界定和在此基础上的操作实践，但主要还是停留在文物保护中的"真实性"要求层面。2007年编制的《全国重点文物保护单位·抚顺战犯管理所旧址保护规划》[5] 在此前基础上，探讨了使用"事件性"理念的规划方法构筑完整性的问题。

战犯管理所旧址就其功用来说可谓孤例，它不同于其他监狱或者集中营，"改造"这个特殊的使命使其以独特的视角见证了那段历史进程。对于其完整性的构建主要有三个步骤：信息的选择、比照与分析；叙事系统的完整性评价；完整性的事件性表达。

在第一步骤中将战犯管理所的事件对象与现存保护对象对照时就出现了问题：（1）抚顺城站作为日本战犯到达抚顺的第一站，也是其改造的起点，并未纳入保护系统之中；（2）五所、六所是改造和关押日本将、校级战犯的监舍，是重要的事件对象，但已经遭到彻底破坏；（3）远离旧址的下属农场曾是战犯劳动改造的农园，是事件对象的重要组成部分，却并未成为保护对象；（4）中国归还者联合会是归还日本战犯自发组成的和平组织，致力于中日的友好，是战犯

5　规划编制单位：东南大学建筑设计研究院、辽宁省文物保护中心，项目组成员：周小棣、李向东、沈旸、相睿、邹晟。

管理所和平精神的延续，是事件链条上的重要环节，但并未受到重视；（5）部分尚存的关于战犯管理所改造战犯历史的记忆仍存于日本老兵的脑海之中，濒于消失却不能得到保护和挖掘。

第二步骤则是利用文献等提供的相对完整的历史信息，构建出历史事件的整个过程，进而以之为标尺来理解和认识战犯管理所旧址的文物构成、完整性和真实性状况：完整性受到了抚顺城站、战犯管理所农场、五所、六所、草绳工厂、大礼堂等缺失的影响以及繁杂的周边环境的干扰，不能完整地表述历史事件，此外对于相关历史记忆的搜集整理以及对于相关组织的研究支持的缺乏使得其完整性进一步受到威胁。

第三步骤则是通过一定的方式将其表达出来，使之与具体规划内容良好地衔接。

在就上述五点问题与旧址管理所和当地文物部门沟通时，始料未及的是本案提出的抚顺城站和农场的保护，超出了其对于旧址本体范围内保护的预期；而国家文物局的最终审批通过，则证明了本案的规划思路是被肯定的：以"事件性"特点和完整性要求的研究现状为理论前提，抓住"事件性"是型构近现代文物建筑完整性的关键环节，并通过本案的规划编制展示了利用"事件性"特点构建近现代文物建筑完整性的优势。

2009年同时开展了四处文物建筑的保护规划编制，除一处属于较为纯粹的与革命事件相关外，其他三处的保护对象构成涵盖更广，并涉及不同的古建筑类型，具体的保护规划方法亦得到不同程度的拓展。

《省级文物保护单位·葫芦岛塔山阻击战革命烈士纪念塔保护规划》[6] 中的纪念塔是为纪念在解放战争的塔山阻击战中牺牲的革命烈士而设，属于1995年民政部颁布的《革命烈士纪念建筑物管理保护办法》中所定义的"为纪念革命烈士专门修建的烈士陵园、纪念堂馆、纪念碑亭、纪念塔祠、纪念雕塑等建筑设施"。"革命烈士纪念建筑物"是通过人为的有意识地建造，达成对革命烈士精神的承载，其多由于与革命事件发生场所在空间上的隔裂，或可直接纪念革命事件相关的物质实体消失等原因，与革命事件之间并无直接的联系，需要通过他物的提示、引导和说明才能完成对革命事件的转述、关联和追忆。这种与事件无直接联系的纪念建筑物，作为一种景观性的呈现，对于事件的陈述和还原，在语汇上显得较为无力和匮乏。革命事件与纪念物之间的联系越紧密，相关的历史信息越全面，对事件的还原度就越高，对其重构就越能接近事件的真实，而这种对事件"真实性"的表达只有在"完整了解"的前提下才可能保障；所以，充分理解"完整性"的理念并合理运用，便正是解决这一问题的关键所在。

该塔与其他革命烈士纪念建筑物相比，又有其特殊之处，即：是与战场紧密结合在一起的，纪念塔所在更是塔山阻击战时解放军的前沿阵地指挥部。作为阻击战的直接发生场所，是对事件最为直接的纪念实体，对战场这一物质实体的完整保护是塔山阻击战这一重要历史事件信息得以

6　规划编制单位：东南大学建筑设计研究院、辽宁省文物保护中心，项目组成员：周小棣、李向东、沈旸、相睿、汪涛。

真实并完整传承的重要因素，保护规划亦从单纯的纪念塔及烈士陵园的保护扩大到了对整个战场环境和相关军事设施的保护。由于战场囊括范围广袤，基于视域要求的战场保护模式成为规划的重要手段，并经历了从点对点的线性保护到从点到面的整个场地保护的认识提高过程；同时，为保证规划目标的实现且不阻碍城市的合理发展，紧密结合本案所在城市——葫芦岛市的城市发展规划，在保证土地现有使用性质不变的前提下，规划引导区域内的产业结构调整，发展生态游、农业耕种等不破坏历史风貌的产业项目，以期文物保护与城市发展的双赢。

《省级文物保护单位·铁岭银冈书院保护规划》[7]中的银冈书院是现代城市"缝隙"中"一般性"文物建筑的典型实例。所谓"一般性"文物建筑，是针对本案保护对象的理论定义：在当今的中国城市中，存在着这样一类为数可观的文物建筑："由于时光流逝而获得文化意义的在过去比较不重要的作品。"[8]亦即，在既往的传统城市中，它们是较为普通的建筑，但随着现代城市建设大潮对传统建筑的大规模摧毁，留存下来的便因其具有过去时代的历史文化信息而成为文物建筑，但又区别于那些通常意义上的重点文物建筑（主要指保护级别或在传统城市中的重要程度）。大量处于城市高密度、快速发展区域的"一般性"文物建筑所受到的保护力度和重视程度明显不够，生存与发展的前景不容乐观。同时，在确保其本体安全性的前提下，如何突破城市发展的重重压力，充分发挥社会效益，将其自身所蕴含的历史文化信息传递给公众——即展示利用，是保护工作中需要重点解决的问题之一。

通过本案的编制，首先总结了城市"缝隙"中"一般性"文物建筑恶劣的生存环境：生存空间被蚕食、布局与单体受损、环境氛围的缺失、观察视廊的破坏。以之为基础，基于文物建筑的展示利用要求，逐一提出有针对性的合理有效的保护规划策略。主要体现在两方面：（1）真实完整的本体展示：文物建筑的展示主要是通过自身（包括不可移动和可移动）所携带的历史文化信息的传播，以及保护工作者通过研究整理得出的宣传资料（包括展板、书籍和音像制品等）的介绍来进行的。所以，只有保证保护对象的真实与完整，所提供的信息才有意义；对于"一般性"文物建筑，其所面临的问题和解决办法又主要在于布局结构的不完整性与再塑、构成要素的非原真性与还原。（2）城市环境的展示调控：文物建筑的周边城市环境部分，是参观者由现代城市氛围进入文物建筑内部的转换空间，并在此获得对文物建筑的最初印象。这一部分空间应当具有较好的可达性与引导性；同时，应在城市设计的层面尽可能地塑造可以传达文物建筑性格的空间特性。特别是"一般性"文物建筑周边大范围的保护缓冲地带（或称之为生存环境）的城市环境调控则更为复杂，需要在合理全面的分析基础上作出有效规划，如：利于操作的缓冲区域、梯度变化的高度控制、分批次的渐进式调控等。

---

7 规划编制单位：东南大学建筑设计研究院、辽宁省文物保护中心，项目组成员：周小棣、李向东、沈旸、相睿、高磊。

8 国际古迹保护与修复宪章（威尼斯宪章），第一项. 第二届历史古迹建筑师及技师国际会议. 意大利威尼斯，1964。

《全国重点文物保护单位·营口西炮台保护规划》[9] 中的西炮台较为特殊，属于"军事工程类"。不过，此概念多用于旅游资源的分类上，而在目前的全国重点文物保护单位中，尚没有这一专门的类别。[10]基于文物保护工作的类型划分需要，本案将其定义为：用于军事目的而专门修筑的工程建筑物或工程设施的遗址，如军用码头、船坞、港口、要塞、炮台、筑城、阵地和训练基地等，而对于某些临时借用其他建筑设施用以军事目的的遗址（如某指挥部旧址）未纳入此类，在公布的前六批全国重点文物保护单位中，符合本定义的就达30多处，涉及古遗址、近现代重要史迹及代表性建筑、革命遗址及革命纪念建筑物等多个类别。"军事工程类"的突出特点是修筑目的明确，或为进攻，或为防御、掩蔽，皆为军事活动的实效作用；亦即，功能性是其最主要价值所在。在本案的编制中，对于西炮台军事运作的深入理解是正确认识和评估文物价值、制定合理保护规划的首要前提。

西炮台是晚清海防体系不可分割的组成部分，因此，首先将之置于历史大背景中予以观察，弄清其在整个海防体系运作中的军事地位及相关的设置措施（如选址的军事考虑、与其他海防设施之间的联动等），这也是认清西炮台军事意义的关键所在；再通过西炮台自身的军事运作（主要分为攻击、防御、保障三大体系）解读，理解其设计原理、构成内容的功能性特征及之间的互动关系，这有助于完善基于真实性与完整性要求的西炮台文物价值建构，确定保护对象构成，划分相应的等级和层次，并制定恰当的保护措施（主要体现在历史环境、布局结构、构成要素三大方面）。功能性要求作为"军事工程"存在的最直接动因，决定了"军事工程类"的文物价值首先在于其军事运作的体现；而军事运作的解读，不仅有助于形成系统性的认知，更是制定有效而具有针对性保护规划的必要保障。

《省级文物保护单位·抚顺元帅林保护规划》[11]中的元帅林是张学良为其父张作霖修建的墓葬，由近代专业建筑师设计，并由建筑工程公司负责施工，建造时又从北京等地拆运了大批明清陵寝的建筑构件至此备用。1931年"九一八事变"爆发，东北沦陷，虽然即将竣工的元帅林工程被迫停止，但除了植树与筹建学校外，基本规模格局皆按照原设计方案予以实现。后因日本驻军阻拦，张作霖亦未葬入其中。1954年大伙房水库的修建，使得元帅林的南半部被水淹没，其后又几经变迁，破坏严重。通过以上概述，可见元帅林的时代背景特殊，不同时段叠加的历史信息丰富；但由于林周边环境改变的不可逆（序列受损与信息层叠），明清石刻的历史变迁（异地迁移

---

9 规划编制单位：东南大学建筑设计研究院、辽宁省文物保护中心，项目组成员：周小棣、李向东、沈旸、常军富、汪涛、布超、邹晟。

10 1988年之前的三批全国重点文物保护单位的分类为：革命遗址及革命纪念建筑物、石窟寺、古建筑及历史纪念建筑物、石刻及其他、古遗址、古墓葬；1996之后的三批对分类进行了调整，为：古遗址、古墓葬、古建筑、石窟寺及石刻、近现代重要史迹及代表性建筑、其他。

11 规划编制单位：东南大学建筑设计研究院、辽宁省文物保护中心，项目组成员：周小棣、李向东、沈旸、相睿、高婷。

天辽地宁 格致探原

与信息流失）等，造成了现状可感知历史信息的或缺失，或重叠交集，或混乱无序，并加剧了诸如原状保护、复原建设等保护措施的操作复杂性。多元保护本体的这一难点，恰恰启发了本案的编制思路，通过对多元的历史信息进行分析与梳理，进而探讨以空间序列重塑为主线的保护措施，使得分散断裂的片段化历史信息得以清晰系统的表达与传承。

序列作为一种全局式的空间格局处理手法，是以人们从事某种活动的行为模式为依照，并综合利用空间的衔接与过渡、对比与变化、重复与再现、引导与暗示等，把各个散落的空间组成一个有序又富于变化的整体。基于元帅林现状保护主体的散乱，本案尝试建构一条基于情感体验的序列，对残存的或是片段式的建筑实体或构件加以展示，通过序列的营造，将片段实体重新组合为新的整体，使其包含的重叠的或是残缺的历史信息得到有秩序、有层次的呈现与表达，并带给观者相应的情感体验。

元帅林的初始布局为封闭建筑群体内空间序列沿着轴线情感渐次加强的单一变化，原有轴线也只是为塑造陵墓的威严气势从而引起人的敬畏之情服务。而重新整合后的元帅林空间序列，则是在更为宏大开敞的范围内，融入了更多的历史信息与崭新的时代功能。通过这一系列的景观序列的塑造，本案试图实现元帅林从一处近代名人墓园遗迹向综合文物展示、研究、风景旅游等多重内容与功能的综合体的身份转换。

综上，本书基于辽宁省六处近现代文物建筑的保护规划案例，以时间为线，描述和总结了有关此类文物建筑保护规划方法的思考所得，同时，也喻示着将来的拓展方向。

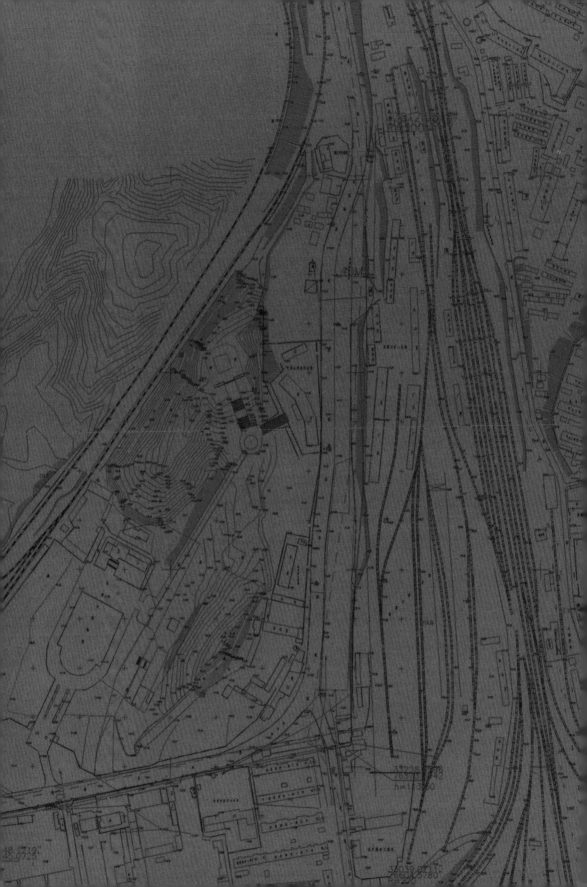

平顶山惨案遗址——事件证据本体的真实性再现

概况：抚顺市平顶山惨案遗址（国保）

"事件性"与"革命旧址"类文物保护单位保护规划
—— 红色旅游发展视角下的全国重点文物保护单位保护规划

保护规划（2005—2025年）：事件证据本体的真实性再现

概况：抚顺市平顶山惨案遗址（国保）

抚顺市平顶山惨案遗址（以下简称：惨案遗址）见证了日本侵略者屠杀3000多中国民众这一震惊中外的惨案。1920年代，随着日本满洲铁路株式会社掳夺了抚顺的采矿业，招募矿工形成了平顶山村（在屠杀现场遗址之东的山冈上，现为工厂和居民住宅区）。1932年9月15日中秋节之夜，辽宁民众自卫军进攻抚顺，途经平顶山村。9月16日，日军驻抚顺的守备队以全村"通匪"的罪名，对全村3000多民众实施了灭绝性屠杀，然后掩埋现场，销毁罪证。现存的惨不忍睹的累累白骨，是日本侵略军在我国犯下滔天罪行的铁证，也是对日军罪行的血泪控诉。把这一悲惨的史实真实地展示给后人，不忘历史的耻辱，无疑是进行爱国主义教育的最好教材。尤其针对日本国内一些右翼分子为日本侵略军蓄意开脱罪责的丑恶行径，惨案遗址的保护规划就具有了更加长远的重大政治意义和历史意义。

1 历史沿革

1948年10月31日，抚顺解放。

1951年4月5日，抚顺各界在平顶山举行万人公祭大会，悼念被日军杀害的平顶山、栗子沟塈千金堡3000多名无辜村民。同日，抚顺市人民政府决定在平顶山修建"平顶山殉难同胞纪念碑"，以纪念遇难同胞。1971年，决定改建纪念碑，改建后的纪念碑高19.32米，寓意惨案发生在1932年。

1970年，抚顺市革命委员会将屠杀遗址发掘出土，在遗址长约80米、宽约5米的范围内发掘出遇难同胞较完整的遗骸800多具，另有大量骨灰和骨渣被清理出来。

1972年9月16日，在惨案遗址修建了1430平方米的"平顶山殉难同胞遗骨馆"对外开放展示。

1988年，惨案遗址被公布为全国重点文物保护单位（图1-1）。

2004年，惨案遗址经中央宣传部批准为全国爱国主义教育基地。

2 遗骨馆

经平顶山上环形路下行75级台阶，坐落着在屠杀现场建立的"平顶山殉难同胞遗骨馆"，建筑面积1430平方米。正厅中央是平顶山村原貌示意沙盘，正面屏风镶着"向平顶山殉难同胞致哀"立体大字和花环。两侧展壁上陈列着惨案的历史图片资料。展览大厅里有长50米、宽5米的遗骨池，池内800多具殉难同胞的遗骨有老人、残疾人、妇女、儿童、婴儿和孕妇的遗骨，纵横叠压，惨不忍睹（图1-2）。骨池周围陈列着殉难同胞的烟嘴、剪刀、梳子、小手镯、长命锁、炭化果壳月饼和矿工用的饭票，以及刽子手屠杀用的子弹头、弹壳和焚尸以消灭罪证用的汽油桶等。

3 纪念碑

纪念碑占地3160平方米，坐北朝南，碑额上方镶嵌由玻璃钢制作的花圈，碑身正面阴刻"平顶山殉难同胞纪念碑"10个竖排楷书大字，背面的黑色大理石上镌刻着记述平顶山惨案发生经过的碑文，共433字横排，由辽宁省著名书法家李仲元书。纪念碑碑座呈棺形，下为花岗岩铺成散水坡形，基座方形，前有台阶。台阶前为方形广场，四周栽植松柏，广场前有台阶直通山下。

（1）遇难同胞纪念碑
（2）全国重点文物保护单位标志碑
（3）文物库房
（4）纪念馆办公楼
（5）遇难同胞遗骨馆
（6）北眺纪念馆

图 1-1 ｜ 保护规划实施前组图

图 1-2 ｜ 遗骨馆陈列遗骨

"事件性"与"革命旧址"[1]类文物保护单位保护规划

—— 红色旅游发展视角下的全国重点文物保护单位保护规划

1 文物保护规划的制定是发展红色旅游的必要前提

2004年12月，中共中央办公厅、国务院办公厅印发《2004—2010年全国红色旅游发展规划纲要》（以下简称《纲要》），就发展红色旅游的总体思路、总体布局和主要措施作出了明确规定。《纲要》指出，在今后5年内，我国将在全国范围内重点建设12大红色旅游区[2]、30条精品线路和100多个经典景区。

随即，国家旅游局将2005年定为"红色旅游年"。《人民日报》发表评论员文章称，红色旅游作为一种新型主题性旅游形式，近年来在中国大地逐渐兴起。中国共产党在各个时期领导革命斗争的重要纪念遗址和纪念物，正在成为人们参观旅游的热点。

未来几年里，我国将兴起发展红色旅游的热潮，党和政府决心将众多的革命根据地开发成为红色旅游景区，以大力弘扬民族精神，不断增强民族凝聚力，并推动革命老区在市场经济中实现社会的协调发展。发展红色旅游，不仅为广大旅游爱好者提供了一个重温历史、接受爱国主义教育的渠道，同时一些景区也通过改善交通、通信条件，完善基础设施建设，带动了地区经济发展，为革命老区奔小康提供了新的契机。

前中宣部副部长、中央精神文明办主任胡振民指出："红色旅游，主要是指以中国共产党领导人民在革命和战争时期建树丰功伟绩所形成的纪念地、标志物为载体，以其所承载的革命历史、革命事迹和革命精神为内涵，组织接待旅游者开展缅怀学习、参观游览的主题性旅游活动。"

大力发展红色旅游事业，其前提必须对红色旅游的载体——"以中国共产党领导人民在革命和战争时期建树丰功伟绩所形成的纪念地、标志物"，制定科学、合理的保护规划。2005年2月，国家发改委、中宣部、国家旅游局联合召开"全国发展红色旅游工作会议"，国家发改委副主任李盛霖代表全国红色旅游工作协调小组明确指出："要抓紧制订工作方案，按时完成重点景区建设方案的编报，尽快启动各地区专项红色旅游规划编制工作，实事求是地提出建设项目，科学合理地做好资金安排，共同推动红色旅游不断向前发展。"红色旅游的载体，涉及大量全国重点文物保护单位。初步统计，在已公布的前五批全国重点文物保护单位[3]共1271处中，与《纲要》相

---

1 专指《中华人民共和国文物保护法》第一章第二条规定的"与重大历史事件、革命运动或者著名人物有关的以及具有重要纪念意义、教育意义或者史料价值的近代现代重要史迹、实物，代表性建筑。

2 12大红色旅游区包括：沪浙区、湘赣闽区、左右江区、黔北黔西区、雪山草地区、陕甘宁区、东北区、鲁苏皖区、大别山区、太行区、川陕渝区、京津冀区。

3 第六批全国重点文物保护单位名单已于2006年5月25日发布，见《国务院关于核定并公布第六批全国重点文物保护单位的通知》国发〔2006〕19号。

关的"革命旧址类"全国重点文保单位数量约有83处，约占全部总数的7%。全国重点文物保护单位保护规划与全国红色旅游发展规划两套工作系统在此情势下必然会形成交叉与对接，只有妥善处理好这两者之间的关系，才能使其互为裨益，共同发展。

在全国红色旅游规划工作如火如荼展开的时机下，旅游的大力发展给文物保护单位带来的既是机遇也是挑战。如何正确处理文物保护与经济建设的关系，文物保护与合理利用的关系，促进文物保护事业的可持续发展，使文物保护单位及其环境得到有效保护是摆在我们面前重大的现实问题。因此，这83处全国重点文物保护单位保护规划的研究和制定已成为一项迫在眉睫的课题。

2　"革命旧址"类保护规划对象中的"事件性"主题

为了对"革命旧址"类保护对象的性质和特点进行归纳总结，首先结合《纲要》在"发展红色旅游的总体布局"中提出的"围绕八方面内容发展红色旅游"，将与之相关的全国重点文物保护单位进行梳理和甄别（附录），并对红色旅游相关的全国重点文物保护单位进行分类：

（1）以革命事件及直接发生地为保护对象的有24个，占29%；

（2）以长期的革命活动及发生地为保护对象的有40个，占48%；

（3）以革命人物纪念地或纪念物为保护对象的有19个，占23%。

其中只有少量单位（如北京天安门、延安岭山寺塔、广州农民运动讲习所（番禺文庙）、海丰龙宫（海丰文庙）等）是本身"具有历史、艺术、科学价值的古文化遗址、古墓葬、古建筑、石窟寺和石刻、壁画"，具有"反映历史上各时代、各民族社会制度、社会生产、社会生活的代表性实物"[4]的特性，或是革命人物纪念地或纪念物，约60%的文保单位传递的是革命事件的历史信息。

3　"事件性"在"革命旧址"类保护规划中的重要性

由于红色旅游的主题是重温革命事件和活动，本质上具有"事件性"的基本属性，因此，在"革命旧址"类文物保护单位保护规划中，对于"事件性"理念的认知及其研究方法的运用具有重要意义。

3.1　"事件性"是"革命旧址"类文保单位的主体属性

事件，指对象借由某些主、客观因素，加上时间因素所构成的行为组合。其基本属性是时间性、空间性、社会性。

社会性指事件的参与主体，本身一定会有主角、行为模式，在某时、某地发生的具体经过，可以有具体结果，也可以没有。

时间性指事件的全过程，及其在历史断面上的时间区限。

空间性指空间上的物质投影。

尽管保护规划的保护对象是"与重大历史事件、革命运动或者著名人物有关的以及具有重要

4　《中华人民共和国文物保护法》（2002），第一章第二条（一）、（五）。

纪念意义、教育意义或者史料价值的近代现代重要史迹、实物、代表性建筑"[5]，即通常所说的"革命旧址"或"红色旧址"，但物质实体的限定是革命事件，参与主体是革命人物（尤指在中国共产党领导下的），发生全过程是革命任务的完成或革命的突发事件，空间上的物质投影是发生事件的载体（如建筑、场景等）。

"革命旧址"类保护规划就是针对革命事件的发掘和保护，既是保护的主题内涵又是主要对象。这也决定了此类保护规划区别于其他历史遗产保护的特点：

（1）革命旧址作为主要保护对象，相对而言，其物质性遗产本身留存的时间相对并不久远，建筑艺术价值本身可能并不特别突出。因此，革命旧址本体所具有的艺术价值及建筑史价值大多并非其文物价值中最重要的部分。

（2）结合红色旅游的八方面内容来看，"革命旧址"类保护规划更多的是要求以一定历史时期内的与革命相关的事件和活动为主题的整体保护。强调事件的过程性、真实性，强调时间、空间与事件的对应性和准确性，强调保护的整体性。

因此，"事件性"的发掘对于"革命旧址"类保护单位的保护规划具有前提性的重要意义。换言之，"事件性"是其真正的内涵与实质。

3.2 "事件性"理念对保护规划制定的意义

无论是对于价值主体的保护观念，还是保护规划的具体技术手段，"事件性"理念在"革命旧址"类保护规划中都具有独特的重要性，主要体现在：

（1）有利于合理确定保护范围，对物质遗产进行全面的发掘和整体保护

保护范围的划定是保护规划工作的首要任务。现有城市中的不可移动文物，其保护范围、建设控制地带的界划通常是"同心圆环"形，实际难以真正控制实施。从文物保护单位现状来看，建设控制地带内甚至保护范围内常出现不符合控制规定的建筑，实际上没有达到控制建设、保护文物的效果。2005年10月21日，国际古迹遗址理事会第十五届大会在西安发表《西安宣言》，指出：在历史遗产保护规划中，应"更好地保护建筑、遗址和历史区域及其周边环境，理解、记录、展陈不同条件下的周边环境"。

"革命旧址"类保护规划有其自身的特点，其保护范围应包括革命事件发生全过程在空间上的物质性投影和印记，是其物质性的载体，从中可以推断、追忆事件发生的全过程。

"革命旧址"类保护规划中，应通过对于事件的系统发掘和完整把握，以此来统一革命历史活动及事件发生的时间、空间维度，尽可能无遗漏地发掘相关物质空间，全面掌握保护对象的物质载体。从保护与开发的角度看，这利于转变过去"散点式"的单个保护模式，从而进行整体性、系统性的保护，强化各场景之间的物质空间联系和历史脉络上的连续。重点在于规划展示路线，强化景观节点之间的联系，进而进一步加强整体保护。

（2）有利于系统把握保护主题，对非物质遗产进行完整保护和持续再现

在"革命旧址"类保护规划中，对于表现革命事件的重要物件、文献、手稿、图书资料、代表性实物等可移动文物至关重要。同样，对于革命事件的发生过程、相关活动和相关讲演、歌曲、仪式等非物质遗产的保护，都是不可或缺的重要内容。在"革命旧址"类保护规划中，充分

5　《中华人民共和国文物保护法》（2002），第一章第二条（二）。

　　　　　　　　　　　　　　　　　　　　　　　天辽地宁　格致探原

挖掘革命事件的历史内涵，把握其"事件性"，对于明确保护对象、充分展示保护对象具有重大的积极意义。只有在研究其事件性的基础上，才能全面明确保护对象，制定有针对性的保护措施，从而全面展示革命事件，以保护遗产的真实性、完整性和延续性。

（3）有利于充分发掘相关展陈内容及丰富旅游活动项目，促进协调发展

中国红色旅游网记者就"红色旅游的来历和定义"采访了旅游专家王群[6]，专家指出：各种形式的旅游一般具有吃、住、行、游、购、娱这六大要素，但红色旅游还有其自身独有的特点，主要表现在：

学习性：主要是指以学习中国革命史为目的，以旅游为手段，学习和旅游互为表里，达到"游中学、学中游"。

故事性：要让红色旅游健康发展，使之成为有强烈吸引力的、大众愿意消费的旅游产品，还需要妥善处理红色教育与常规旅游的辩证关系，其中的关键是以小见大，以人说史，避免枯燥说教。

参与性：有些红色旅游景点的旅游过程较为艰苦，为改变这种状况，少数景点出现城镇化、商业化、舒适化的倾向，有损害红色旅游本质特色的危险。红色旅游点应紧跟体验经济的潮流，突出旅游节目的参与性。

扩展性：部分红色旅游产品留存下来的革命遗物数少、量小、陈旧、分散，具有内容、场地、线路等方面的局限性。红色旅游要扩展产品链，延长旅游者的游览时间，增加其消费时间、内容和金额。

通过以上分析可以发现，红色旅游要发展，必须结合红色旅游对象包含的深层次含义，充分发掘革命事件的发生、发展。在此基础上，设置相应的服务设施及业态，适度提高收益，提高旅游开发的可操作性。通过各个节点的系统介绍、场景再现、大型主题文艺表演、历史影像资料演播等，还原历史的真实场景。

4 "革命旧址"类保护规划中的事件性研究方法

"革命旧址"类保护规划的前提是对历史事件发生的全过程进行充分把握。

由于事件性的发掘强调事件的完整性和真实性。因此，必须基于建立在多学科基础上的技术平台，综合运用历史学、社会学、统计学、工程技术科学等多学科的研究方法，逐渐并清晰地梳理事件历史脉络，避免缺失错漏，从而加以整体保护。

4.1 相关文献解读

对"革命旧址"及其周边环境的充分理解需要多方面学科的知识和利用各种不同的信息资源。这些信息资源包括正式的记录和档案、艺术性和科学性的描述、口述历史和传统知识、当地或相关地区的地域角度以及对近景和远景的分析等。同时，文化传统、精神理念和实践，如风水、历史、地形、自然环境，以及其他因素等，共同形成保护对象的物质与非物质的价值和内涵。保护范围的界定应当十分明确地体现文物及其周边环境的特点和价值，以及其与遗产资源之间的关系。

6　http://www.crt.com.cn/98/2005-4-29/news2005429222918.htm

文献的主要种类，不仅包括历史文献、志书等，还应充分重视当地民间传说、民谣，以及人们口耳相传的民间口述资料等。

强调"革命旧址"类保护规划的事件性主题，相关文献解读必须注意：全面掌握事件发生过程；逐一明确事件发生地点；系统认识事件发生环境。

4.2 现场调研勘察

理解、记录、展陈周边环境，对评估古建筑、古遗址和历史区域十分重要。对周边环境进行定义，需要了解遗产资源周边环境的历史、演变和特点。对保护范围划界，是一个需要考虑各种因素的过程，包括现场体验和遗产资源本身的特点等。

现场调研勘察范围不仅包括规划范围内的建筑、环境、交通等物质形态，还应该因地制宜地确定更大层面上的研究范围，甚至可以扩大至城市、地区，以求对保护对象在更高的层次、更广的范围内进行研究。

强调事件性主题，现场调研必须注意：

（1）事件与物质空间的对应关系；

（2）物质空间的现状及对保护规划的制约与机遇。

4.3 建立"事件—空间"保护档案

与现场调研相结合，理清事件发生的历史脉络，并标注各个重要关键场景的发生地点及事件发生时序，其中对事件发生流线的整理至关重要，并以此为依据，确定保护范围，力求囊括所有的历史信息。

建立事件与保护规划的物质空间对象之间的信息库，为明确保护规划的保护主题、保护范围、环境氛围定位及项目策划建议建立基础信息库。

5　"革命旧址"类保护规划中的"事件性"理念运用

以下以"抚顺市平顶山惨案遗址保护规划"的编制工作为例，概述"事件性"理念的运用。

5.1 红色旅游理念

反映各个历史时期在全国具有重大影响的革命烈士的主要事迹，彰显他们为争取民族独立、人民解放而不怕牺牲、英勇奋斗的崇高理想和坚定信念。

5.2 事件及其现场

平顶山惨案遗址纪念馆未修建前是南北狭长的一块平地。早年东侧不远处自北向南为市区通往南花园地区的乡路，路旁原有一条季节性小溪。随着西露天矿坑的开掘，这条乡路成为通往市区的干道，现已拓宽为14米的柏油路。平顶山村原来就位于公路东侧不远的山坡上，村民分坎上坎下居住。1932年惨案发生时，"平顶山屠场是村子西面一块种植牧草的平坦草地，北临牛奶场和通向栗家沟的村口。屠场西面是今立有纪念碑的平顶山下高达4米的陡崖，东面是东山沟的一排蒙着布的机枪，南面是通千金堡的路口，北、南路已被封锁，东有机枪，西有陡壁，屠场上的人们几乎无路可逃。这时候，屠场执行军官井上清一一声断喝，所有的机枪同时揭开伪装，

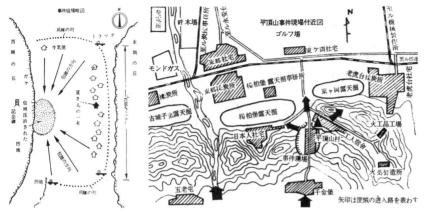

图 2-1 ｜平顶山惨案现场及附近示意（引自佟达《平顶山惨案》）

向密集的人群扫射。"[7]（图2-1）事后，平顶山村为日军纵火烧毁。后来由于抚顺西露天矿的开采，这里成为矿区的一部分，修有铁路专用线和厂房。

5.3 保护区划调整

建议调整后的保护范围新增了遗骨馆东侧，包括西露天矿一车间部分厂房在内的地段。根据历史研究和现场调查，此地段原为平顶山村被毁前所在地。日军把居民驱赶到现在大致是遗骨馆的位置，形成包围圈，用机枪对居民进行扫射。这是平顶山惨案发生的历史环境，有必要将此处划入保护范围，加以标识，使平顶山惨案这一历史事件的各种历史信息完整的传之后世。

规划分区中的惨案遗址展示区（I区）是平民遇难处，平顶山惨案历史环境区（III区）是日军架设机枪的包围地，二者是历史信息的主要发生地。

I区东侧南昌路按照抚顺市城市总体规划将拓宽至40米，将与建议调整后的保护范围相交，这对遗址保护是极其不利的。故规划将原有规划道路自现遗骨馆北侧300米处起至南端南昌路丁字路口止，向东移至40米外，并与现有道路相接。从而绕过了III区，使I区与III区相连接。同时也使城市干道尽量远离遗址，中间用绿化隔离带将南昌路的噪音和降尘污染减至最小（图2-2）。

环境整治工程要达到的效果，即是对当年惨案发生的历史信息和场景做出提示与标识，维护文物及其相关环境的完整性，使历史信息传之后世。故在III区立标志牌标明架设机枪屠杀的地点，说明屠杀过程及当年历史环境。

在与惨案遗址展示区相接处按照屠杀场景布置景观标识，铺地使用卵石、碎沙石与广场砖相结合，表现惨烈、压抑的屠杀现场。机枪架设点可考虑用抽象雕塑、景观小品表示，并辅以说明。总之，要达到表现屠杀发生时悲肃、压抑的气氛，表达历史信息，但不宜具象地宣扬暴力、渲染屠杀。目的在于铭记历史惨痛教训，牢记和平来之不易，而非渲染恐怖、制造仇恨。并可适量恢复部分当年平顶山村民的民房，内设揭露平顶山惨案真相的展板陈设以及反映当年矿工贫苦生活的室内复原陈列。

民房的复原设计要参照历史资料和周边民居，本着严谨求实的态度（图2-3）。方案应由获得文物保护工程资质的设计单位设计，防止发生时间与空间上的错位。

7　佟达. 平顶山惨案. 沈阳：辽宁大学出版社，1995：184.

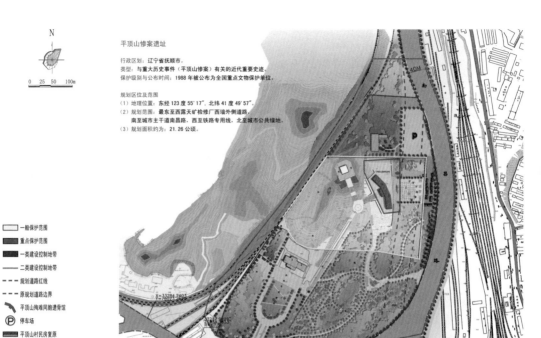

平顶山惨案遗址

行政区划：辽宁省抚顺市。
类型：与重大历史事件（平顶山惨案）有关的近代重要史迹。
保护级别与公布时间：1988年被公布为全国重点文物保护单位。

规划区位及范围
(1) 地理位置：东经123度55′17″，北纬41度49′57″。
(2) 规划范围：最东至西露天矿检修厂西墙外侧道路，
　　南至城市主干道南昌路，西至铁路专用线，北至城市公共绿地。
(3) 规划面积约为：21.26公顷。

一般保护范围
重点保护范围
一类建设控制地带
二类建设控制地带
规划道路红线
原规划道路边界
平顶山陶难同胞遗骨馆
P　停车场
平顶山村民房复原

图2-2 | 保护区划及城市
道路调整

6　结语

图2-3 | 平顶山村复原

　　国家大力发展红色旅游的部署，为"革命遗址"类文物保护单位的保护规划工作提供了新的视角。红色旅游规划的编制与文物保护规划的编制在此形成了包括理论层面与操作层面在内的交叉，这其中尤以保护规划的编制工作更为紧迫。在抚顺市平顶山惨案遗址的保护规划编制工作中，对"事件性"理念的运用进行了有益的探索和实践：从对"革命旧址"类文保单位的"事件性"主题归纳入手，强调"事件性"的主体属性以及"事件性"的研究方法，总结出"事件性"对"革命旧址"类保护规划制定的意义。

7 附录：与"围绕八方面内容发展红色旅游"相关的全国重点保护文物单位分类（前五批[8]）

"红色旅游"内容	全国重点文物保护单位名称	时代	地址	公布情况
反映新民主主义革命时期建党建军等重大事件，展现中国共产党和人民军队创建初期的奋斗历程	中国共产党第一次全国代表大会会址	1921年	上海	第一批
	嘉兴中共"一大"会址	1921年	浙江嘉兴	第五批
	安源路矿工人俱乐部旧址	1922年	江西安源	第二批
	中国社会主义青年团中央机关旧址	1920—1921年	上海	第一批
	中华全国总工会旧址	1925—1927年	广东广州	第三批
	中共琼崖第一次代表大会旧址	1926年	海南海口	第五批
	"八一起义"指挥部旧址	1927年	江西南昌	第一批
反映中国共产党在土地革命战争时期建立革命根据地、创建红色政权的革命活动	广州农民运动讲习所旧址	1926年	广东广东	第一批
	秋收起义文家市会师旧址	1927年	湖南浏阳	第一批
	海丰红宫、红场旧址	1927—1928年	广东海丰	第一批
	广州公社旧址	1927年	广东广州	第一批
	井冈山革命遗址	1927—1927年	江西宁冈	第一批
	八七会议旧址	1927年	湖北武汉	第二批
	红安七里坪革命旧址	1927—1934年	湖北红安	第三批
	龙港革命旧址	1927—1930年	湖北阳新	第五批
	武汉农民运动讲习所旧址	1927年	湖北武汉	第五批
	平江起义旧址	1928年	湖南平江	第三批
	湘南年关暴动指挥部旧址	1928年	湖南宜章	第四批
	古田会议旧址	1929年	福建上杭	第三批
	中国工农红军第七军、第八军军部旧址	1929—1930年	广西百色、龙州	第三批
	长汀革命旧址	1929—1933年	福建长汀	第三批
	右江工农民主政府旧址	1929年	广西田东	第四批
	湘鄂西革命根据地旧址	1931—1932年	湖北洪湖、监利	第三批
	瑞金革命遗址	1931—1934年	江西瑞金	第一批
	宁都起义指挥部旧址	1931年	江西宁都	第三批
	鄂豫皖革命根据地旧址	1931年	河南新县	第三批
	湘赣省委机关旧址	1931—1934年	江西永新	第四批
	闽浙赣省委机关旧址	1931—1934年	江西横峰	第四批
反映红军长征的艰难历程和不屈不挠、英勇顽强的大无畏革命精神	红四方面军总指挥部旧址	1932—1935年	四川通江	第三批
	红二十五军长征出发地	1934年	河南罗山	第四批
	遵义会议旧址	1935年	贵州遵义	第一批
	泸定桥（红军长征途中抢夺铁索桥战役的纪念地）	1935年	四川泸定	第一批
	哈达铺红军长征旧址	1935—1936年	甘肃宕昌	第五批
	会宁红军会师旧址	1936年	甘肃会宁	第四批
	瓦窑堡革命旧址	1935年	陕西子长	第三批
反映中国共产党带领人民抗日救国、拯救民族危难的光辉历史	延安革命遗址	1937—1947年	陕西延安	第一批
	岭山寺塔（归入延安革命遗址）	宋	陕西延安	第四批
	中国共产党六届六中全会旧址（归入延安革命遗址）	1938年	陕西延安	第四批
	平型关战役遗址	1937年	山西繁峙	第一批
	八路军西安办事处旧址	1937—1946年	陕西西安	第三批
	洛川会议旧址	1937年	陕西洛川	第五批

---

8 第一批：1961年3月4日国务院公布；第二批：1982年2月24日国务院公布；第三批：1988年1月13日国务院公布；第四批：1996年11月20日国务院公布；第五批：2001年6月25日国务院公布。

"红色旅游"内容	全国重点文物保护单位名称	时代	地址	公布情况
反映中国共产党带领人民抗日救国、拯救民族危难的光辉历史	八路军总司令部旧址	1938年	山西武乡	第一批
	新四军军部旧址	1938—1941年	安徽泾县	第一批
	八路军重庆办事处旧址	1938—1946年	重庆	第一批
	中共代表团驻地旧址（归入八路军重庆办事处旧址）	1945—1946年	重庆	第五批
	《新华日报》营业部旧址（归入八路军重庆办事处旧址）	1940—1946年	重庆	第五批
	白求恩模范病室旧址	1938年	山西五台	第二批
	中共中央中原局旧址	1938—1939年	河南确山	第三批
	晋察冀边区政府及军区司令部旧址	1938—1948年	河北阜平	第四批
	八路军桂林办事处旧址	1938年	广西桂林	第四批
	晋绥边区政府及军区司令部旧址	1939年	山西兴县	第四批
	八路军一二九师司令部旧址	1940年	河北涉县	第四批
	八路军前方总部旧址	1941—1943年	山西左权	第四批
	八路军一一五师司令部旧址	1941—1945年	山东莒县	第四批
	冉庄地道战遗址	1942年	河北保定	第一批
	新四军五师司令部旧址	1942—1945年	湖北大悟	第四批
	新四军苏浙军区旧址	1943—1945年	浙江长兴	第五批
反映解放战争时期的重大战役、重要事件和地下工作，展现中国人民为争取自由解放、夺取全国胜利、建立人民共和国的奋斗历程	中国共产党代表团办事处旧址（梅园新村）	1946—1947年	江苏南京	第四批
	杨家沟革命旧址	1947—1948年	陕西米脂	第五批
	西柏坡中共中央旧址	1948年	河北平山	第二批
	渡江战役总前委旧址	1949年	安徽肥东	第四批
反映全国各族人民在中国共产党的领导下，建立爱国统一战线，同心同德、同仇敌忾的团结奋斗精神	天安门（1949年开国大典在此举行）	1949年	北京	第一批
	中苏友谊纪念塔	1957年	辽宁旅大	第一批
	人民英雄纪念碑	1958年	北京	第一批
反映老一辈无产阶级革命家的成长经历和丰功伟绩，以及他们的伟大人格、崇高精神和革命事迹	鲁迅故居	1881—1898年	浙江绍兴	第三批
	李大钊故居	1889年	河北乐亭	第三批
	韶山冲毛主席旧居	1893年	湖南湘潭	第一批
	朱德故居	1895—1907年	四川仪陇	第三批
	茅盾故居	1896—1910年	浙江桐乡	第三批
	周恩来故居	1898—1910年	江苏淮安	第三批
	刘少奇故居	1898—1916年	湖南宁乡	第三批
	任弼时故居	1904—1915年	湖南汨罗	第三批
	张闻天故居	近代	上海	第五批
	彭德怀故居	现代	湖南湘潭	第五批
	叶剑英故居	现代	广东梅州	第五批
	邓小平故居	现代	四川广安	第五批
	鲁迅墓（1956年迁葬于此）	1956年	上海	第一批
	郭沫若故居	1963—1978年	北京	第三批
	聂耳墓	1980年	云南昆明	第三批
反映各个历史时期在全国具有重大影响的革命烈士的主要事迹，彰显他们为争取民族独立、人民解放而不怕牺牲、英勇奋斗的崇高理想和坚定信念	赵世炎故居	1904—1914年	重庆	第五批
	龙华革命烈士纪念地	1927—1937年	上海	第三批
	雨花台烈士陵园	1927—1949年	江苏南京	第三批
	惨案遗址	1932年	辽宁抚顺	第三批

注：红色旅游景点界定的前提是中国共产党领导下的，因此某些文物保护单位未予列入，如：纪念国民党抗战英雄的南岳忠烈祠等、纪念抗战爆发的卢沟桥等、纪念民主人士的宋庆龄故居等

保护规划（2005—2025年）：
事件证据本体的真实性再现

1 保护对象

位于平顶山殉难同胞遗骨馆内的遗骨池长50米，宽5米，池内有800多具殉难同胞的遗骨，纵横叠压。其中有老人、残疾人、妇女、儿童、婴儿和孕妇的遗骨。骨池周围陈列着殉难同胞的烟嘴、剪刀、梳子、小手镯、长命锁、炭化果壳月饼和矿工用的饭票，以及刽子手屠杀用的子弹头、弹壳和焚尸以消灭罪证用的汽油桶等。

1970年，抚顺市革命委员开始发掘屠杀现场；1972年，建成纪念馆对外开放展示；1988年，公布为全国重点文物保护单位；2004年，经中央宣传部批准为全国爱国主义教育基地。平顶山惨案遗址本体占地面积0.143公顷，平顶山惨案遗址纪念馆总占地面积14.55公顷（图3-1）。

2 价值评估

2.1 历史价值

惨案遗址是国内唯一的展示日军罪行的屠杀现场原状态遗址，是对惨案的直接记录和铁证，文物价值集中体现在其历史价值。近年来，日本右翼分子不断妄图粉饰侵华战争、否认屠杀罪行。惨案遗址为历史提供了不容篡改的证据，为研究侵华战争提供了绝好的史料。惨案遗址对于教育中国人民和日本青年一代，对于反击日本否认侵华罪行、篡改历史的图谋，对于维护日本侵华史的正确史观、维护中华民族的根本利益，具有不可估量的历史价值和现实意义。

2.2 社会价值

惨案遗址是日本帝国主义屠杀中国人民的现场罪证遗址，具有较强的说服力和震撼人心的教育效果，是进行爱国主义教育的直观课堂，2004年经中央宣传部批准为全国爱国主义教育基地。从对外开放展示至今，已接待国内观光游客700余万人次，接待外宾4万余人次，其中90%来自日本。

对于许多日本民众来说，只是通过宣传媒介获得一些侵华战争观念上的印象，而当他们面对平顶山屠场，看到了"三光"政策的实物标本，他们思想上的震惊是我国人民难以体会的。日本来访者从平顶山惨案的一个环节就可以窥知侵华战争的残酷真相。他们难以掩饰自己的愤怒，发自内心地感到痛苦和负疚，愤怒谴责自己的民族和前人制造的令人发指的罪行。这些从惨案遗址纪念馆的外事档案中都可以清楚地看到。

对于中国的下一代来说，从书刊报章上读到的平顶山惨案与亲眼目睹屠杀现场在感受上是不同的，二者在认识和感觉上存在一段不小的距离，而处于和平氛围下的屠杀现场毕竟是参观场所，它同当时地狱般的时刻又有着相当大的距离。只有站在这里，人们才能对侵略战争的残酷性有着真实的想象，使没有亲身经历过那个血雨腥风时代的人，感受到什么是亡国灭种。

根据抚顺市城市总体规划制定的旅游专项规划，在抚顺市旅游规划"四区三线"格局中，惨案遗址属于爱国主义教育游览线，为城市旅游经济发挥了重要的经济效益。

3 现状评估

3.1 保存状况

根据保护工作现状和实地调查情况，对惨案遗址及其保护性、展示性建筑的留存现状、完整性、主要破坏因素和破坏速度做出下列评估（图3-2，表3-1）。

表3-1 | 保存状况评估

名称	材质	保存状况	主要破坏因素	破坏速度	完整性	等级
遗骨	骨	恒温与干湿度无法掌控	由于遗址位于山脚下，地质条件复杂，遗骨所在的土壤中个别地段含水率比较高，每到夏天雨季，馆内相对湿度最高可达75%，对遗骨的安全保存产生较大威胁。同时还有落尘、空气及观众潮湿源	较快	较完整	B
遗骨池	土	下有地下通风洞、涵洞隔湿排水	雨季地下水位高，土壤水分大	较快	较完整	B
遗骨馆	砖混	电力线路老化，供电系统不能使用，顶棚木料朽腐，容易塌落	年久失修与老化	较快	完整	C
纪念碑	花岗岩	较好	自然老化	较慢	完整	A
评估等级分为三级。A级最高，表示文物本体受到或面临的破坏因素少，历史信息保存完整；B级中等，表示文物本体受到或面临一定破坏因素，但仍保存了大部分历史信息；C级最低，表示文物受到或正面临较严重的破坏，应尽快实施保护措施						

3.2 现状环境

根据保护工作现状和实地调查情况，对惨案遗址周边及内部环境、历史环境的环境氛围、安全隐患和噪音噪声做出下列评估（图3-3，表3-2）。

表3-2 | 环境现状评估

评估项目	评估内容	评估等级
环境氛围	建筑简陋破损，没有功能分区的规划建设，追思、肃穆的环境氛围不强，环境同遗址不相协调	C
历史环境体现	南昌路以东原为屠杀时的平顶山村，日军的包围圈正是自东向西对村民进行屠杀的。现在为矿区，无历史信息的反映	C
环境安全隐患	文物库房为1984年的简易建筑，建筑面积1400平方米，造价24万，建筑质量低劣，安全隐患很大，必须对其进行更新。遗址北墙外为棚户居民区，建筑质量低劣，存在很大的安全隐患，亟须整治	C
噪音噪声	遗址靠近公路，最近处仅为1米，遗骨馆噪音较大	C
评估等级分为三级。A级最高，表示环境较好，有利于文物的保护和利用；B级中等，表示对文物的保护存在一定影响，不利于文物利用和管理；C级最低，表示严重威胁文物本体安全，应予以及时整治		

3.3 管理评估

对惨案遗址的保护管理现状做出下列评估（表3-3）。

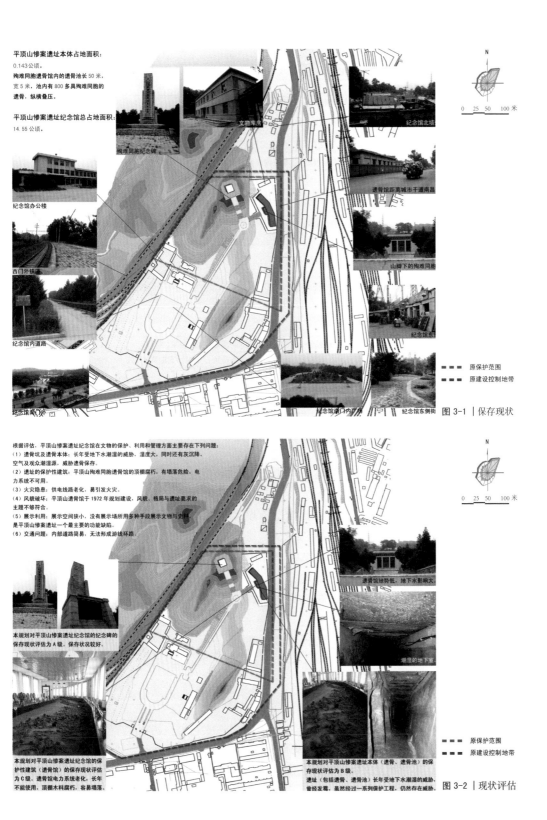

平顶山惨案遗址本体占地面积：

0.143公顷。

殉难同胞遗骨馆内的遗骨池长50米，宽5米，池内有800多具殉难同胞的遗骨，纵横叠压。

平顶山惨案遗址纪念馆总占地面积：

14.55公顷。

殉难同胞纪念碑

文物库房

纪念馆北墙

纪念馆办公楼

西门外铁路

遗骨馆距离高城市干道南晨

纪念馆内道路

山脚下的殉难同胞

纪念馆东

纪念馆南门

纪念馆南门内广场

纪念馆东侧街

- - - 原保护范围
- - - 原建设控制地带

图 3-1 | 保存现状

根据评估，平顶山惨案遗址纪念馆在文物的保护、利用和管理方面主要存在下列问题：

（1）遗骨坑及遗骨本体：长年受到地下水潮湿的威胁，湿度大，同时还有灰沉降、空气及观众潮湿源，威胁遗骨保存。

（2）遗址的保护性建筑：平顶山殉难同胞遗骨馆的顶棚腐朽，有墙落危险，电力系统不可用。

（3）火灾隐患：供电线路老化，易引发火灾。

（4）风貌破坏：平顶山遗骨馆于1972年规划建设，风貌、格局与遗址的要求的主题不够符合。

（5）展示利用：展示空间狭小，没有展示场所用多种手段展示文物与史料是平顶山惨案遗址一个最主要的功能缺陷。

（6）交通问题：内部道路简易，无法形成游线环路。

遗骨馆地势低，地下水影响大

本规划对平顶山惨案遗址纪念馆的纪念碑的保存现状评估为A级。保存状况较好。

潮湿的地下室

本规划对平顶山惨案遗址纪念馆的保护性建筑（遗骨馆）的保存现状评估为C级。遗骨馆电力设施老化，长年不能使用，顶棚木料腐朽，容易墙落。

本规划对平顶山惨案遗址本体（遗骨、遗骨池）的保存现状评估为B级。

遗址（包括遗骨、遗骨池）长年受地下水潮湿的威胁，曾经发霉。虽然经过一系列保护工程，仍然存在威胁。

- - - 原保护范围
- - - 原建设控制地带

图 3-2 | 现状评估

表3-3 | 管理现状评估

文物名称	辽宁省抚顺市平顶山惨案遗址
全国重点文物保护单位公布时间	1988年
管理机构	辽宁省抚顺市平顶山惨案遗址纪念馆
占地规模	14.55公顷
现有保护范围	1430平方米
遗存旧址建筑群建筑面积	自遗骨馆展厅中心点起，东20米至南昌路，西至电铁道，西南200米至博物馆库房北墙，北72米至博物馆围墙外5米以内。占地面积5.74公顷
保护工程纪录	有
管理条例	有
管理评估	B
评估等级分为三级。A级最高，表示内容齐备，管理有效；B级中等，表示内容基本完整，但管理效果一般；C级最低，表示管理内容缺失较多，不能实施有效的管理	

3.4 利用评估

对惨案遗址的利用现状做出下列评估（表3-4）。

表3-4 | 利用现状评估

评估项目	级别	说明
现有展陈	较差	展示空间狭小，且现有展陈手段较单一，不能满足不同人群的需要
本体可观性	较高	是国内唯一的展示日军罪行的屠杀现场原状态遗址，是对惨案的直接记录和铁证
交通服务条件	较好	位于城市干道旁，有两路公交车可达
容量控制要求	较高	遗址对大量人流带来的空气温度、湿度变化较为敏感，应严格控制开放容量
旅游资源级别	较好	属于国家红色旅游资源，面临良好的发展机遇
利用现状	可开放	在保证文物安全的基础上，对公众开放

3.5 现存主要问题

（1）遗骨坑及遗骨本体：长年受地下水潮湿的威胁，湿度大，同时还有落尘、空气及观众潮湿源，威胁遗骨保存。

（2）遗址的保护性建筑：危房，顶棚腐朽，有塌落危险，电力系统不可用。

（3）火灾隐患：供电线路老化，易引发火灾。遗址北墙外的棚户居民区也存在较大隐患。

（4）风貌破坏：平顶山遗骨馆于1972年规划建设，风貌、格局与遗址要求的主题不够符合。北墙外棚户区对遗址风貌也有较大影响。

（5）展示利用：展示空间狭小，缺乏多种手段展示文物与史料，是惨案遗址一个最主要的功能缺陷。

（6）交通问题：内部道路简易，无法形成游线环路。

4 保护区划

4.1 区划原则

（1）根据对惨案遗址的现状评估和历史研究，政府公布的现有保护范围和建设控制地带的区划缺乏可操作性，不能满足文物保护需求和惨案遗址历史环境的完整。原平顶山村被毁前的历史环境没有加以标示、反映给参观者。

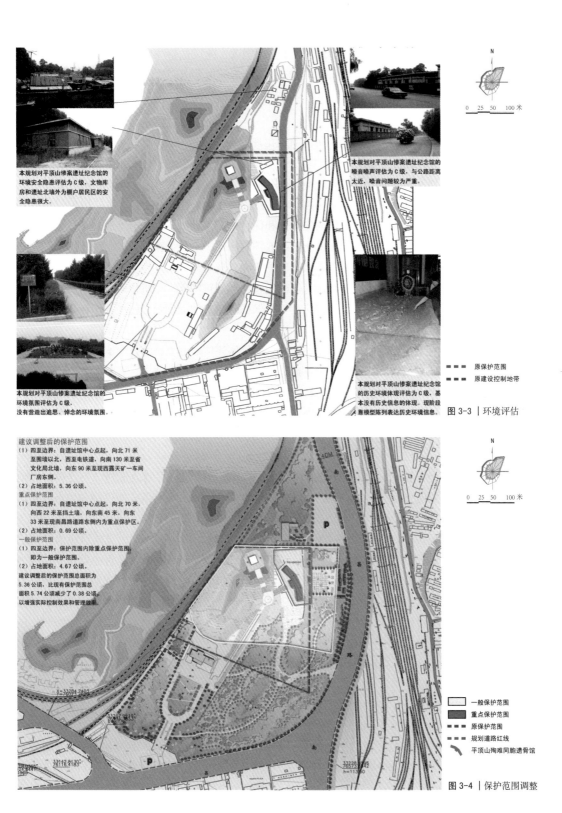

本规划对平顶山惨案遗址纪念馆的
环境安全隐患评估为 C 级, 文物库
房和遗址北墙外为棚户居民区的安
全隐患很大。

本规划对平顶山惨案遗址纪念馆的
噪音噪声评估为 C 级, 与公路距离
太近, 噪音问题较为严重。

本规划对平顶山惨案遗址纪念馆的
环境氛围评估为 C 级。
没有营造出追思、悼念的环境氛围。

本规划对平顶山惨案遗址纪念馆
的历史环境体现评估为 C 级, 基
本没有历史信息的体现。现阶段
靠模型陈列表达历史环境信息。

▪ ▪ ▪ ▪ 原保护范围
▪ ▪ ▪ ▪ 原建设控制地带

图 3-3 │环境评估

建议调整后的保护范围
(1) 四至边界: 自遗址馆中心点起, 向北 71 米
    至围墙以北, 西至电铁道, 向南 130 米至省
    文化局北墙, 向东 90 米至现西露天矿一车间
    厂房东侧。
(2) 占地面积: 5.36 公顷。
重点保护范围
(1) 四至边界: 自遗址馆中心点起, 向北 70 米,
    向西 22 米至挡土墙, 向东南 45 米, 向东
    33 米至现南昌路道路东侧内为重点保护区。
(2) 占地面积: 0.69 公顷。
一般保护范围
(1) 四至边界: 保护范围内除重点保护范围,
    即为一般保护范围。
(2) 占地面积: 4.67 公顷。
建议调整后的保护范围总面积为
5.36 公顷, 比现有保护范围总
面积 5.74 公顷减少了 0.38 公顷,
以增强实际控制效果和管理效果。

▭ 一般保护范围
▮ 重点保护范围
▪ ▪ ▪ 原保护范围
▪ ▪ ▪ 规划道路红线
〰 平顶山殉难同胞遗骨馆

图 3-4 │保护范围调整

（2）根据确保文物保护单位安全性、整体性的要求，建议调整惨案遗址的保护范围，同时根据保证相关环境的完整性、和谐性的要求，对建设控制地带做出调整建议（图3-4）。

4.2 区划类别

（1）保护范围

建议调整后的保护范围总面积为5.36公顷，比现有保护范围总面积5.74公顷减少了0.38公顷（图3-5）。严格控制土地使用性质，将原抚顺市城市总体规划中的"公共设施用地"、"公共绿地"调整为"文物古迹用地"。不得扩大建设用地比例，逐步提高非建设用地比例。

建议调整后的保护范围面积虽然有所减小，但这是在考察平顶山惨案发生的历史过程及环境，评估遗址现存状况、研究遗址保护的安全性和保存的完整性以及评估遗址所在地段建设发展现状与趋势之后做出的，强调对遗址和文物的有效控制和保护。保护范围新增了遗骨馆东侧，包括西露天矿一车间部分厂房在内的地段。根据历史研究和现场调查，此地段原为平顶山村被毁前所在地。日军把居民驱赶到现在大致是遗骨馆的位置，形成包围圈，用机枪对居民进行扫射。这是平顶山惨案发生的历史环境，有必要将此处划入保护范围，加以标示，使平顶山惨案这一历史事件的各种历史信息完整地传之后世。

现有的保护范围无重点保护与一般保护之分，在价值评估基础上，结合惨案遗址实际情况，将建议调整后的保护范围划分为两个等级：重点保护范围和一般保护范围。有利于既全面又有重点地保护文物。其中，重点保护区范围为自遗址馆中心点起，向北70米，向西22米至挡土墙，向东南45米，向东33米至现南昌路道路东侧内，主要是加强对惨案遗址本体的绝对保护，并留出一定安全距离。

（2）建设控制地带

建议调整后的建设控制地带总面积为21.26公顷，包括一类建设控制地带和二类建设控制地带，是根据惨案相关历史环境的完整性、环境风貌的协调性，以及现已形成的道路和城市肌理做出的（图3-6）。

一类建设控制地带：占地面积共11.03公顷。遗址以南博物馆墙内、省文化局地块为一类建设控制地带；东至南昌路规划道路红线西侧；保护范围以北133米内现棚户区为一类建设控制地带。遗址以南的一类建设控制地带规划建筑功能应为纪念馆附属建筑，建筑高度不超过12米。风貌不得破坏惨案遗址的悲肃气氛。保护范围东段外扩40米范围内的一类建设控制地带是为了远期规划恢复部分平顶山村民房，本身作为惨案历史环境的展示，内部布置惨案发生的历史介绍。风貌为平顶山地区的民居，根据历史研究复原。

二类建设控制地带：占地面积共10.23公顷。由于人眼能够观察到视线半径100米内的景观的细节，保护范围以西的二类控制地带主要沿铁道线划定，保证惨案遗址区内视线可及范围内周边建筑的体量和风貌不对遗址造成破坏和冲突。同时在保护范围以东，沿南昌路规划道路红线东侧向北以内的地块划为二类建设控制地带，保证在遗址馆外向东观测，景观不受干扰。二类建设控制地带对建筑功能不作具体要求，但应避免兴建会带来人流聚集、停车、交通疏导问题及噪音噪声的大型公共建筑（如集贸市场等），建筑高度不超过16米。

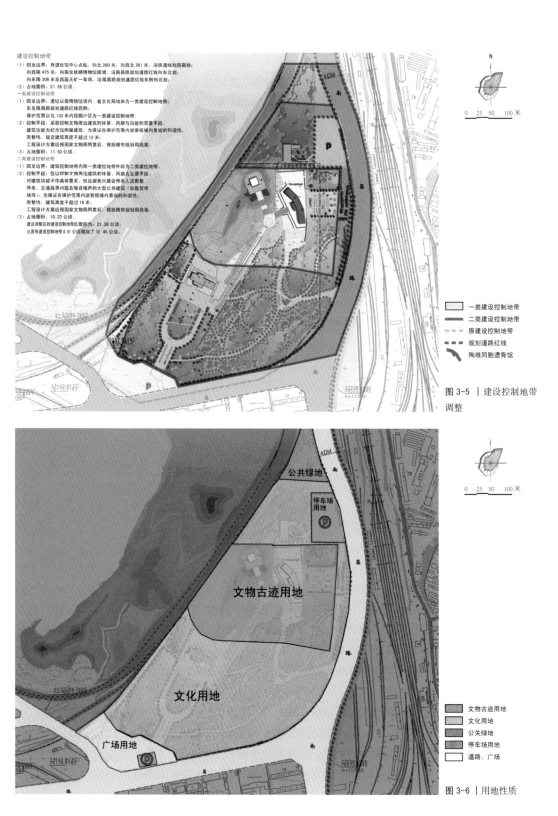

建设控制地带
(1) 四至边界:自遗址馆中心点起,向北 280 米;向西北 281 米,沿铁道线向西南划;
向西南 475 米,向南至抚顺博物馆南墙,沿南昌路规划道路红线向东北划;
向东南 309 米至西露天矿一车间,沿南昌路规划道路红线东侧向北划;
(3) 占地面积:21.26 公顷。
一类建设控制地带
(1) 四至边界:遗址以南博物馆墙内,省文化局地块为一类建设控制地带;
东至南昌规划道路红线西例;
保护范围以北 133 米内规棚栏地带。
(2) 控制手段:采取控制文物周边建筑的体量、风貌与功能的双重手段。
建筑功能为纪念馆附属建筑,为保证在保护范围内游客视域内景观的和谐性、
完整性。规定建筑高度不超过 12 米;
工程设计方案应报国家文物局同意后,授报顺市规划局批准。
(3) 占地面积:11.03 公顷。
二类建设控制地带
(1) 四至边界:建筑控制地带内除一类建设地带外即为二类建设控制地带;
(2) 控制手段:仅以控制文物周边建筑的体量、风貌为主要手段,
对建筑功能不作具体要求,但应避免兴建会带来人流聚集、
停车、交通疏导问题及噪音噪声的大型公共建筑(如集贸市
场等);为保证在保护范围内游客视域内景观的和谐性、完
整性、建筑高度不超过 16 米。
工程设计方案应报国家文物局同意后,授报顺市规划局批准。
(3) 占地面积:10.23 公顷。
建设调整后的建设控制地带总面积为:21.26 公顷。
比原有建设控制地带 8.81 公顷增加了 12.45 公顷。

一类建设控制地带
二类建设控制地带
原建设控制地带
规划道路红线
殉难同胞遗骨馆

图 3-5 | 建设控制地带
调整

公共绿地

停车场
用地

文物古迹用地

文化用地

广场用地

文物古迹用地
文化用地
公关绿地
停车场用地
道路、广场

图 3-6 | 用地性质

4.3 规划分区

根据惨案遗址的历史格局及空间利用现状，结合本规划的基本设想，将规划地块根据不同的保护措施和使用功能进一步划分为五个区域（图3-7，图3-8，表3-5）：

表3-5 | 利用现状评估

区域编号	区域名称	保护区划	功能定位
I区	惨案遗址展示区	重点保护范围、部分一般保护范围	以遗址馆为中心的遗址景观区。南面布置一定的历史墙、雕塑等景观小品，与缅怀祭奠区相衔接
II区	缅怀祭奠区	一般保护范围	主要的祭奠仪式场所
III区	平顶山村惨案历史环境区	一般保护范围、一类建设控制地带	作为平顶山惨案遗址的一部分，近期立标志牌标明架设机枪屠杀地点，说明屠杀过程及当年历史环境。远期可适量恢复部分当年平顶山村民的民房，内设揭露平顶山惨案真相的展示陈设以及反映当年矿工贫苦生活的室内复原陈列
IV区	主题纪念展示区	一类建设控制地带	绿化为主，结合主题雕塑，主要安排揭露惨案真相的主体建筑综合陈列馆，反映日寇蹂躏矿工的血泪史、抗日斗争史和平顶山惨案真相
V区	展示纪念管理区	一类建设控制地带	遗址展示和纪念的管理中心，可配有文物库房，预留停车场地

5 保护措施

5.1 防洪工程

遗址的重点保护区必须沿地段周边设置有组织排水，并入城市排水管网，防止洪汛期及雨季积水。根据《抚顺市城市总体规划》中的城市防灾规划，浑河中部段在综合治理的基础上，逐步进行上、下游的治理，防洪标准为300年一遇。而浑河主要支流章党河、东洲河、将军河、古城子河等防洪能力，按百年一遇标准规划。由于文物的不可再生性，特别是土遗址的惧水性，本规划建议应考虑在抚顺市城市总体规划中，将惨案遗址以西古城子河的防洪标准提高至百年一遇以上。

5.2 化学及工程保护记录

平顶山惨案遇难同胞遗骨发掘出土后，为防止遗骨风化腐烂，主要采用三甲树脂材料对遗骨进行涂刷，起到了一定的保护作用。但由于遗址位于平顶山东山脚下，地势低洼，地下水丰富，遗址土壤中含水率较大，每到夏季，出土的遗骨经常长毛发霉，严重威胁遗骨安全。为此，1988年国家投资40万元，在纪念馆四周修建了排水渠，主要目的是将纪念馆周围的雨水排出馆外，以降低地下水位、减少遗址土壤含水率。实际上土壤中的水分并没有因为修建排水渠而有明显减少。

1992年，为了进一步控制遗址地下水，由辽宁有色勘测公司提出"帷幕灌浆工程方案"，即在纪念馆四周钻孔，注入水泥浆，意图遗址地基壤和岩石裂隙形成一圈"帷幕"，以达到阻断地下水的目的，工程总投资107万元。但由于"帷幕灌浆工程"只部分地隔断了地下水，而遗址底层地下水依然无法彻底阻断，地下水从遗址地下深部基岩裂隙照样向上侵入，土壤湿度依然很大。

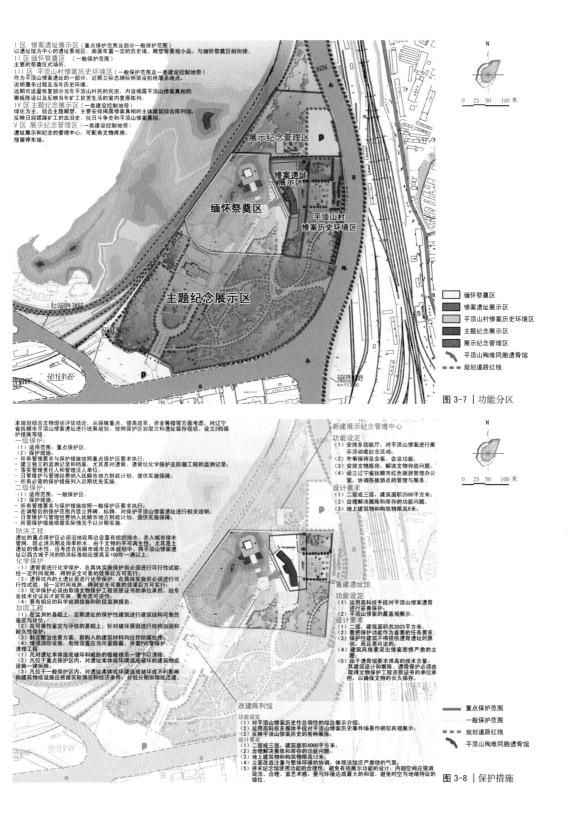

Ⅰ区 惨案遗址展示区（重点保护范围及部分一般保护范围）
以遗址馆为中心的遗址景观区。南面布置一定的历史墙、雕塑等景观小品，与缅怀祭奠区相衔接。
Ⅱ区 缅怀祭奠区（一般保护范围）
主要的祭奠仪式场所。
Ⅲ区 平顶山村惨案历史环境区（一般保护范围及一类建设控制地带）
作为平顶山惨案遗址的一部分，近期立标志牌标明架设机枪屠杀地点，
说明屠杀过程及当年历史环境。
远期可适量恢复部分当年平顶山村民的民房，内设揭露平顶山惨案真相的
模板陈设以及反映当年矿工苦生活时的室内复原陈列。
Ⅳ区 主题纪念展示区（一类建设控制地带）
绿化为主，结合主题雕塑，主要安排揭露惨案真相的主体建筑综合陈列馆，
反映日寇蹂躏矿工的血泪史、抗日斗争史和平顶山惨案真相。
Ⅴ区 展示纪念管理区（一类建设控制地带）
遗址展示和纪念的管理中心，可配有文物库房。
预留停车场。

展示纪念管理区

缅怀祭奠区

惨案遗址
展示区

平顶山村
惨案历史环境区

主题纪念展示区

缅怀祭奠区
惨案遗址展示区
平顶山村惨案历史环境区
主题纪念展示区
展示纪念管理区
平顶山殉难同胞遗骨馆
规划道路红线

图 3-7 ｜功能分区

本规划结合文物现状评估结论，从保障重点、提高效率、资金筹措等方面考虑，对辽宁
省抚顺平顶山惨案遗址进行统筹规划，按照保护区划层次和遗址留存现状，设立2档保
护措施等级。
一级保护：
　（1）适用范围：重点保护区。
　（2）保护措施：
　- 所有管理要求与保护措施按照重点保护区要求执行；
　- 建立独立的监测记录和档案，尤其是对遗骨坑化学保护及防潮工程的监测记录；
　- 落实管理责任和管理主体单位；
　- 日常维护与管理经费纳入抚顺市地方财政计划，提供实施保障；
　- 所有应急保护措施应列入近期优先实施。
二级保护：
　（1）适用范围：一般保护区。
　（2）保护措施：
　- 所有管理要求与保护措施按照一般保护区要求执行；
　- 在调整后的保护范围内竖立界碑、标牌，对保护平顶山惨案遗址进行相关说明；
　- 日常维护与管理经费纳入抚顺市地方财政计划，提供实施保障；
　- 保护措施根据实际情况予以分期实施。
防洪工程：
遗址的重点保护区必须沿池设置有组织排水，并入城市排水
管网，防止洪汛期及雨季积水。由于文物的不可再生性，尤其是土
遗址的脆弱性，应考虑在抚顺市总体规划中，将平顶山惨案遗
址以西古城子河的洪水标准相应提高至100年一遇以上。
化学工程：
　（1）遗骨须进行化学保护，在具体实施保护前必须进行可行性试验，
经一定时间观测，得到安全可靠的效果后方才实行；
　（2）遗骨坑内的土遗址需进行化学保护，在具体实施前必须进行可
行性试验，经一定时间观测，得到安全可靠的效果后方可实行；
　（3）化学保护必须由取得文物保护工程资质证书的单位承担，经专
业技术论证后才能实施，要考虑可逆性。
　（4）要有相应的科学检测措施和阶段监测报告。
加固工程：
　（1）在监测的基础上，定期遗址的保护性建筑建筑结构可靠性
鉴定与评估。
　（2）在可靠性鉴定与评估的基础上，针对破坏原因进行结构加固和
耐久性保护；
　（3）制定整治防虫害方案，新购入的建筑材料应应作防腐处理。
　（4）增加隐蔽设施，电线设置应当尽量隐蔽，用PVC管穿管。
清理工程：
　（1）凡对遗址本体造成破坏和威胁的植被根系一律予以清除；
　（2）凡位于重点保护区内，对遗址本体或环境造成破坏的建筑物或
设施一律拆除；
　（3）在一般保护区内，对遗址本体或环境造成破坏或不影响的
的建筑物或设施应根据实际情况和经济条件，分批分期拆除或改建。

新建展示纪念管理中心
功能设定
　（1）安排多功能厅，对平顶山惨案进行展
示活动或纪念活动；
　（2）外事接待来宾客、会议功能；
　（3）安排文物库房，解决久物存放问题；
　（4）设立辽宁省城市红色旅游管理办公
室，对游客旅游的管理与服务。
设计要求
　（1）二层或三层，建筑面积2500平方米；
　（2）合理解决陈展和库存的功能问题；
　（3）地上建筑物和构筑物限高8米。

重建遗址馆
功能设定
　（1）运用高科技手段对平顶山惨案遗骨
进行妥善保护；
　（2）平顶山惨案的最直观展示。
设计要求
　（1）二层，建筑面积2025平方米；
　（2）要把保护作为首要的任务考虑；
　（3）保护建筑不得损伤遗骨遗址的原
状，而且是可逆的；
　（4）建筑风格要突出惨案悲愤严肃的主
题；
　（5）由于遗骨馆含有很高的技术含量，
其建筑设计和展陈、遗骨保护必须由
取得文物保护工程资质证书的单位承
担，以确保文物的长久保存。

改建陈列馆
功能设定
　（1）对平顶山惨案历史作总领性的综合展示介绍；
　（2）运用高科技多媒体手段对平顶山惨案历史事件场景模拟再现展示；
　（3）反映平顶山惨案史的各种展陈。
设计要求
　（1）二层或三层，建筑面积4000平方米；
　（2）合理解决陈展和库存的功能问题；
　（3）地上建筑物和构筑物限高12米；
　（4）立面改造注重与整体环境的协调，体现该历史悲惨的气氛；
　（5）讲求纪念馆使用功能的合理性，避免有损展示功能的设计，内部空间应强调
简洁、合理、富艺术感，要与环境达成最大的和谐，避免时空与地域特征的
错位。

重点保护范围
一般保护范围
规划道路红线
平顶山殉难同胞遗骨馆

图 3-8 ｜保护措施

为了进一步对水患进行治理，1995年6月，国家文物局和辽宁省文化厅组织专家对惨案遗址保护工程进行论证，同意辽宁有色勘探公司提出的"开挖通风洞——拱形桥式托体工程方案"。经国家文物局批准，工程于1997年1月正式开工，到8月份结束，总投资160万元。

桥式托体工程竣工后，对降低遗址地下水位、减少土壤含水率起到了一定的作用。但此项工程虽然在遗址地下开挖通风洞，减少水分向地表侵入，但由于汇集的地下水依然留存在通风洞内，三至五天通风洞内的积水就达到将近1米深，须不停地用水泵外排，而且排到馆外的水又存在回渗现象。因此，为解决地下通风洞内积水问题，辽宁有色勘探公司又提出"惨案遗址地下疏水工程方案"，主要意图是在纪念馆外掘疏水涵洞，连接遗址地下通风洞，将通风洞内积水引入涵洞，自行排出馆外，使地下通风洞内形成一个干爽空间，解决地下水患问题。

疏水工程由辽宁地矿井巷建筑工程公司承担，工程从2004年8月开工，到11月结束，达到了设计要求。

在进行疏水工程的同时，惨案遗址纪念馆又邀请南京博物院文物保护科学技术研究所制定了"平顶山惨案遗骸工程"。主要方法是用化学清洗液对附着于遗骨表面的灰尘进行清洗，对破碎、断裂、残破的遗骨进行修复，对遗骨下的土壤进行加固。方案经国家文物局批准后，工程于2004年8月进行，历时两个月，选取局部范围（15米×15米）遗骨进行试验性修复工程，取得预期效果。工程投资9万元。2005年4月7日至8日，前国家文物局科技专家组组长王丹华，中国文物研究所高级工程师黄克忠、副研究员冯跃川等专家到馆对疏水工程和遗骨清洗加固修复局部试验工程进行了验收论证。论证结果认为工程达到了设计要求，效果比较满意。

以上是近年来对惨案遗址进行化学保护及工程保护的基本情况。上述工程虽然取得了一定成果，积累了一些经验，但由于遗址位于山脚下，地质条件复杂，遗骨所在的土壤中个别地段含水率比较高，每到夏天雨季，馆内相对湿度最高可达75%，对遗骨的安全保存还产生较大威胁。因此，遗骨的长久保护问题需在此次总体改建工程中慎重考虑。

5.3 化学保护

遗骨需进行化学保护，如表面喷涂保护材料、损伤部分灌注补强材料，应注意在使用时进行多方案比较，尤其要充分考虑其不利于保护文物原状的因素。所有的保护补强材料和施工方法，都必须先在实验室进行试验，取得可行的结果后，才允许在遗骨、土壤上局部试验；经过至少一年时间，得到完全可靠的效果后，才允许扩大范围使用。要有相应的科学检测措施和阶段监测报告，化学保护必须由取得文物保护工程资质证书的单位承担，经专业技术论证后才能实施，要考虑可逆性。

5.4 遗骨馆重建工程

遗骨馆的首要功能是保护遗骨的安全。设计、建造时，要把保护作为首要的功能来考虑，不能以牺牲保护的功能为代价，刻意追求建筑艺术上的效果。遗骨馆作为遗址的保护性建筑，不得损伤遗骨遗址的原状，必须是可逆的。

在建筑风格上，要突出惨案的主题和严肃、悲痛的气氛。

由于遗骨馆要求很高的技术含量，其建筑设计和展陈、遗骨保护必须由取得文物保护工程资质证书的单位承担，以确保文物的长久保存（图3-9）。

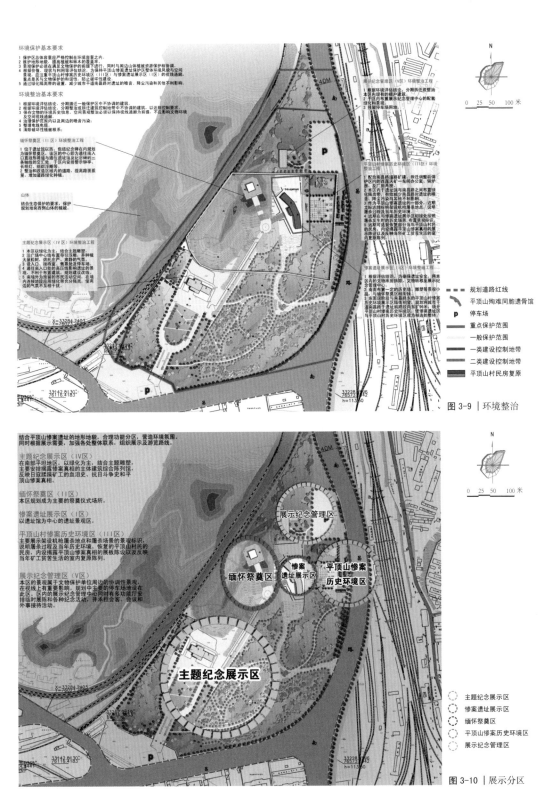

环境保护基本要求

1 保护区总体容量应严格控制在环境容量之内。
2 环境协调要求：周边植被种类的配置等。
3 影响保护水态美对文物保护的前提下进行，同时与周边山体植被相协调。
4 根据价值，现状与利用等评估原则，为保持平顶山惨案遗址整体环境风貌与空间重点，应注重平顶山村惨案历史环境（III区）与惨案遗址展示（I区）的视线通廊。
5 保护区内文物保护的安定性、阻止破坏性建设。
6 通过优化周边的设置，减少城市干道南晶晶对遗址的喀音、降尘污染和其他不利影响。

环境整治基本要求

1 根据遗址特性标志，分类遵过一般保护区中不协调的建筑。
2 根据建筑遗址或现状建设控制地带中不协调的建筑、进行控制要求。
3 保存文物的环境历史信息，空间及微观遗址必须以保持视线通廊为前提，不显露文物环境。
4 治理噪声视线继续。
5 整理地物地形。
6 消除破坏性植被根基。

缅怀景观区（II区）环境整治工程

1 位于遗址视轴西，包括纪念碑在内规划为缅怀景观区。这区的中心部为通过流入口及植筑墙与墙与场植被绿化的交错，不仅内安排停车场。长柱树、或目于树荫。
2 整治和改造区域内的道路，提高路面质量，增加道路绿化种植。

山体

结合生态保护的要求，保护规划地西侧山体的植被。

主题纪念展示区（IV区）环境整治工程

1 本区以绿化为主，结合主题雕塑。
2 门口播中心性布置引导标志，种植大松树，供托庄严、肃穆的气氛。
3 绿化以高大乔木为主，辅助整的松压植物或林荫的祭悼。
4 南端主要布置遗址、纪念碑等观性的景观，不宜不育遗遗址遗址。
5 南端作为控制城市生活活动的界面，内地增强加密市民活动的界限，在场内连续地绿地的绿化种植绿化为主框，使两边的气氛不互相干扰。

展示纪念管理区（V区）环境整治工程

1 本区为展示纪念管理中心的配套建筑。
2 配合场地整合。
3 本区增加的停车场。

平顶山村惨案历史环境区（III区）环境整治工程

1 配合南晶路道整合扩建，拆迁建筑后利用区内的西道连入一车间间的办公室、房间房屋。
2 本区环整治遗迹建筑与晶晶路之间要素增遗遗址的嗯晶文物。
3 不宜于其保护展示遗址的整体控制距离。
4 在相应环境植被景观设施的部分分，近期作为平顶山惨案遗址的一部分，远期作为平顶山村惨案历史环境。
5 远处近建筑建筑的居民，内设增强设施用设设施施与平顶山村惨案历史环境遗址的配套设施。
6 近期可调整治合当年平顶山村民的民房，内设平顶山惨案真相的展板陈设设以及反映当年矿工贫苦生活室内复原陈列。

惨案遗址展示区（I区）环境整治工程

1 根据评估结论，保护保留遗址安全。
2 对区内的文物宜行拆除，文物材移至其他不相应空间。
3 与缅怀景观区道路整合。

```
图例（legend）:
--- 规划道路红线
▣ 平顶山殉难同胞遗骨馆
P 停车场
━━ 重点保护范围
░░ 一般保护范围
▤ 一类建设控制地带
▥ 二类建设控制地带
▦ 平顶山村民房复原
```

图 3-9 | 环境整治

结合平顶山惨案遗址的地形地貌，合理功能分区，营造环境氛围。同时根据展示需要，加强各处整体联系，组织展示及游览路线。

主题纪念展示区（IV区）

在南部平坦地块，以绿化为主，结合主题雕塑，主要揭示揭露惨案真相的主体建筑综合陈列序列，反映日寇蹂躏矿工的血泪史、抗日斗争史和平顶山惨案真相。

缅怀祭奠区（II区）

本区规划成为主要的祭奠仪式场所。

惨案遗址展示区（I区）

以遗址馆为中心的遗址景观区。

平顶山村惨案历史环境区（III区）

主要展示架设枪屠杀地和屠杀场所的景观标识，说明屠杀过程以当年历史环境、恢复的平顶山村民的民房、内设揭露平顶山惨案真相的展板陈设以及反映当年矿工贫苦生活的室内复原陈列。

展示纪念管理区（V区）

本区的景观属于文物保护单位周边的协调性景观。在视线上有重要影响。规划中主要的停车场地设在此区。区内的展示纪念管理中心同时有多功能厅安排临时陈列和各种纪念活动，并兼担会客、会议和外事接待活动。

```
图例（legend）:
◯ 主题纪念展示区
◯ 惨案遗址展示区
◯ 缅怀祭奠区
◯ 平顶山惨案历史环境区
◯ 展示纪念管理区
```

图 3-10 | 展示分区

地图标注: 展示纪念管理区、缅怀祭奠区、惨案遗址展示区、平顶山惨案历史环境区、**主题纪念展示区**

6 环境规划

6.1 基本要求

（1）改善交通道路系统，城市干道南昌路将拓宽至40米。

（2）根据抚顺市城市总体规划，现南昌路东侧西露天矿一车间部分地块规划为公共绿地。本规划将此地块中的一部分调整入保护范围内，应将地块用地性质调整为文物古迹用地。根据环境评估结论，分期搬迁一般保护区中不协调的建筑。

（3）根据环境评估结论，分期整治或拆迁建设控制地带中不协调的建筑，以达到控制要求。

（4）治理保护范围内以及周边的噪音污染：城市干道南昌路，在靠近惨案遗址的部分应用绿化带隔离噪音，必要路段禁鸣喇叭，以维护遗址的肃静氛围。遗址南墙外预留市民公共活动空间，应用绿化带充分隔离噪音，维护遗址的肃静氛围。

（5）实施环境绿化，保持遗址西侧山体植被，同时有效防止冲刷下的泥土对遗址造成影响（图3-10）。

6.2 惨案遗址展示区（I区）与平顶山惨案历史环境区（III区）环境整治工程

惨案遗址展示区（I区）是惨案遗址的核心展示区。本区大部分位于重点保护范围内，环境整治工程要求按照重点保护范围的管理规定严格执行。在环境整治工程中应注意南昌路扩建的问题：南昌路按照抚顺市城市总体规划将拓宽至40米，因此将与建议调整后的保护范围相交，这对遗址保护是极其不利的。故规划将原有规划道路自现遗骨馆北侧300米处起至南端南昌路丁字路口止，向东移至40米外，并与现有道路相接。从而绕过了平顶山惨案历史环境区，使惨案遗址展示区与平顶山惨案历史环境区相连接。同时也使城市干道尽量远离遗址，中间用绿化隔离带将南昌路的噪音和降尘污染减至最小。

根据历史研究和现状调查，惨案遗址展示区（I区）是日本侵略者对平顶山居民实施屠杀的现场所在。因此，惨案遗址展示区（I区）与平顶山惨案历史环境区（III区）两区，前者是平民的死难地点，后者主要是日军架设机枪的包围地。环境整治工程要达到的效果，即是对当年惨案发生的历史信息和场景做出提示与标识，维护文物及其相关环境的完整性，使历史信息传之后世。

6.3 展示纪念管理区（V区）环境整治工程

本区位于遗址的北部，现状为棚户区，破坏遗址的风貌，同时存在火灾隐患。规划于第一阶段对棚户实行拆迁及整治，并规划新建展示纪念管理中心。本区内布置绿化景观，应与其西南侧缅怀祭奠区的山体绿化植被相协调，并减少遗址东侧、东北侧的公路落尘、噪音影响，保证遗骨馆的良好环境，植物配置应当注意不同树种的搭配。

7 展示规划

7.1 展示原则

（1）展示规划主要根据惨案遗址保护的安全性、完整性、真实性、可观赏性和交通服务条

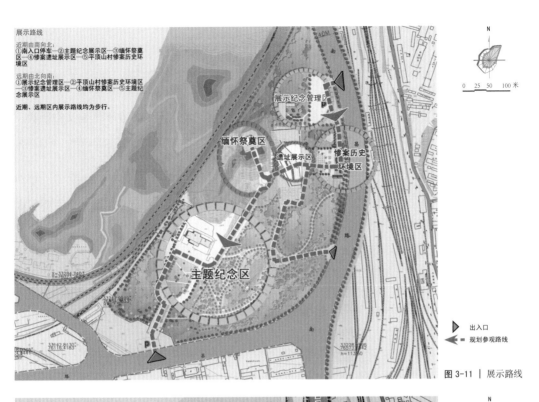

展示路线

近期由南向北:
①南入口停车—②主题纪念展示区—③缅怀祭奠区—④惨案遗址展示—⑤平顶山村惨案历史环境区

远期由北向南:
①展示纪念管理区—②平顶山村惨案历史环境区—③惨案遗址展示区—④缅怀祭奠区—⑤主题纪念展示区

近期、远期区内展示路线均为步行。

展示纪念管理区

缅怀祭奠区

遗址展示

惨案历史环境区

主题纪念区

0 25 50 100 米

▷ 出入口
◀■ 规划参观路线

图 3-11 | 展示路线

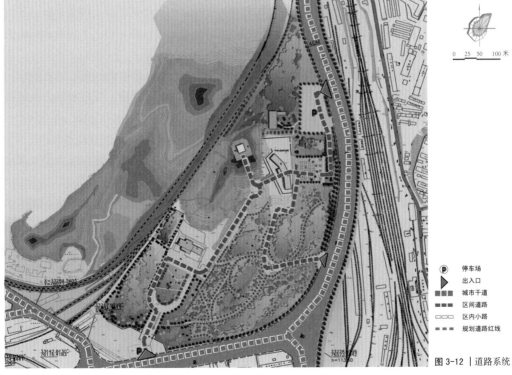

0 25 50 100 米

Ⓟ 停车场
▷ 出入口
■■■ 城市干道
■■■ 区间道路
▢▢▢ 区内小路
▪▪▪ 规划道路红线

图 3-12 | 道路系统

件等综合因素进行策划（图3-11）。

（2）遗址具备开放条件后方可列为展示目标。

（3）遗址展示的开放容量应以满足文物保护要求为标准，必须严格控制。

（4）加强遗址本体作为展示目标的作用。

（5）所有用于遗址展示服务的建筑物、构筑物和绿化的方案设计必须在不影响文物原状、不破坏历史环境的前提下进行。

（6）新建展示设施的建筑风格和色彩均应与现存环境风貌相协调。

7.2 展示分区

（1）主题纪念展示区（Ⅳ区）：在南部平坦地区，以绿化为主，结合主题雕塑，主要安排揭露惨案真相的主体建筑综合陈列馆，反映日寇蹂躏矿工的血泪史、抗日斗争史和平顶山惨案真相。

（2）缅怀祭奠区（Ⅱ区）：本区规划成为主要的祭奠仪式场所。作为祭奠仪式场所，既要满足游客的个人祭奠行为，作为全国爱国主义教育基地，又应该能满足一定规模的祭奠活动，如清明节、纪念日的有组织集体活动。遗址管理单位在管理上要配合好，保证大人流情况下游客的人身安全和遗址的文物安全。

（3）惨案遗址展示区（Ⅰ区）：以遗址馆为中心的遗址景观区，主要展示遗骨及其他附属文物等。

（4）平顶山惨案历史环境区（Ⅲ区）：主要展示架设机枪屠杀地点和屠杀场景的景观标识，说明屠杀过程及当年历史环境。恢复的平顶山村民的民房，内设揭露平顶山惨案真相的展板陈设以及反映当年矿工贫苦生活的室内复原陈列。向东可看见厂矿、铁路（Ⅵ区）中西露天矿铁道的工业景观。

（5）展示纪念管理区（Ⅴ区）：展示纪念管理区的景观属于文物保护单位周边的协调性景观，在游线上不安排到达，但是在视线上有重要影响。其内部的多功能厅应当发挥布展、换展周期短、效率高的优势，充分利用，提高社会效益。

7.3 展示路线

（1）近期由南向北：南入口停车—主题纪念展示区—缅怀祭奠区—惨案遗址展示区—平顶山惨案历史环境区。

（2）远期由北向南：展示纪念管理区—平顶山惨案历史环境区—惨案遗址展示区—缅怀祭奠区—主题纪念展示区。

（3）远期为比较理想的行进路线：游客下车后，首先获得平顶山村当年的历史环境的总体感觉，入内参观可以了解平顶山惨案发生的经过和史实，同时参观日军包围平民、架设机枪的地点。然后来到惨案遗址展示区，直接面对遗骨，受到强烈而直接的震撼。之后来到缅怀祭奠区参观纪念碑，敬献花圈，向受难同胞致哀。最后穿过主题纪念展示区，上车离开或经过回路返回平顶山惨案历史环境区上车离开（图3-12）。

7.4 容量控制（表3-6，表3-7）

表3-6 │ 建筑本体容量计算

建筑本体	计算面积 （平方米）	计算指标 （平方米/人）	一次性容量 （人/次）	周转率 （次/日）	日游人容量 （人次/日）	年容量 （万人次）
遗址展览馆	2025	15	120	6	720	14.7
综合陈列馆	4000	15	235	6	1410	38.4
总计	6025	15	355	6	2130	53.1
考虑纪念馆的维修、布展、春节休假及人员学习等情况，年开放天数按340天计；为确保遗址不因过度开放而受损，规划暂定系数为0.4；为确保展览建筑不因过度开放而受损，规划暂定系数为0.8。遗址展览馆算式：年容量=日游人容量×340天×系数0.4；综合陈列馆算式：年容量=日游人容量×340天×系数0.8						

表3-7 │ 展示分区容量计算

展示分区	计算面积 （平方米）	计算指标 （平方米/人）	一次性容量 （人/次）	周转率 （次/日）	日游人容量 （人次/日）	年容量 （万人次）
主题纪念展示区	72000	80	900	5	4500	122
缅怀祭奠区	7746	10	774	6	4644	126
惨案遗址展示区	4000	10	400	8	3200	87
平顶山惨案历史环境区	15500	15	1030	8	8240	224
综合陈列区与惨案遗址展示区游客容量为建筑本体容量和周边环境容量之和；规划暂定系数为0.8。算式：年容量=日游人容量×340天×系数0.8						

7.5 交通组织

（1）规划要求：以现有道路为基础，改善路面质量；在保证文物安全性及不影响景观的前提下，局部修建新路段，沟通各展示点的便捷路线，有利于全市道路系统规划的衔接。

（2）区间路线：区间交通均为步行。配合市政工程，规划将惨案遗址展示区与平顶山惨案历史环境区用景观广场联系起来，广场砖与卵石铺地相结合，配合浅草绿化。

（3）区内路线：各展示区的区内交通皆为步行；内部道路主要采用沥青路面，局部采用广场砖。

（4）道路规划：充分结合地形，合理选线，形成主次分明、便捷通畅的道路系统（图3-13）。区内道路共分二级：一级道路为划分各功能区的道路，路面宽度5米；二级道路为通往各类景点的小路，路面宽度2米。根据抚顺市总体规划，城市干道南昌路将拓宽至40米。本规划将原有规划道路自现遗骨馆北侧300米处起至南端南昌路丁字路口止，向东移至40米外，并与现有道路相接。从而绕开平顶山惨案历史环境区，使惨案遗址区与平顶山历史环境区成为相连的整体。

（5）停车场：近期使用南入口处的停车场；南昌路施工完成后，远期使用平顶山惨案历史环境区的停车场。南入口外侧设停车场，占地1500平方米，可停靠车辆25辆。平顶山惨案历史环境区设停车场，占地5000平方米，可停靠车辆90辆。

8 红色旅游发展规划导引

8.1 背景

抚顺市地处辽宁省东部山区，森林茂密，河流纵横，有众多奇特的山峰，自然风光秀丽。历史悠久，7000年前就有人在此劳动、生息、繁衍；西汉时就有人在抚顺开采煤炭，到明洪武十七年（1384）修筑抚顺城，成为沈东一带集市。抚顺也是清王朝的发祥肇兴之地，史迹繁多，满族早期文化丰富。解放以来，随着煤炭、油母页岩的大量开发，曾被誉为祖国的"煤都"。现在抚顺已经发展成为门类齐全的综合性重工业城市。

2004年中共中央办公厅、国务院办公厅印发的《全面推进依法行政实施纲要》中，辽宁省1条红色旅游路线入围全国30条"红色旅游精品线路"，5个红色旅游景区入围全国122个"红色旅游经典景区"，今后将受到重点培植。其中与本规划相关的有：全国红色旅游精品线为沈阳—锦州—葫芦岛—秦皇岛线；主要红色旅游景点有：沈阳市"九一八"历史博物馆、抗美援朝烈士陵园、抚顺市平顶山惨案遗址纪念馆、抚顺市战犯管理所旧址；锦州市辽沈战役纪念馆、黑山阻击战纪念馆；葫芦岛市塔山阻击战纪念馆。

8.2 特点和优势

（1）资源丰富，门类齐全：自然景观类型多样，历史人文景观独具风格和魅力，包括：以清前史迹为代表的遗迹旅游资源，以满族民俗风情为代表的民俗旅游资源，以雷锋纪念馆、战犯管理所旧址、平顶山惨案遗址为代表的红色旅游资源，还有以抚西露天矿为代表的现代化工业景观资源。

（2）特色显著，主题集中：赫图阿拉城是努尔哈赤建都称汗的都城，至今保留着许多清前史迹，沿袭着满族特有的风俗；抚顺是伟大的共产主义战士雷锋的第二故乡，雷锋纪念馆成为传播精神文明的永久性阵地；全国重点文物保护单位平顶山惨案遗址旧址，是国内保存最完整的一处日本侵略者屠杀中国人民的现场；战犯管理所充分显示了中国人民改造战犯的伟大历史功绩；坐落在市区南部千台山麓的抚西露天矿，以其乌金层层、铁路盘盘、机车点点、雄伟壮观在国内外享有盛誉。

（3）景区布局合理：根据抚顺市城市总体规划，抚顺旅游资源的布局已形成"大分散，小集中，一线贯穿"的特点。"大分散"是指形成以萨尔浒风景区为中枢向两侧呈带状延伸的格局。"小集中"是指各个景区而言，这些景区都相对集中地分布着密度较大、品位较高的旅游景观。"一线贯穿"是指清前史迹和谒祖御路贯穿各自相对独立的四大游览区之中，把它们紧紧地连接在一起，组成了一个不可分割的有机整体。

8.3 主要存在问题

（1）各纪念馆之间缺乏整体性规划设计，联系不紧密，没有形成应有的体系与规模效应。

（2）红色旅游资源与其他人文景点或自然景点各自为政，缺乏有效的联系与相互促进，造成旅游产品结构单一，难以深入发展。

（3）红色旅游及其他旅游资源的配套设施、文化品位有待提高，多数游客不在抚顺过夜。

8.4 红色旅游发展策略建议

（1）规划目标：保护和利用革命历史文化遗产，落实抚顺红色旅游规划，带动地区经济社会协调发展。

（2）规划原则：充分利用现有国家文物保护点的资源和现存的风景点，进行整体规划，使

天辽地宁 格致探原

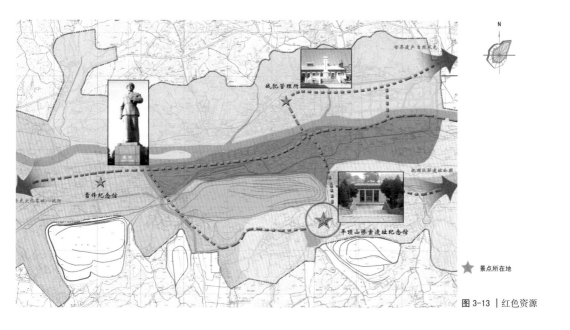

图 3-13 ｜红色资源

★ 景点所在地

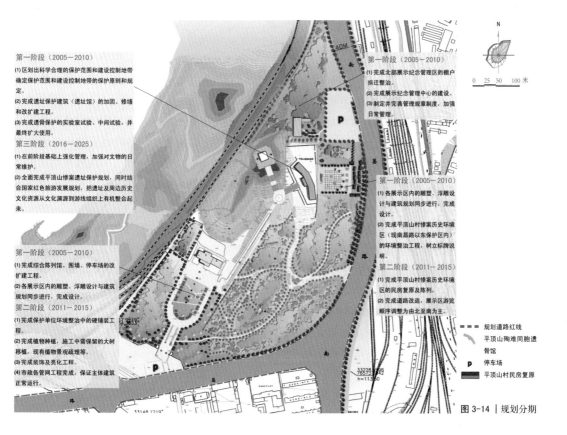

第一阶段（2005—2010）
(1) 区划出科学合理的保护范围和建设控制地带，确定保护范围和建设控制地带的保护原则和规定。
(2) 完成遗址保护建筑（遗址馆）的加固、修缮和改扩建工程。
(3) 完成遗骨保护的实验室试验、中间试验，并最终扩大使用。

第三阶段（2016—2025）
(1) 在前阶段基础上强化管理，加强对文物的日常维护。
(2) 全面完成平顶山惨案遗址保护规划，同时结合国家红色旅游发展规划，把遗址及周边历史文化资源从文化渊源到游线组织上有机整合起来。

第一阶段（2005—2010）
(1) 完成综合陈列馆、围墙、停车场的改扩建工程。
(2) 各展示区内的雕塑、浮雕设计与建筑规划同步进行，完成设计。

第二阶段（2011—2015）
(1) 完成保护单位环境整治中的硬铺装工程。
(2) 完成植物种植，施工中需保留的大树移植，现有植物景观疏理等。
(3) 完成装饰及亮化工程。
(4) 市政各管网工程完成，保证主体建筑正常运行。

第一阶段（2005—2010）
(1) 完成北部展示纪念管理区的棚户拆迁整治。
(2) 完成展示纪念管理中心的建设。
(3) 制定并完善管理规章制度，加强日常管理。

第一阶段（2005—2010）
(1) 各展示区内的雕塑、浮雕设计与建筑规划同步进行，完成设计。
(2) 完成平顶山村惨案历史环境区（现南昌路以东保护区内）的环境整治工程，树立标牌说明。

第二阶段（2011—2015）
(1) 完成平顶山村惨案历史环境区的民房复原及陈列。
(2) 完成道路改造，展示区游览顺序调整为由北至南为主。

- - - 规划道路红线
〰 平顶山殉难同胞遗骨馆
Ｐ 停车场
■ 平顶山村民房复原

图 3-14 ｜规划分期

惨案遗址旅游与人文历史景点、自然地理景点旅游互为补充、相得益彰，促进红色旅游的深度可持续发展。

（3）客源定位：参观客源以本省、市青少年为主，国际友人及省外游客为辅；游客客源以省内游客为主，外省及国际游客为辅。

（4）效益预测：预计到2010年，年旅游人数将达到12万人次，比2007年增加约4万人次，增长率为50%；预计到2015年，年旅游人数将达到27万人次，比2010年增加约15万人次，增长率为125%。

8.5 红色旅游发展总体布局建议

（1）空间结构框架：一河（浑河）、一所（战犯管理所）、两馆（平顶山惨案遗址纪念馆、雷锋纪念馆）、三方向（历史文化名城沈阳、世界遗产自然风光、抚顺抗联遗址公园）。

（2）"红色"专项游：战犯管理所—雷锋纪念馆—平顶山惨案遗址纪念馆（图3–14）。

（3）综合游：惨案遗址—雷锋纪念馆—永陵—赫图阿拉城—元帅林景区—平顶山惨案遗址纪念馆—露天矿工业景观。

以上游线结合抚顺市旅游规划"四区三线"开展。"四区"即：以大伙房水库为中心的萨尔浒风景游览区；以赫图阿拉城、永陵及猴石为中心的风景名胜游览区；以湾甸子森林公园为主体的田园风光游览区；以浑河中部段为主体的城市风貌景观区。"三线"即：以清前史迹为主题与清前史有关的清前史迹游览线；以雷锋为主教材的社会主义精神文明教育游览线；以平顶山惨案遗址为主教材的爱国主义教育游览线。

9 规划分期

本案的规划期限设定为21年（2005—2025年），规划的建设与改造内容分为：第一阶段6年（2005—2010年），第二阶段5年（2011—2015年），第三阶段10年（2016—2025年）（图3–15）。

9.1 第一阶段（2005—2010年）规划实施内容

（1）收集并完善基础资料，完成前期咨询工作。

（2）区划出科学合理的保护范围和建设控制地带，确定保护范围和建设控制地带的保护原则和规定。

（3）完成遗址保护建筑（遗址馆）的加固、修缮和改扩建工程。

（4）完成遗骨保护的实验室试验、中间试验，并最终扩大使用。

（5）完成综合陈列馆、围墙、停车场的改扩建工程。

（6）各展示区内的雕塑、浮雕设计与建筑规划同步进行，完成设计。

（7）完成北部展示纪念管理区的棚户拆迁整治。

（8）完成平顶山惨案历史环境区（现南昌路以东保护区内）的环境整治工程，树立标牌说明。

（9）完成展示纪念管理中心的建设。

（10）制定并完善管理规章制度，加强日常管理。

9.2 第二阶段（2011—2015年）规划实施内容

（1）完成道路改造，展示区游览顺序调整为由北向南为主。

（2）市政各管网工程完成，保证主体建筑正常运行。

（3）完成保护单位环境整治中的硬铺装工程。

（4）完成平顶山惨案历史环境区的民房复原及陈列。

（5）完成植物种植、施工中需保留的大树移植、现有植物景观梳理等。

（6）完成装饰及亮化工程。

9.3 第三阶段（2016—2025年）规划实施内容

（1）在前阶段基础上强化管理，加强对文物的日常维护。

（2）全面完成惨案遗址保护规划，同时结合国家红色旅游发展规划，把遗址及周边历史文化资源从文化渊源到游线组织上有机整合起来。

战犯管理所旧址——历史史实的信息链接与完整表达

概况: 抚顺市战犯管理所旧址 (国保)

近现代重要史迹的"事件性"与完整性评估

保护规划 (2007—2026年): 历史史实的信息链接与完整表达

概况：抚顺市战犯管理所旧址(国保)

抚顺市战犯管理所旧址（以下简称：战犯管理所）位于抚顺市浑河北岸高尔山下（图1-1，图1-2）。1950年代，为接收、关押和改造日、满战犯及部分国民党战犯，将辽东省第三监狱改为东北战犯管理所。至1975年3月最后一批战犯特赦，战犯管理所先后收押改造战犯1381名，其中包括末代皇帝溥仪和982名日本战犯。对战犯的成功改造，使得战犯管理所为世界关注。1986年，根据国内外友好人士和社会团体的请求，经国家公安部、外交部、中国人民解放军总政治部的联合报请，国务院批准战犯管理所对外开放。

1 历史沿革

1934年，日本侵略者侵略抚顺时，在抚顺城西墙外强行征地，将千金寨原奉天第十五监狱迁于此地，作为专门关押和残害我抗日军民和爱国同胞的场所，被称为抚顺典狱。建筑群于1936年竣工，建筑面积达9600多平方米，在日本侵略者统治的十余年间，该监狱关押和残害过我大批爱国同胞和抗日军民。

1946年5月，国民党占领抚顺时，将抚顺典狱改为抚顺模范监狱、辽宁省第四监狱。

1948年11月2日，抚顺解放，此监狱被我人民政府接管，改建为辽东省第三监狱，隶属东北公安部领导。

图 1-1 | 自高尔山南望

图 1-2 | 战犯管理所及周边现状全景

1950年，改为东北战犯管理所，归东北公安部领导。同年7月，开始收押苏联移交的日本战犯，共收押日本战犯982名，伪满战犯71名。

1954年12月，根据中国人民解放军总政治部和公安部通知，将东北战犯管理所改为中国人民解放军沈阳军区战犯管理所。至1966年又先后收押蒋介石集团战犯328名。

1956年6月至1964年3月，根据中华人民共和国全国人民代表大会常务委员会《关于处理在押

日本侵略战争中犯罪分子的决定》，对日本战犯分批全部处以宽大释放回国。

1956年9月，日本战犯被宣判、处理后，五所、六所和大礼堂、铁工厂划归抚顺监狱使用（图1-3）。

1959年12月至1975年3月，根据中国人民解放军总政治部和公安部通知，对伪满和国民党战犯分批全部宽大释放。

1976年1月至1984年，抚顺战犯管理所经公安部批准改为辽宁省人民边防武装警察总队761外籍人员管理所。后由公安部收回，辽宁省公安厅代管。

1986年5月，经国务院决定，由国家财政一次性拨款250万元，按原貌部分恢复战犯管理所，作为改造战犯的旧址对国内外开放，后将原办公楼、四所一部分和一所分别改建为综合陈列室、末代皇帝陈列室和日本"中归联"陈列室。

1988年12月，由辽宁省政府公布为省级文物保护单位。

1994年5月，由辽宁省委公布为省级爱国主义教育基地。

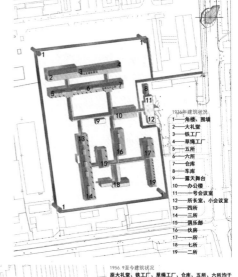

1936年建筑状况
1—角楼、围墙
2—大礼堂
3—铁工厂
4—草绳工厂
5—五所
6—六所
7—仓库
8—车库
9—露天舞台
10—办公楼
11—一号会议室
12—所长室、小会议室
13—四所
14—三所
15—俱乐部
16—伙房
17—七所
18—二所

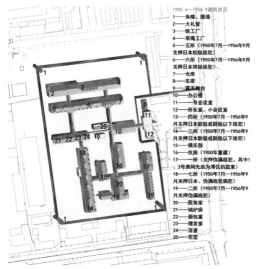

1950.6—1956.9建筑状况
1—角楼、围墙
2—大礼堂
3—铁工厂
4—草绳工厂
5—五所（1950年7月—1956年9月关押日本校级战犯）
6—六所（1950年7月—1956年9月关押日本将级战犯）
7—仓库
8—车库
9—露天舞台
10—办公楼
11—一号会议室
12—所长室、小会议室
13—四所（1950年7月—1956年9月关押日本尉级副级以上战犯）
14—三所（1950年7月—1956年9月关押日本尉级副级以下战犯）
15—俱乐部
16—伙房（1950年重建）
17—一所（关押伪满战犯，其中1、3号房间先后为溥仪的监室）
18—七所（1950年—1956年9月关押日本、伪满战病犯）
19—二所（1950年7月—1956年9月关押日本战犯）
20—医务室
21—锅炉房
22—面包室
23—理发室
24—浴室
25—花窖

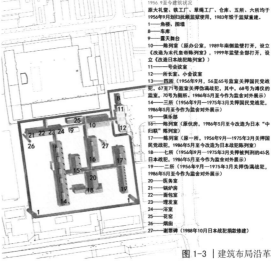

1956.9至今建筑状况
原大礼堂、铁工厂、草绳工厂、仓库、五所、六所均于1956年9月划归抚顺监狱使用，1983年毁于监狱重建。
1—角楼、围墙
8—车库
9—露天舞台
10—陈列室（原办公室，1989年南侧墙壁打开，设立《改造为末代皇帝陈列室》，1999年监墙全部打开，设立《改造日本战犯陈列室》）
11—一号会议室
12—所长室、小会议室
13—四所（1956年9月，56至65号监室关押国民党战犯，67至71号监室关押伪满战犯，其中，68号为溥仪的监室，1986年5月至今作为监舍对外展示）
14—三所（1956年9月—1975年3月关押国民党战犯，1986年5月至今作为监舍对外展示）
15—俱乐部
16—陈列室（原伙房，1986年5月改造为日本"中归联"陈列室）
17—一所（原一所，1956年9月—1975年3月关押国民党战犯，1986年5月至今改造为日本战犯陈列室）
18—七所（1950年—1975年3月关押被判刑的45名日本战犯，1986年5月至今作为监舍对外展示）
19—二所（1956年9月—1975年3月关押伪满战犯，1986年5月至今作为监舍对外展示）
20—医务室
21—锅炉房
22—面包室
23—理发室
24—浴室
25—花窖
26—烟囱
27—谢罪碑（1988年10月日本战犯捐款修建）

图1-3 ｜ 建筑布局沿革

2006年5月，由国务院公布为全国重点文物保护单位。

2005年2月，由国家发展和改革委员会、中共中央宣传部、国家旅游局等13个部门列为全国100个红色旅游经典景区；同年11月，由中共中央宣传部公布为全国爱国主义教育示范基地。

2 不可移动文物

战犯管理所原占地面积40000多平方米，原建筑面积9600平方米。1951年始，逐步划给抚顺监狱土地18000多平方米，并拆除了原有的五所、六所、大礼堂、铁工厂、草绳工厂、仓库等，建筑面积共2800平方米。现存建筑群由原有主楼（改造日本战犯陈列室）、一所（日本"中归联"陈列室）、二所、三所、四所、七所及谢罪碑、办公室（现为综合陈列室）、俱乐部、伙房、锅炉、理发室、沐浴室、面包房、露天舞台（复建）和花窖组成，保存了原始的建筑布局和风格特征，功能合理，造型朴实美观，体现了当时关东建筑的特色（表1-1）。

谢罪碑全称"向抗日殉难烈士谢罪碑"，位于办公室、伙房和一所当中，占地100平方米，基座高5.37米，碑身高3米，坐西朝东。谢罪碑由日本战犯捐款修建，是法西斯侵略者向受害国人民认罪的永恒史证，是揭露日本军国主义者侵华罪行的有力证据，也是友好和平的基石，并由"中归联"交与战犯管理所。"中归联"全称"中国归还者联合会"，是1956年被宽释的日本战犯回国后自发组织的和平友好民间团体，正式成立于1957年9月。其目的是使在第二次世界大战中参加过侵略中国战争的人们加深自己对错误的反省，并把这种反省推广到日本国民中间，为日中友好与和平做出贡献（图1-4）。

3 可移动文物

战犯管理所现有可移动文物13.3万余件，其中历史照片1万多幅，历史档案10余万册，战犯用过的物品2万余件，战犯用过的设备3000余件。此外，尚有相当数量的档案保存于国家档案馆和公安部档案馆（图1-5）。

图1-4｜不可移动文物之主楼、一所、二所和谢罪碑

图1-5｜监舍内景、会议室和战犯使用过的器具

表1-1 | 建筑沿革及使用状况

建筑	时间	事件
一号会议室、小会议室、所长室	1936年	始建至今
小会议室	1936年	始建至今
车库	1936年	始建至今
办公室	1936年	始建至今
	1989年	南侧监壁打开，设立"改造末代皇帝陈列室"
	1999年	监壁全部打开，设立"改造日本战犯陈列室"
花窖	1950年	始建至今
露天舞台	1936年	始建至今
	1970年代	损毁
	2006年	复建
草绳工厂、铁工厂、大礼堂、仓库	1936年	始建
	1956年9月	划归抚顺监狱使用。
	1983年	毁于监狱重建
理发室、面包室、锅炉房、沐浴室	1950年	始建至今
烟囱	1950年代末	始建至今
伙房	1936年	始建
	1950年	重建
	1986年5月	改造为日本"中归联"陈列室
俱乐部	1936年	始建
医务室	1950年	始建
一所	1936年	始建
	1950年7月—1956年9月	关押伪满战犯。其中1号、3号房间先后为溥仪的监室
	1956年9月—1975年3月	关押国民党战犯
	1986年5月至今	改造为日本战犯陈列室
二所	1936年	始建
	1950年7月—1956年9月	关押伪满战犯
	1956年9月—1975年3月	劳动犯监舍
	1986年5月	作为监舍对外展示
三所	1936年	始建
	1950年7月—1956年9月	关押日本尉级或尉级以下战犯
	1956年9月—1975年3月	关押国民党战犯
	1986年5月	作为监舍对外展示
四所	1936年	始建
	1950年7月—1956年9月	关押日本尉级或尉级以下战犯
	1956年9月	56号至65号监室关押国民党战犯，67号至71号监室关押伪满战犯。其中68号为溥仪的监室，70号为厕所
	1986年5月	作为监舍对外展示
五所	1936年	始建
	1950年7月—1956年9月	关押日本校级战犯
	1956年9月	划归抚顺监狱使用
	1983年	毁于监狱重建
六所	1936年	始建
	1950年7月—1956年9月	关押日本将级战犯
	1956年9月	划归抚顺监狱使用
	1983年	毁于监狱重建
七所	1936年	始建
	1950年7月—1956年9月	关押日本、伪满战犯病犯
	1956年9月—1975年3月	关押被判刑的45名日本战犯
	1986年5月	作为监舍对外展示
灵庙	1936年	始建至今
谢罪碑	1988年10月	日本战犯捐款修建
围墙、角楼	1936年	始建至今
	1950年	增建至今

近现代重要史迹的"事件性"与完整性评估

文物保护理念伴随着众多的保护实践而不断演进，保护对象更趋完整，保护内容更加完善，保护措施更加具有科学性和前瞻性。我国一方面吸取国外先进的保护理念，另一方面通过大量的实践来探索自己的保护道路。面对纷繁各异的保护对象，保护的理念如何体现到具体的保护工作中极为关键，需针对不同类型保护对象进行大量研究和探讨。保护文物的真实性、完整性和延续性是文物保护的基本要求，诸多先进的保护理念即体现于此。其中完整性要求是重要组成部分，也是能否全面认识和分析文物构成、制定保护措施及其他专项规划的基础。本文结合近现代史迹的特点，针对完整性理念进行策略层面的探讨。

1　"事件性"特征与完整性要求

完整性是对文物构成的理解。其概念最初应用于自然遗产中，后转而成为评估文化遗产的重要内容。但在对文化遗产的认识中人们从来没有停止关于完整性的探索。1964年《关于古迹遗址保护与修复的国际宪章（威尼斯宪章）》[1]提出了完整性的概念。宪章中关于完整性的认识涉及本体、环境和保护机制三个方面，这些内容在其后各阶段的文物保护思潮中逐步得到充实和完善。完整性由对单体的要求逐步扩展到城市和历史街区，由对形式的要求逐步过渡到强调结构机能的保护，由有形遗产的保护扩展到对功能、社会层面的无形遗产的保护。完整性演化的过程反映了人们认识事物的过程，它由形式（关注形式要素的完整）开始，进而涉及结构（关注要素之间关系的完整，关注与自然、历史环境及其与城市之间的关系）和功能，最终停留在一个由自然和社会交织的复杂层面上。这个由本体、环境和社会等诸多因素组成的完整性，可谓丰富和完整，但也意味着其在面对具体保护对象时具有多变性，面对不同的对象必然会有不同的侧重。比如，面对一个街区时，其完整性的内涵最终要立足于社会和功能的基础之上，而在面对一个历史遗存信息相对较少的建筑单体时，其完整性可能只需停留在结构层面，这与不同文物历史信息的保存状况密切相关。

完整性的要求使人们在进行文物保护时考虑的内容更加全面，也是采用先进理念、完善保护对象、采取适当的保护措施进行其他单项规划的重要基础。至于应当如何利用完整性的理念来指导我们的认识和建构保护对象的完整性，则需要结合不同保护类型进行探讨。

"文物指存在社会上或埋藏在地下的人类文化遗物。"[2]不同文物依据其时代环境及自身特点而千差万别。我国的《文物保护法》将文物分为五大类，其中只有一类规定了具体的时代，

1　1964年5月25—31日在威尼斯召开的第二届历史古迹建筑师及技师国际会议中通过。古迹的保护包含着对一定范围环境的保护。凡传统环境存在的地方必须予以保存，决不允许任何导致群体和颜色关系改变的新建、拆除或改动（第六条）。古迹遗址必须成为专门照管对象，以保护其完整性，并确保用恰当的方式进行清理和开放（第十四条）。

2　上海辞书编辑委员会.辞海.上海：上海辞书出版社，2000：4367.

即"与重大历史事件、革命运动或者著名人物有关的以及具有重要纪念意义、教育意义或者史料价值的近代现代重要史迹、实物、代表性建筑",规定凸显了此类文物在时间上的近时性特质。这些文物都产生在近代,与特定的历史事件、历史人物相联系,具有"使用历史性"(use-historic)的特点,与"时间历史性"(time-historic)相对。文物产生时间相对较短,其价值更多的依附于历史事件或历史人物留存的历史信息。因此,能否真实、完整地体现其依附的对象就成为评估文物价值、实施文物保护中的重要内容。

近现代重要史迹是近代历史事件、历史人物的产物,通常具有详尽的文字记录和大量的相关文物,依据这些信息可以了解相关事件和人物的详尽历史过程。其价值体现在它对于某一重大历史过程和人物生活的记忆,其完整性主要体现在对它所见证的历史进程的记录能力上,越是能完整详尽地记录那段历史的进程,说明其完整性越高,反之亦然。其保护的目标是要一方面更好地保护它所蕴涵的历史信息;另一方面经过适当的保护措施、组织整理之后使之能够更加流畅地表述其所见证的历史过程。

利用近现代重要史迹的"事件性"[3]特点,在对历史事件进行整理后,可以通过有序和翔实的历史事件对文物现存历史信息进行梳理和再组织,完善由文物及其历史信息与历史事件构成的叙事系统,在系统中评估文物的完整性和真实性,评估文物的价值,针对评估内容确定保护措施和其他单项规划的组织。对"事件性"的掌握给理解文物构成提供了方法和策略。"事件性"特点在构建近现代重要史迹的完整性时具有独特的优势,这种优势源于近现代重要史迹的特性,体现在其完整而有序的方法上。所以,抓住近现代重要史迹"事件性"特点是构建此类文物历史信息完整性的关键一环(图2-1)。

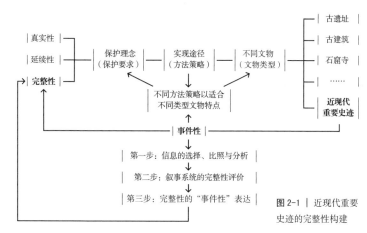

图 2-1 | 近现代重要史迹的完整性构建

2 "事件性"特性在"完整性"构建中的运用

在我国现已公布的近现代重要史迹中,抚顺市战犯管理所旧址就其功用来说可谓孤例,即使在世界范围内也很难找到与之相仿者。它不同于其他监狱或者集中营,"改造"这个特殊的使命使它由独特的视角见证了那段历史进程。下文将运用上述方法对战犯管理所的完整性加以构建。

---

3 "事件性"是近现代文物的重要特点,详见沈旸,等."事件性"与"革命旧址"类文物保护单位保护规划——红色旅游发展视角下的全国重点文物保护规划.建筑学报,2006(12):48-51.

2.1 第一步：信息的选择、比照与分析

文物的信息通常源自文献、现场踏勘和问卷访查等几个方面。在"事件性"的研究方法中要注意不同信息处理的次序。

首先，通过文献查找，构建事件的发展过程。在战犯管理所资料查找和整理过程中，涉及志书、地方档案、相关研究书籍、老照片等文献资料。其中《抚顺战犯管理所志》和抚顺市地方档案为研究提供了详尽的信息，相关研究书籍可以增加对宏观和具体问题的了解。经过对大量文字图片信息的总结整理，可以得出如下包括时间、事件和事件对象在内的表格，表现了战犯管理所见证的历史进程（表2–1）。

表2-1 | 战犯管理所见证的历史进程

时期	时间	事件	事件对象
战犯管理所前期	1934年	日本侵略者侵略抚顺时，在抚顺城西墙外强行征地，将千金寨原奉天第十五监狱迁于此地，专门用于关押和残害我抗日军民和爱国同胞。监狱被称为抚顺典狱	监狱建筑组群及草绳工厂和大礼堂
	1948年	抚顺解放后，此监狱被我人民政府接管，改建为辽东省第三监狱	—
战犯管理所时期	1950年	东北战犯管理所成立。同年，苏联移交的日本战犯经铁路抵达抚顺城站进入管理所接受改造	抚顺城站、监狱建筑组群、草绳工厂和大礼堂、战犯管理所农场、高尔山
	1956年6月—1964年3月	对日本战犯分批全部处以宽大释放回国	—
	1956年9月	日本战犯被宣判、处理后，五所、六所和大礼堂、铁工厂划归抚顺监狱使用	—
	1959年12月—1975年3月	对伪满和国民党战犯分批全部宽大释放	—
战犯管理所后期	1976年1月—1984年	抚顺战犯管理所由辽宁省人民边防武装警察总队管理。后由公安部收回，辽宁省公安厅代管	中国归还者联合会、谢罪碑
	1986年	按原貌部分恢复抚顺战犯管理所，作为改造战犯的旧址对国内外开放，后将原办公楼、四所一部分和一所分别改建为综合陈列室、末代皇帝陈列室和日本"中归联"陈列室	—
	2006年	被国务院公布为全国重点文物保护单位	—

在上述工作的基础上开始对战犯管理所的现场勘查。勘察内容除了对于文物本体及其环境现状的勘察外，更将每个具体地点与其历史事件相关联，注重在历史事件中理解现有的场所及其历史信息（表2–2）。

表2-2 | 建筑与历史事件关联

建筑	年代	事件
五所	1936年	由日本人始建
	1950年7月—1956年9月	关押日本校级战犯
	1956年9月	划归抚顺监狱使用，1983年毁于监狱重建
六所	1936年	由日本人始建
	1950年7月—1956年9月	关押日本将级战犯
	1956年9月	划归抚顺监狱使用，1983年毁于监狱重建
七所	1936年	由日本人始建
	1950年7月—1956年9月	关押日本、伪满战犯
	1956年9月—1975年3月	关押被判刑的45名日本战犯
	1986年5月至今	作为监舍对外展示
谢罪碑	1988年10月	日本战犯捐款修建

通过上述工作就可以将每一个现存场所与其历史过程相对应，将遗存放在自身历史进程中加以理解和认识。这对于深入理解文物构成、评估文物价值、考虑保护措施都有重要的决定作用。

此外，还应将历史文献中整理出的事件对象与现存空间场所一一对照，寻找事件对象与现存保护对象之间的差异，发现现状缺环，找出完整性的缺陷。在将战犯管理所的事件对象与现存保护对象对照时出现了如下问题：

（1）抚顺城站作为日本战犯到达抚顺的第一站，也是其改造的起点，并未纳入保护系统之中。

（2）五所、六所是改造和关押日本将、校级战犯的监舍，是重要的事件对象，但已经遭到彻底破坏。

（3）战犯管理所农场曾是战犯劳动改造的农园，是事件对象的重要组成部分，却并未成为保护对象。

（4）中国归还者联合会是归还日本战犯自发组成的和平组织，致力于中日友好，是战犯管理所和平精神的延续，是事件链条上的重要环节，但并未受到重视。

（5）部分尚存的关于战犯管理所改造战犯历史的记忆仍存于日本老兵的脑海之中，濒于消失却不能得到保护和挖掘。

这些问题的发现有利于进一步完善保护对象范围，完整地保护战犯管理所的历史价值和社会价值，合理地解决上述问题也就成为了保护规划工作中的重要内容。

最后为访查和问卷，其对象包括战犯管理所的管理和研究人员及普通游人，用以考察战犯管理所在当今大众心目中的价值和形象，这是战犯管理所事件链条中的最后一环，将其与历史事件所对应的形象和价值加以比照，理想状态下二者应当相似，如果出现不同程度的差别就说明现今的历史信息的表述存在问题，需要加以调整。

通过访查和问卷调查结果的综合分析，可以发现，周边混乱的建筑环境和交通噪音影响了建筑群本应有的庄严与肃穆，战犯管理所内部的环境未能表达出生活、改造的环境氛围；缺失的五所、六所、铁工厂和大礼堂使人们对于战犯管理所原有规模的形制在认识上存在较大偏差；现有的展示场所局限、手段单一，不能很好地展示历史的过程；此外，抚顺城站和战犯管理所农场的缺席也导致了人们对于历史事件认识的缺环。上述问题，使得战犯管理所对其见证的历史信息表述不清，人们很难通过文物现状对历史过程产生相对真实、完整的认识。鉴于此，需要采取适当保护措施对上述问题加以解决，以改善文物历史信息的表述系统。

前文简单地罗列了相关步骤，在具体工作中往往需要多次的反复才能构建出一个相对完整的历史过程并使之与现存历史遗迹相对应，进而加以对照和分析。

2.2 第二步：叙事系统的完整性评价

在战犯管理所保护规划编制过程中，利用文献等提供的相对完整的历史信息，构建出历史事件的整个过程，进而以之为标尺来理解和认识近现代管理所旧址的文物构成、完整性和真实性状况。通过比照和分析，可以发现战犯管理所的完整性受到了抚顺城站、战犯管理所农场、五所、六所、草绳工厂、大礼堂等缺失(图2-2，图2-3)的影响以及繁杂的周边环境的干扰（图2-4），不能完整地表述其历史事件。此外，对于相关历史记忆的搜集整理以及对于相关组织的研究支持的缺乏使得其完整性进一步受到威胁。

图 2-2 | 历史原貌与现状对比

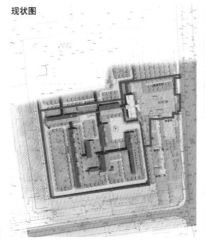

现状图

原状图

图 2-3 | 抚顺城站与将军北沟农场

2.3 第三步：完整性的事件性表达

有了关于保护对象完整性的认识，就要通过一定的方式将其表达出来，使其与具体规划内容良好的衔接。上述的表达方式强调了缺失环节对于完整性的影响及其现存状况，便于掌握历史和现实的两种场景，为采取适当的保护措施和编制单项保护规划提供了很好的接口（表2-3）。

表2-3 | 完整性缺失环节

缺失环节	历史环节	对于完整性的影响	缺失环节的现存状况
将军北沟农场	是战犯劳动和改造的农园，是改造方式、手段的重要见证	使完整性的表述中缺少了关于改造方式、手段以及战犯生活状况的重要内容	农场因地处偏僻，尚未受到城市化的影响，其功能未变，现为省公安厅农场
抚顺城站	战犯到达中国的开始，接受改造的起点	事件性的表述缺少了开头，使其缺乏完整性	抚顺城站位置未变，但已经被重建一新

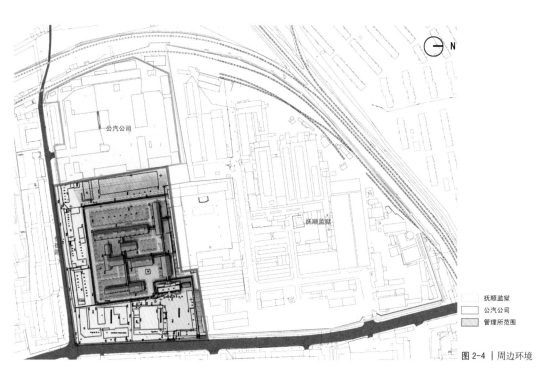

图 2-4 | 周边环境

3 结语

运用"事件性"特性构建不同类型近现代文物的完整性时,应依据文物自身状况而有所调整。比如名人故居,其信息搜集、比照分析要以人物的生命历程为主线而不同于革命旧址中对于革命过程的关注。对于短期事件相关的史迹要更加关注事件发生过程中空间范围上的丰富内容而不同于长期事件相关的史迹更加注重其在时间纵深方向的挖掘。

抓住近现代史迹的"事件性"特点,可以充分利用大量相关历史信息来构建事件的历史进程,再通过相对完整的历史过程来判断史迹的完整性和真实性,进而制定保护规划,对于全面建构完整性,因循近现代史迹的自身特点对其实施全面、有效的保护具有重要意义。

保护规划（2007—2026年）：
历史史实的信息链接与完整表达

1 保护对象

战犯管理所始建于1936年，历经抚顺典狱、抚顺模范监狱、辽东省第三监狱、东北战犯管理所、外籍人员管理所、抚顺战犯管理所等重要历史时期，是与重大历史事件有关的现代重要史迹（图3-1）。

战犯管理所展示了中国共产党和人民民主政府1950年代在政治、经济、军事、法律等诸多领域的许多正确主张和在特殊战线中为实现人类和平所做出的巨大贡献，具有独特性和唯一性，保护对象包括建筑、文物本体及相关历史信息，是不可分割的整体，因此本案将其历史遗存分为不可移动文物与可移动文物两类。

2 价值评估

2.1 历史价值

战犯管理所成功改造日本战犯近千人，旧址、文献和图片生动、详细地记录了改造工作的历史过程。所内的"向抗日殉难烈士谢罪碑"是国内唯一的、由日本战犯捐款修建，是法西斯侵略者向受害国人民认罪悔恨的永恒史证，是揭露日本军国主义者侵华罪行的最有力证据。同时，亦为日本"中国归还者联合会"的诞生地。该组织为促进中日友好事业做了大量有益的工作，藤田茂会长曾在1970年代受到周恩来总理的四次接见。

战犯管理所成功改造中国末代皇帝被称为世界奇迹。作为清朝末代皇帝和日本侵略者的伪满傀儡，溥仪于1950年8月15日至1959年12月4日以战犯身份在此接受改造，从一个封建君主改造成一名热爱祖国积极参加社会主义建设的普通公民。溥仪撰写的自传体回忆录《我的前半生》初稿亦诞生于此，该书被译成20多种国家的文字，发行全世界，影响极大。

战犯管理所是这些重大历史事件真实生动的记录载体，是中国人民抗日战争和解放战争取得彻底胜利的重要标志。

2.2 社会价值

战犯管理所是中国人民改造战犯的场所，作为历史的真实记录，具有极强的说服力和良好的教育效果，是进行爱国主义教育的直观课堂。2005年，由中共中央宣传部批准为全国爱国主义教育示范基地。从对外开放展览至今，已接待国内观光游客300余万人次，接待外宾5万余人次，其中90%来自日本。

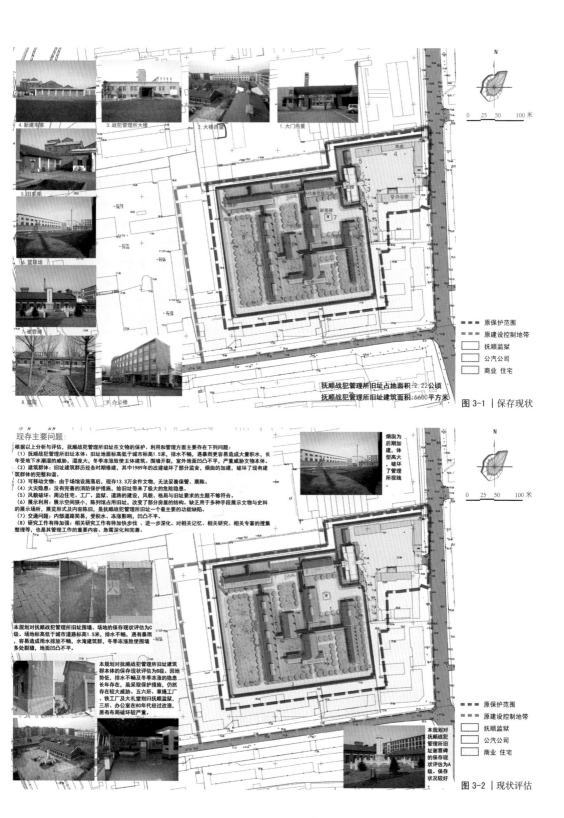

图 3-1 | 保存现状

抚顺战犯管理所旧址占地面积：2.22公顷
抚顺战犯管理所旧址建筑面积：6600平方米

4.新建车库和
3.战犯管理所大楼
2.大楼西面
1.大门内景
5.旧菜库
6.篮球场
7.谢罪碑
8.后墙
9.办公楼

原保护范围
原建设控制地带
抚顺监狱
公汽公司
商业 住宅

0 25 50 100 米

现存主要问题：

根据以上分析与评估，抚顺战犯管理所旧址在文物的保护、利用和管理方面主要存在下列问题：
（1）抚顺战犯管理所旧址本体：旧址地面标高低于城市标高1.5米，排水不畅，遇暴雨更容易造成大量积水，长年受地下水潮湿的威胁，湿度大，冬季冻涨使得主体建筑、围墙开裂，室外地面凹凸不平，严重威胁文物本体。
（2）建筑群体：旧址建筑群历经各时期修建，其中1989年的改建破坏了部分监舍，烟囱的加建，破坏了现有建筑群体的完整性。
（3）可移动文物：由于场馆设施落后，现存13.3万余件文物，无法妥善保管、展陈。
（4）火灾隐患：没有完善的消防保护措施，给旧址带来了极大危险隐患。
（5）风貌破坏：周边住宅、工厂、监狱、道路的建设、风貌、格局与旧址要求的主题不够符合。
（6）展示利用：展示空间狭小，陈列馆占用旧址，改变了部分房屋的结构，缺乏用于多种手段展示文物与史料的展示场所，展览形式及内容陈旧，与抚顺战犯管理所旧址一个最主要的功能缺陷。
（7）交通问题：内部道路简易，受积水、冻涨影响，凹凸不平。
（8）研究工作有待加强，相关研究工作有待加快步伐，进一步深化。对相关记忆、相关研究、相关专著的搜集整理等，也是其管理工作的重要内容。急需深化和完善。

本规划对抚顺战犯管理所旧址围墙、场地的保存现状评估为C级。场地标高低于城市道路标高1.5米，排水不畅，遇有暴雨，容易造成雨水排放不畅，水淹建筑群，冬季冻涨致使围墙多处裂缝，地面凹凸不平。

本规划对抚顺战犯管理所旧址建筑群体的保存现状评估为B级。因地势低，排水不畅及冬季冻涨的隐患长年存在，虽采取保护措施，仍然存在较大威胁。一号工厂、五六所、草绳划入抚顺监狱，三所、办公室在80年代经过改造，原有布局破坏较严重。

本规划对抚顺战犯管理所旧址谢罪碑的保存现状评估为A级，保存状况较好。

烟囱为后期加建，体型高大，破坏了管理所视线

图 3-2 | 现状评估

原保护范围
原建设控制地带
抚顺监狱
公汽公司
商业 住宅

0 25 50 100 米

对于许多日本民众来说，只是通过宣传媒介获得一些侵华战争的印象，对于中国人民如何对待战犯更是知之甚少，加上右翼势力的鼓吹歪曲，他们的认识难免失之偏颇。而当他们面对战犯管理所，面对大量图片、文字记载和战犯们自己的评述，他们思想上的转变是巨大的，他们深切感受到中国人民的宽大胸怀和反对战争、倡导和平的坚定意愿，对于坚持日本侵华史的正确史观，维护中华民族的根本利益意义重大。

对于中国的下一代来说，战犯管理所是屈辱与光荣的交织。这所由日本人建设在中国土地上用来迫害中国人民的监狱，代表着屈辱的历史，勿忘国耻、警钟长鸣是管理所的第一个教育意义；监狱最终用来改造损害中国人民利益的日本战犯，中国人为之扬眉吐气，这一结果是中国人民不畏牺牲、艰苦斗争的结果，幸福的今天更是建立在鲜血之上的，不忘先烈、为国奋斗是管理所的另一个教育意义。

对于日本战犯，中国人民本着恨罪不恨人的原则，执行一个不杀、宽大处理的总方针，生活上给予人道主义的待遇，思想上耐心教育，最终使他们走上了从善之路。教育改造的过程是漫长的，它体现出的宽大胸怀和对和平的执著追求，对于教育下一代如何面对屈辱的历史、如何看待历史遗留问题，无疑具有深远的教育意义。

根据抚顺市城市总体规划制定的旅游专项规划，在抚顺市旅游规划"四区三线"格局中，战犯管理所属于以其为主教材的爱国主义教育游览线。作为游览线的重要一环，战犯管理所在得到妥善保护的前提下，也能为城市旅游经济发展发挥重要的作用。

3 现状评估

3.1 保存状况

根据保护工作现状和实地调查情况，对战犯管理所及其保护性、展示性建筑的留存现状、完整性、主要破坏因素和破坏速度做出下列评估（图3-2，表3-1）。

表3-1 | 保存状况评估

名称		材质	保存状况	主要破坏因素	破坏速度	完整性	等级
不可移动文物	旧址建筑	砖木	建筑本体保存较为完整，但墙面多处裂缝，严重威胁本体安全	地下水位高，土壤湿度大；雨季易受雨水淹没，冬季冻胀	较快	较完整	B
	围墙场地	砖土	墙体本体保存较为完整，但多处裂缝，地面鼓胀现象严重，影响正常交通观展		较快	较完整	B
	基础设施	—	电力线路老化，消防系统不完善，座椅、标志牌等破损严重	年久失修与老化	较快	不完整	C
	谢罪碑	石材	碑身完整，字迹清楚	自然老化，空气中污染物腐蚀	较慢	完整	A
可移动文物		—	数量庞大，但场馆简陋，无法妥善保管	人为原因	较快	较完整	B
抚顺城站			经过改建，已无历史原貌	人为原因		不完整	C
将军北沟农场			本体功能未发生变化，较好地保存了原始风貌	—	较慢	完整	B
评估等级分为三级。A级最高，表示文物本体受到或面临的破坏因素少，历史信息保存完整；B级中等，表示文物本体受到或面临一定破坏因素，但仍保存了大部分历史信息；C级最低，表示文物受到或正面临较严重的破坏，应尽快实施保护措施							

主要问题如下：

（1）战犯管理所原貌受到破坏：1951年开始逐渐被抚顺监狱占用土地18000平方米，并拆除了原有的五所、六所、大礼堂、铁工厂、草绳工厂、仓库等建筑共2800平方米。现北侧土地边界已接近原中轴线位置，原有布局受到较大破坏。

（2）现有房舍受到一定损坏：由于冬季土壤湿度大、天气寒冷，造成地面鼓胀，很多房屋出现变形、裂缝，其中二所、三所和伙房比较严重。如果得不到及时维修，现存房屋将受到严重破坏，而且会给参观者带来危险。

（3）多数基础配套设施陈旧不堪，难以维持或使用：由于历年国家所拨款项仅限行政经费，维修费用少，维护工作滞后，致使基础配套设施陈旧，部分景区无法启用。

（4）陈列馆占用管理所旧址用房，破坏了部分监舍原貌：陈列馆占用旧址房屋面积达六分之一，并改动了一些旧址房间的结构。因受原监舍房屋的限制，展览馆形式、内容陈旧，也影响了展览效果。

（5）一些历史文物、文献亟须抢救和保护：由于条件限制，一些历史文物得不到抢救性发掘和保护，特别是在抢救日本战犯活材料上更是举步维艰，许多珍贵历史资料无法挽回。对纸质文物的保护由于场地、设施的问题而无法有效地进行。

（6）历史相关遗迹没有得到妥善保存、利用：战犯管理所与重大历史事件相关，是相关历史事件的主要见证，但仍有其他历史遗迹与之相关，包括抚顺城站、将军北沟农场等，但现在尚未得到合理保护和利用。经过妥善保护、合理利用可使相关历史事件得以更全面地记述，也使得战犯管理所更易于被人理解。

3.2 现状环境

根据保护工作现状和实地调查情况，对战犯管理所周边及内部环境、历史环境的环境氛围、安全隐患和噪音噪声做出下列评估（表3-2，图3-3）。

表3-2 | 环境现状评估

评估项目	评估内容	评估等级
环境氛围	旧址内建筑较为完整，环境氛围较好；周边城市建筑过高、过密，功能杂乱，没有营造出庄重、肃穆的环境氛围	B
历史环境体现	旧址内历史信息保存较为完整	B
环境安全隐患	地势低洼、排水不畅、冬季冻胀，在一定程度上威胁着文物本体的安全，周边民居对于旧址也存在一定的安全隐患	B
噪音噪声	东侧宁远街是主要交通干道，车辆噪声为主要噪声源，昼间噪声最大可达80dB，旧址距离公路太近，又缺少适当减噪措施，噪音问题较为严重	C
空气污染	监狱铸铁厂在旧址的上风向，距离仅150米，长期排放烟尘、二氧化硫等污染物，对参观人员产生不良影响，对陈列馆墙体有腐蚀	C
将军北沟农场	周边尚未得到开发，环境状况良好，但交通及卫生状况较差	B
评估等级分为三级。A级最高，表示环境较好，有利于文物的保护和利用；B级中等，表示对文物的保护存在一定影响，不利于文物的利用和管理；C级最低，表示严重威胁文物本体安全，应予以及时整治		

3.3 管理评估

对战犯管理所的保护管理现状做出下列评估（表3-3）。

表3-3 | 管理现状评估

文物名称	辽宁省抚顺市战犯管理所旧址
全国重点文物保护单位公布时间	2006年5月
管理机构	辽宁省抚顺市战犯管理所旧址
占地规模	2.22公顷
遗存旧址建筑群建筑面积	6600平方米
现有保护范围	围墙内及围墙外10米，共3.64公顷
现有建设控制地带	保护范围外东65米至宁远街西侧，南50米至怀德路北侧，西46米至公汽公司一车厂围墙，共1.91公顷
"四有"档案建设	已初具规模，但由于经费不足，也存在有多处缺项与缺环，今后的管理工作中应继续完善
管理条例	有
管理评估	B
评估等级分为三级。A级最高，表示内容齐备，管理有效；B级中等，表示内容基本完整，但管理效果一般；C级最低，表示管理内容缺失较多，不能实施有效的管理	

3.4 利用评估

对战犯管理所的利用现状做出下列评估（表3-4）。

表3-4 | 利用现状评估

评估项目	级别	说明
现有展陈	较差	现展示空间占用监舍，空间狭小，手段较单一，不能充分展示现有历史信息
本体可观性	较高	战犯管理所是国内唯一的保存较为完整的关押和改造战犯的监狱遗址，是对改造过程和战犯生活状况真实、生动的记录
交通服务条件	较好	位于城市干道旁，有两路公交车可达
容量控制要求	较高	大量人流会对建筑本体造成破坏，并改变遗址肃穆、庄重的气氛，减弱观展效果
旅游资源级别	较好	属于国家红色旅游资源，面临良好的发展机遇
利用现状	可开放	在保证文物安全的基础上，对公众开放
与其他相关遗存的联系	较差	战犯管理所与抚顺市其他与战犯管理、关押和改造的历史遗存（如将军北沟农场等）之间没有联系

3.5 现存主要问题

（1）战犯管理所建筑本体：地面标高低于城市标高1.5米，排水不畅，暴雨期间，容易造成雨水排放不畅；长年受地下水潮湿的威胁，湿度大，冬季冻胀致使主体建筑、围墙开裂、室外地面凹凸不平，严重威胁文物本体。

（2）建筑群体：历经各时期修建，其中烟囱的加建破坏了现有建筑群体的完整与和谐；1989年的改建也破坏了部分监舍。

（3）可移动文物：由于场馆设施落后，现存13.3万余件文物无法妥善保管、展陈。

（4）火灾隐患：没有完善的消防保护措施，存在极大的危险隐患。

（5）风貌破坏：周边住宅、工厂、监狱、道路的建设，风貌、格局与旧址要求的主题不太符合。

（6）展示利用：展示空间狭小，陈列馆占用旧址，改变了部分房屋的结构。缺乏展示场所用于多种手段展示文物与史料，展览形式内容陈旧，是一个最主要的功能缺陷。

（7）交通问题：内部道路简易，受积水冻胀影响，凹凸不平。

（8）研究工作有待加强：相关研究工作有待加快步伐，进一步深化。对相关记忆、相关研究、相关专著的搜集整理等，也是其管理工作的重要内容，亟待深化和完善。

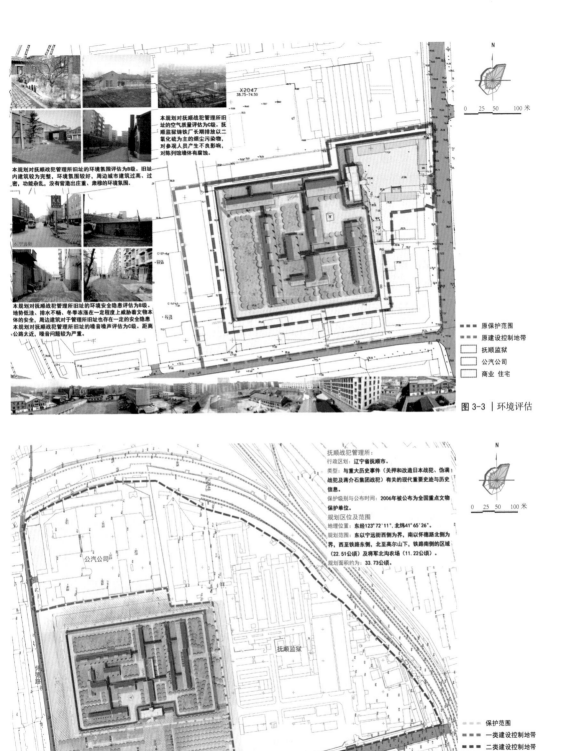

本规划对抚顺战犯管理所旧址的空气质量评估为C级。抚顺监狱铸铁厂长期排放以二氧化硫为主的烟尘污染物，对参观人员产生不良影响，对陈列馆墙体有腐蚀。

本规划对抚顺战犯管理所旧址的环境氛围评估为B级。旧址内建筑较为完整，环境氛围较好，周边城市建筑过高、过密，功能杂乱，没有营造出庄重、肃穆的环境氛围。

本规划对抚顺战犯管理所旧址的环境安全隐患评估为B级。地势低洼，排水不畅、冬季冻涨在一定程度上威胁着文物本体的安全。周边建筑对于管理所旧址也存在一定的安全隐患。
本规划对抚顺战犯管理所旧址的噪音墙声评估为C级。距离公路太近，噪音问题较为严重。

＝＝＝ 原保护范围
＝＝＝ 原建设控制地带
▨ 抚顺监狱
□ 公汽公司
□ 商业 住宅

图 3-3 | 环境评估

抚顺战犯管理所：
行政区划：辽宁省抚顺市。
类型：与重大历史事件（关押和改造日本战犯、伪满战犯及蒋介石集团战犯）有关的现代重要史迹与历史信息。
保护级别与公布时间：2006年被公布为全国重点文物保护单位。
规划区位及范围
地理位置：东经123°72′11″，北纬41°65′26″。
规划范围：东以宁远街西侧为界，南以怀德路北侧为界，西至铁路东侧，北至高尔山下，铁路南侧的区域（22.51公顷）及将军沟农场（11.22公顷）。
规划面积约为：33.73公顷。

公汽公司

抚顺监狱

＝ ＝ 保护范围
＝＝＝ 一类建设控制地带
▬▬▬ 二类建设控制地带

图 3-4 | 保护区划

4 保护区划

4.1 区划原则

（1）根据对战犯管理所的现状评估和历史研究发现政府公布的现有保护范围和建设控制地带的区划缺乏可操作性，不能满足文物保护需求和战犯管理所历史环境的完整，特别是原有的五所、六所、草绳工厂、铁工厂、大礼堂遗址未予列入。

（2）根据确保文物保护单位安全性、整体性的要求，建议调整战犯管理所的保护范围，同时根据保证相关环境完整性、和谐性的要求，对建设控制地带做出调整建议（图3-4）。

4.2 区划类别

（1）保护范围

建议调整后的保护范围总面积为4.52公顷，比现有保护范围总面积3.64公顷增加了0.88公顷。严格控制土地使用性质，将原用地调整为"文物古迹用地"。不得扩大建设用地比例，逐步提高非建设用地比例。已拆迁的五所、六所及其北侧的草绳工厂、铁工厂和大礼堂，在历史沿革中是战犯管理所重要的组成部分，无论考虑事件的完整性还是建筑布局的整体性要求，都应将其纳入保护范围，以实现完整、有效的保护，保证保护的实效性和控制力，使这一历史过程的各种历史信息完整地传之后世。保护范围的调整建议是在考察战犯管理所的历史沿革及环境变迁、评估旧址现存状况、研究旧址保护的安全性和保存的完整性，以及评估旧址所在地段建设发展现状与趋势之后做出的，强调对旧址和文物的有效控制和保护（图3-5）。

（2）建设控制地带

建议调整后的建设控制地带总面积为17.99公顷，包括一类建设控制地带和二类建设控制地带，比现有建设控制地带总面积1.91公顷增加了16.08公顷，是根据相关历史环境的完整性，环境风貌的协调性，以及现已形成的道路和城市肌理做出的（图3-6）。

一类建设控制地带：占地面积共3.57公顷。东以宁远街西侧为界，南以怀德路北侧为界，西至公汽公司一车厂东围墙，北自战犯管理所北侧围墙向北90米范围内，除保护范围外均为一类建控地带。主要将旧址周边联系较为紧密的区域划入，以实现对周边风貌、功能的双重控制，逐步改变周边建筑功能混乱、体量过大、密度过高的状况，改善周边环境，在有效保护的基础上，强调文物本体的原真性体现，实现合理的利用和有效的管理。

二类建设控制地带：占地面积共14.42公顷。保护范围西、北两侧的二类建设控制地带主要沿铁道线划定，保证战犯管理所区内视线可及范围内周边建筑的体量和风貌不对旧址造成破坏和冲突，保证与北侧高尔山的视线通廊。对建筑功能不作具体要求，但应避免兴建会带来人流聚集、停车、交通疏导问题及噪音噪声的大型公共建筑（如集贸市场等），建筑高度不超过16米。

4.3 规划分区

根据战犯管理所的建筑格局及空间利用现状，结合本案的基本设想，根据不同的保护措施和使用功能将规划地块划分为三个区域（表3-5，图3-7，图3-8）。

天辽地宁 格致探原

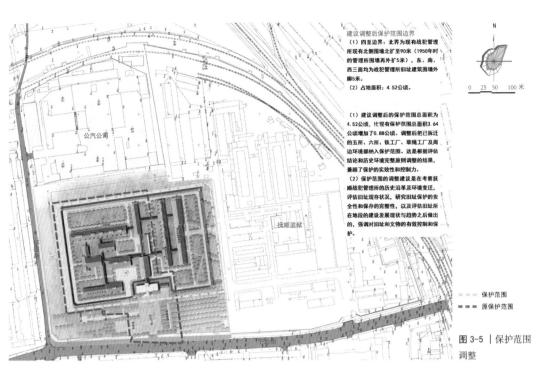

建议调整后保护范围边界
（1）四至边界：北界为现有战犯管理所现有北侧围墙北扩至90米（1950年时的管理所围墙再外扩5米），东、南、西三面均为战犯管理所旧址建筑围墙外廓5米。
（2）占地面积：4.52公顷。

（1）建议调整后的保护范围总面积为4.52公顷，比现有保护范围总面积3.64公顷增加了0.88公顷。调整后把已拆迁的五所、六所、铁工厂、草绳工厂及周边环境都纳入保护范围。这是根据评估结论和历史环境完整性原则调整的结果，兼顾了保护的实效性和控制力。
（2）保护范围的调整建议是在考察抚顺战犯管理所的历史沿革及环境变迁，评估旧址现存状况，研究旧址保护的安全性和保存的完整性，以及评估旧址所在地段的建设发展现状与趋势之后做出的，强调对旧址和文物的有效控制和保护。

--- --- 保护范围
━━━ 原保护范围

图 3-5 | 保护范围调整

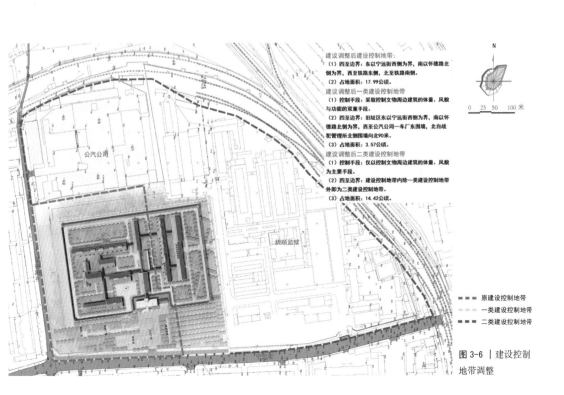

建议调整后建设控制地带：
（1）四至边界：东以宁远街西侧为界，南以怀德路北侧为界，西至铁路东侧，北至铁路南侧。
（2）占地面积：17.99公顷。
建议调整后一类建设控制地带
（1）控制手段：采取控制文物周边建筑的体量、风貌与功能的双重手段。
（2）四至边界：旧址区东以宁远街西侧为界，南以怀德路北侧为界，西至公汽公司一车厂东围墙，北自战犯管理所北侧围墙向北90米。
（3）占地面积：3.57公顷。
建议调整后二类建设控制地带
（1）控制手段：仅以控制文物周边建筑的体量、风貌为主要手段。
（2）四至边界：建设控制地带内除一类建设控制地带外即为二类建设控制地带。
（3）占地面积：14.42公顷。

━━━ 原建设控制地带
--- --- 一类控制地带
━━━ 二类建设控制地带

图 3-6 | 建设控制地带调整

表3-5 | 规划分区

区域编号	区域名称	保护区划	功能定位
I区	旧址展示区	保护范围	以战犯管理所留存建筑为中心，包括复建的五、六所在内为旧址展示区。建筑配合室内陈设、室外环境真实生动地展示战犯改造生活
II区	管理及综合展示区	保护范围	以复建的草绳工厂等为主要场馆，以期利用多媒体等各种手段综合展示抚顺战犯管理所的历史信息，反映对战犯改造的历史事实。提供办公空间和管理中心，可配有文物库房
III区	广场绿化区	建设控制地带	战犯管理所旧址与城市间的过渡区域，提供人流集散、停车、休憩的场所

5 保护措施

5.1 防洪工程

战犯管理所的重点保护区必须沿地段周边设置有组织排水，并入城市排水管网，防止洪汛期及雨季积水。根据《抚顺市城市总体规划》中的城市防灾规划，浑河中段在综合治理的基础上，逐步进行上、下游的治理，防洪标准为300年一遇。而浑河主要支流章党河、东洲河、将军河、古城子河等防洪能力，按百年一遇标准规划。由于文物的不可再生性，本案建议应考虑在抚顺市城市总体规划中，将战犯管理所周边河流的防洪标准提高至百年一遇以上。

5.2 排水工程

战犯管理所至今已有70多年的历史，周边楼房大规模建设，城市地坪高度不断抬升，致使战犯管理所地平面低于周边地平面达1.5米之多，场地向外排水困难，地下水位相对偏高，土壤湿度偏大；加之抚顺地区冬季寒冷，致使地面冻胀现象严重，造成建筑基础变形，使旧址现存建筑和围墙受到极大威胁，虽然也实施了一些保护措施，但仅限于在部分监舍周围挖掘排水沟，以减弱地面冻胀的压力对建筑的威胁，虽起到一定作用，但根本问题没有得到解决，治标不治本。

本案考虑在整个基址周围加挖排水沟，以解决排水、冻胀问题。排水工程必须能够保障暴雨期间，基址内积水可及时排出；保障基址土壤湿度与周边区域相比维持在正常水平，逐步减小以至消除冻胀现象。具体方案应经过有关部门认证后，方可实施。在不确定实施效果时，应首先考虑具有可逆性的方案。

5.3 保护工程记录

1950年6月，中央指示成立东北战犯管理所，遂将旧址围墙内的部分建筑进行了修整，用于关押、改造日本和伪满洲国战犯。

1986年，战犯管理所恢复，国家财政拨款250万元进行全面整修，维修项目包括：对全部门窗进行维修；围墙粉刷；清理环境卫生，绿化美化监区等。

1989年，辽宁省旅游局投资15万元，用于七所和大伙房的维修。

1999年，抚顺市政府投资800万元，进行全面整修，主要包括：电力、排水、绿化硬化、房屋修缮、大门、道路、消防等。

2002年，辽宁省财政拨款35万元，更换4吨锅炉一台。

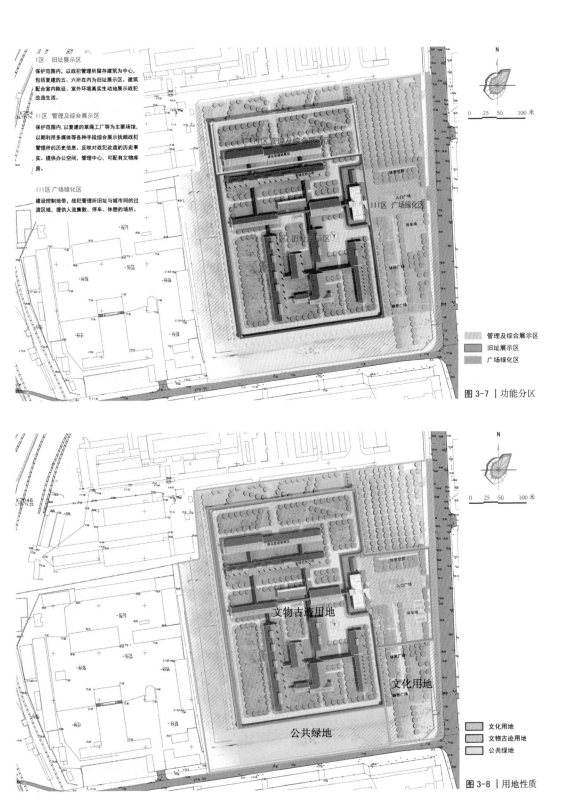

I区 旧址展示区

保护范围内，以战犯管理所留存建筑为中心，包括复建的五、六所在内为旧址展示区。建筑配合室内陈设、室外环境真实生动地展示战犯改造生活。

II区 管理及综合展示区

保护范围内，以复建的草绳工厂等为主要场馆，以期利用多媒体等各种手段综合展示抚顺战犯管理所的历史信息，反映对战犯改造的历史事实，提供办公空间，管理中心，可配有文物库房。

III区 广场绿化区

建设控制地带，战犯管理所旧址与城市间的过渡区域，提供人流集散、停车、休憩的场所。

管理及综合展示区

旧址展示区

广场绿化区

图 3-7 | 功能分区

文物古迹用地

文化用地

公共绿地

文化用地

文物古迹用地

公共绿地

图 3-8 | 用地性质

2003年，辽宁省财政拨款10万元，战犯管理所自筹资金5.1万元，对东西两段围墙出现的倾斜进行扶正维修。

2004年，战犯管理所自筹资金5万元，恢复战犯运动场，修缮部分厕所设施。

5.4 五所、六所复建工程

五所、六所是战犯管理所的重要组成部分，曾用于关押日本将级和校级战犯。1956年9月，日本战犯被宣判、处理后，五所、六所划归抚顺监狱使用，后被拆除。考虑到历史信息的完整性要求，必须实施重建，使历史信息的表述更趋完整。五所、六所尚存有历史照片和部分图纸。此外，同时期建造的其他监舍提供了材料和工艺的参考，具有重建的依据和条件。

复建工程要求原貌复建，不能为刻意追求建筑艺术上的效果而偏离历史信息，其建筑设计必须由取得文物保护工程资质证书的单位承担，以确保复建的可靠性。复建工程接近现存旧址，施工方案及其对旧址带来的危害应经过相关部门检测认定后方可实施，要有相应的科学检测措施和阶段监测报告。

5.5 草绳工厂、铁工厂和大礼堂复建工程

草绳工厂、铁工厂和大礼堂建于日本人统治时期，但当时并未作为主要房舍使用，多为闲置或废弃。1956年9月，日本战犯被宣判、处理后，划归抚顺监狱，后被拆除。考虑到历史信息的完整性要求，必须实施重建。与五所、六所类似，草绳工厂、铁工厂和大礼堂亦尚存历史照片和部分图纸，具有重建的依据和条件。但鉴于所内缺乏专用展示场馆和办公空间（现有办公楼拆迁后），而草绳工厂、铁工厂和大礼堂又非战犯管理所时期的主要房舍，可考虑复建后作为展览、办公空间使用。

5.6 "中归联"陈列室、末代皇帝陈列室和综合陈列室部分恢复工程

1999年，抚顺市政府投资800万元对战犯管理所进行全面整修，原办公室、四所一部分和一所分别被改建为综合陈列室、末代皇帝陈列室和日本"中归联"陈列室。1980年代的改建，破坏了战犯管理所的格局，应予以复原。

5.7 拆除伙房烟囱

现存伙房烟囱，建于1950年代末期，为红砖砌筑，体型高大，与水平构图的建筑群体不相协调，破坏了原建筑群的视线构图，应予以拆除。但烟囱体量较大，且与其他监舍比肩而邻，任何建筑行为都很容易造成对其他监舍的破坏。因此，工程实施应以保护相邻监舍及建筑群内的环境为前提（图3-9）。

6 环境规划

6.1 基本要求

（1）战犯管理所内地势低洼，如遇暴雨，因排水不畅，雨水会淹没场地；冬季，土壤湿度大，地面冻胀现象严重，凹凸不平，基础变形，建筑遭到破坏，2002年曾发生过墙皮脱落砸伤游客事件。排水、冻胀是旧址面临的最严峻的自然威胁，必须尽快解决。

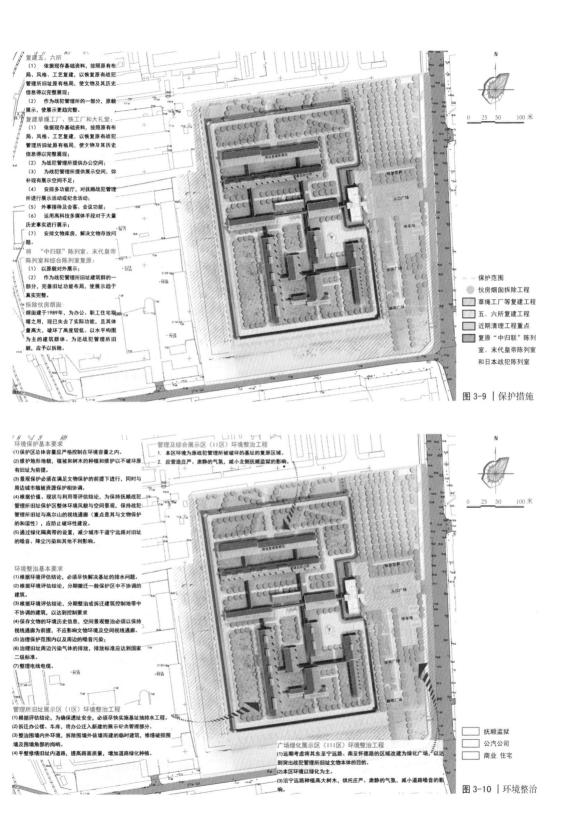

复建五、六所：

（1）依据现存基础资料，按照原有布局、风格、工艺复建，以恢复原有战犯管理所旧址原有格局，使文物及其历史信息得以完整展现；

（2）作为战犯管理所的一部分，原貌展示，使展示更趋完整。

复建草绳工厂、铁工厂和大礼堂：

（1）依据现存基础资料，按照原有布局、风格、工艺复建，以恢复原有战犯管理所旧址原有格局，使文物及其历史信息得以完整展现；

（2）为战犯管理所提供办公空间；

（3）为战犯管理所提供展示空间，弥补现有展示空间不足；

（4）安排多功能厅，为抚顺战犯管理所进行展示活动或纪念活动；

（5）外事接待或会客、会议功能；

（6）运用高科技多媒体手段对于大量历史事实进行展示；

（7）安排文物库房，解决文物存放问题。

将"中归联"陈列室、末代皇帝陈列室和综合陈列室复原；

（1）原貌对外展示；

（2）作为战犯管理所旧址建筑群的一部分，完善旧址功能布置，使展示趋于真实完整。

拆除伙房烟囱：

烟囱建于1989年，为办公、职工住宅供暖之用，现已失去了实际功能，其体量高大，破坏了高度较低、以水平构图为主的建筑群体，为还战犯管理所旧貌，应予以拆除。

图例：
- - - 保护范围
- ● 伙房烟囱拆除工程
- 草绳工厂等复建工程
- 五、六所复建工程
- 近期清理工程重点
- 复原"中归联"陈列室、末代皇帝陈列室和日本战犯陈列室

图 3-9｜保护措施

环境保护基本要求

(1)保护区总体容量应严格控制在环境容量之内。

(2)维护地形地貌，植被和树木的种植和维护以不破坏原有旧址为前提。

(3)景观保护必须在满足文物保护的前提下进行，同时与周边城市植被资源保护相协调。

(4)根据价值、现状与利用等评估结论，为保持抚顺战犯管理所旧址保护区整体环境风貌与空间景观，重点是其与高尔山的视线通廊(重点是其文物保护的和谐性)，应防止破坏性建设。

(5)通过绿化隔离带的设置，减少城市干道宁远路对旧址的噪音、降尘污染和其他不利影响。

环境整治基本要求

(1)根据环境评估结论，必须尽快解决基址的排水问题。

(2)根据环境评估结论，分期搬迁一般保护区中不协调的建筑。

(3)根据环境评估结论，分期整治或拆迁建筑控制地带中不协调的建筑，以达到控制要求。

(4)保存文物的环境历史信息，空间景观整治必须以保持视线通廊为前提，不应影响文物场址空间视线通廊。

(5)治理保护范围内以及周边的噪音污染；

(6)治理旧址周边污染气体的排放，排放标准应达到国家二级标准。

(7)整理电线电缆。

管理所旧址展示区（I区）环境整治工程

(1)根据评估结论，为确保旧址安全，必须尽快实施基址抽排水工程。

(2)拆迁办公楼、车库，将办公迁入新建的展示区外管理部分。

(3)整治围墙内环境，拆除围墙外临墙的临时建筑，修缮破损围墙及围墙墙体的加固。

(4)平整修缮旧址内道路，提高路面质量，增加道路绿化种植。

管理及综合展示区（II区）环境整治工程

1. 本区环境为原战犯管理所被破坏的基址的复原区域。

2. 应营造庄严、肃穆的气氛，减小北侧抚顺监狱的影响。

广场绿化展示区（III区）环境整治工程

(1)远期考虑将其东至宁远路、南至怀德路的区域改建为绿化广场，以达到突出战犯管理所旧址文物本体的目的。

(2)本区环境以绿化为主。

(3)沿宁远路种植高大树木，烘托庄严、肃静的气氛，减小道路噪音的影响。

图例：
- 抚顺监狱
- 公汽公司
- 商业 住宅

图 3-10｜环境整治

（2）根据环境评估结论，分期整治或拆迁建筑控制地带中不协调的建筑，以达到控制要求。

（3）历史上，战犯管理所与高尔山的视线通廊一直存在。为保存文物的环境历史信息，空间景观整治必须以保持视线通廊为前提。

（4）治理保护范围内以及周边的噪音污染。城市干道宁远街在靠近战犯管理所的部分应用绿化带隔离噪音，必要路段禁鸣喇叭，以维护旧址的肃穆氛围。

（5）治理保护范围内以及周边的空气污染。监狱铸铁厂在战犯管理所的上风向，距离仅150米，长期排放烟尘、二氧化硫等污染物，对参观人员产生不良影响，腐蚀旧址建筑墙体（图3-10）。

6.2 管理所旧址展示区（I区）环境整治工程

本区是战犯管理所的核心展示区，位于保护范围内。

（1）基址的排水、冻胀问题是其面临的最严峻的自然危害，应在近期内得以有效解决。

（2）现有办公楼和车库均为新建，其建筑形式、体量、位置与战犯管理所建筑不协调，改变了原始格局，破坏了肃穆的气氛，应予拆除。

（3）现围墙南侧为居住区，居民依墙建设了许多临时建筑，危害围墙的安全，应予拆除；围墙受地面冻胀影响，出现多处裂缝，应及时修复；围墙四角的岗楼，长期废弃、破败不堪，应予以清理、修复。

（4）所内部分道路受地面冻胀影响凹凸不平，影响展示使用，近期内应平整修复；对环境铺装进行修整时应依照历史照片中的样式进行。

（5）谢罪碑为后期安置，其材质形式与遗存建筑并不完全协调，其已为既成事实；考虑到尊重历史事实，保存谢罪碑现有位置不便，但对其所在院落应予修整，以营造出追忆缅怀的氛围。所有修整应以不破坏原有建筑为前提，并均为可逆。

6.3 管理及综合展示区（II区）环境整治工程

本区现状为抚顺监狱监舍，破坏了旧有风貌及完整性。规划于第一阶段对监舍实行拆迁及整治，复建草绳工厂、铁工厂和大礼堂，作为展览、办公空间使用；布置绿化景观，应与原战犯管理所内绿化植被相协调，注意不同树种的搭配，并减少东侧、东北侧的落尘、噪音影响，保证展览场馆的良好环境，完成与其北侧工厂住宅的过渡与衔接。

6.4 广场绿化展示区（III区）环境整治工程

战犯管理所东侧、南侧现有建筑严重破坏了旧址环境氛围，但考虑到现有条件，放在远期予以拆除。拆除后，设置绿化广场，减弱道路噪音、灰尘影响。

6.5 将军北沟农场环境整治工程

将军北沟农场及其周边的区域尚未被开发利用，且农场现仍作为省公安厅农场使用，农场较好地保存了原有风貌，并未遭到破坏。但农场仍面临着城市开发扩张的威胁，应及时确立控制范围及保护措施。农场现地处偏僻，交通不便，设施陈旧，应加以适当改造（图3-11）。

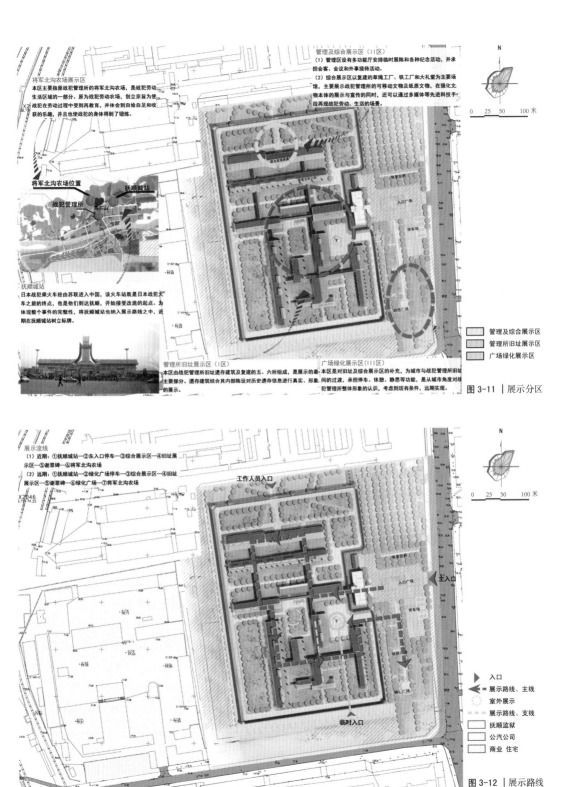

将军北沟农场展示区

本区主要指原战犯管理所的将军北沟农场，是战犯劳动生活区域的一部分。原为战犯劳动农场，创立宗旨为使战犯在劳动过程中受到再教育，并体会到自给自足和收获的乐趣，并且也使战犯的身体得到了锻炼。

管理及综合展示区（II区）

（1）管理区设有多功能厅安排临时展陈和各种纪念活动，并承担会客、会议和外事接待活动。

（2）综合展示区以复建的草绳工厂、铁工厂和大礼堂为主要场馆，主要展示战犯管理所的可移动文物及纸质文物，在强化文物本体的展示和宣传的同时，还可以通过多媒体等先进科技手段再现战犯劳动、生活的场景。

抚顺城站

日本战犯乘火车经由苏联进入中国，该火车站既是日本战犯火车之旅的终点，他们到了抚顺，开始接受改造的起点。为体现整个事件的完整性，将抚顺城站也纳入展示路线之中，近期在抚顺城站树立标牌。

管理所旧址展示区（I区）

本区由战犯管理所旧址遗存建筑及复建的五、六所组成，是展示的最主要部分。遗存建筑结合其内部陈设对历史遗存信息进行真实、形象的展示。

广场绿化展示区（III区）

本区是对旧址及综合展示区的补充，为城市与战犯管理所旧址间的过渡，并担负停车、休憩、静思等功能，是从城市角度对战犯管理所整体形象的认识，考虑到现有条件，远期实现。

N

0 25 50 100 米

管理及综合展示区
管理所旧址展示区
广场绿化展示区

图 3-11 | 展示分区

展示流线

（1）近期：①抚顺城站—②东入口停车—③综合展示区—④旧址展示区—⑤谢罪碑—将军北沟农场

（2）远期：①抚顺城站—②绿化广场停车—③综合展示区—④旧址展示区—⑤谢罪碑—⑥绿化广场—将军北沟农场

工作人员入口

主入口

临时入口

N

0 25 50 100 米

入口
展示路线、主线
室外展示
展示路线、支线
抚顺监狱
公汽公司
商业 住宅

图 3-12 | 展示路线

7 展示规划

7.1 展示分区

考虑到不同展示内容、展示方式的要求，为使各展示部分挖掘优势、突出重点，根据战犯管理所现有情况，展示分为三区。考虑到事件的完整性要求，将将军北沟农场及抚顺城火车站也纳入到展示路线中（图3-12）。

（1）管理所旧址展示区（I区）：本区由战犯管理所遗存建筑及复建的五所、六所组成，是展示的最主要部分。遗存建筑结合其内部陈设、周边环境对历史遗存信息进行真实、形象地展示，反映战犯劳动、改造的生活状态和生活环境。

（2）管理及综合展示区（II区）：本区设有多功能厅安排临时展陈和各种纪念活动，并承担会客、会议和外事接待活动。并以复建的草绳工厂、铁工厂和大礼堂为主要场馆，主要展示战犯管理所的可移动文物，在强化文物本体的展示与宣传的同时，还可以通过多媒体等先进科技手段再现战犯劳动、生活的场景。

（3）将军北沟农场展示区：本区原为战犯劳动的农园，占地20亩，位于高尔山西侧的山坳中，距战犯管理所约5公里。1986年战犯管理所恢复后，由辽宁省公安厅管理，本体功能未发生变化，较好的保存了原始风貌。考虑完整性的要求，农场也应作为一个分区进行展示。

（4）抚顺城火车站：日本战犯乘火车经由苏联进入中国，该火车站既是日本战犯火车之旅的终点，也是他们到达抚顺、开始接受改造的起点。为体现整个事件的完整性，将抚顺城站也纳入展示路线之中，近期在抚顺城站树立标牌。

（5）广场绿化展示区（III区）：主要考虑远期，战犯管理所与宁远街和怀德路间拆迁后，设置为绿化广场，提供停车、休憩、沉思的区域，是对旧址展示区和综合展示区的补充和完善，是为突出文物本体，从城市角度对战犯管理所整体形象的认识。

7.2 展示路线

为使游客能对战犯管理所及其历史过程能有较为全面和深刻的认识，以现有的道路系统为基础，根据战犯管理所各分区的功能分布与交通状况，设计合理路线（图3-12）。

（1）近期：抚顺城站—东入口停车—综合展示区—旧址展示区—谢罪碑—将军北沟农场。本线旧址展示区在前，适合背景知识较多的游客，游线完整，可完整观览全部历史信息。

（2）远期：抚顺城站—绿化广场停车—综合展示区—旧址展示区—谢罪碑—绿化广场—将军北沟农场。远期考虑绿化广场建成后，将其作为参观中休息、沉思的场所。

7.3 容量控制（表3-6，表3-7）

表3-6 | 展示分区容量计算

展示分区	计算面积（平方米）	计算指标（平方米/人）	一次性容量（人/次）	周转率（次/日）	日游人容量（人次/日）	年容量（万人次）
管理所旧址展示区	30250	150	200	5	1000	27.2
管理及综合展示区	9100	50	v	5	910	24.7
将军北沟农场	112200	800	140	5	700	19.0

天辽地宁 格数探原

表3-7 | 建筑本体容量计算

建筑本体	计算面积 （平方米）	计算指标 （平方米/人）	一次性容量 （人/次）	周转率 （次/日）	日游人容量 （人次/日）	年容量 （万人次）
旧址建筑	7950	65	130	5	650	13.3
综合陈列馆	1000	15	66	5	330	9.0
总计	8957	15	196	5	980	22.3

考虑维修、布展、春节休假及人员学习等情况，年开放天数按340天计；为确保旧址展览馆不因过度开放而受损，规划暂定系数为0.4；为确保综合陈列馆不因过度开放而受损，规划暂定系数为0.8。旧址展览馆算式：年容量=日游人容量×340天×系数0.4；综合陈列馆算式：年容量=日游人容量×340天×系数0.8

7.4 交通组织

（1）规划要求：充分体现现有功能布局，合理选线，形成主次分明，便捷通畅的道路系统。旧址与抚顺城站和将军北沟农场间的交通应依托城市交通进行。入口及停车场的设置应在保证战犯管理所合理使用的前提下，便于与城市道路系统衔接。

（2）围墙外环路：应建设宽度不小于4米的环路，以保证消防、管理、排水等要求，采用沥青路面。

（3）区内交通：皆为步行，以原有道路为基础，路面铺设应与区内环境氛围相协调。在保证文物安全性及不影响景观的前提下，对局部冻胀路段进行修整，使战犯管理所室外路线平整、便捷。

（4）停车场：近期使用东入口处的停车场，占地1200平方米，可停靠车辆15辆；由于场地面积限制，停车数量受限，且会对战犯管理所入口带来不利影响。远期考虑将南部区域建成绿化广场和停车场，以改善入口环境，增加停车数量；占地3000平方米，可停靠车辆30辆（图3-13）。

8 规划分期

本案的规划期限设定为20年（2007—2026年），规划的建设与改造内容分为：第一阶段5年（2007—2011年），第二阶段5年（2012—2016年），第三阶段10年（2017—2026年）（图3-14）。

8.1 相关研究工作

（1）人的记忆相对短暂且一旦失去就无法恢复。残存在当事人记忆中的历史信息是战犯管理所残留历史信息的重要组成部分，如果不能得到迅速抢救、发掘、记录、整理，就会逐步消失，信息系统也将存在无法补救的缺环。因此应当对当事人及相关人员进行采访、搜集、整理口述资料，完备战犯管理所信息系统的架构。

（2）战犯管理所现已拥有了一定数量的档案资料，但对这些珍贵资料的整理、研究工作相对滞后，以至于很多重要历史信息无法发掘，人们无法对当时的历史进行完整深入的认识，战犯管理所的影响也无法完全发挥。因此，完善对相关文物资料的整理、研究工作，建立完善的整理系统是当务之急。

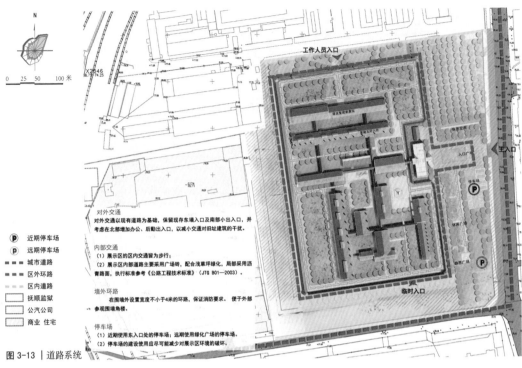

N

0 25 50 100 米

工作人员入口

主入口

临时入口

P 近期停车场
P 远期停车场
- - - 城市道路
- - - 区外环路
- - - 区内道路
□ 抚顺监狱
□ 公汽公司
□ 商业 住宅

对外交通
对外交通以现有道路为基础，保留现存东墙入口及南部小出入口，并考虑在北部增加办公、后勤出入口，以减小交通对旧址建筑的干扰。

内部交通
（1）展示区的区内交通皆为步行；
（2）展示区内部道路主要采用广场砖，配合浅草坪绿化，局部采用沥青路面，执行标准参考《公路工程技术标准》（JTG B01—2003）。

墙外环路
在围墙外设置宽度不小于4米的环路，保证消防要求。便于外部参观围墙角楼。

停车场
（1）近期使用东入口处的停车场，远期使用绿化广场的停车场。
（2）停车场的建设使用应尽可能减少对展示区环境的破坏。

图 3-13 | 道路系统

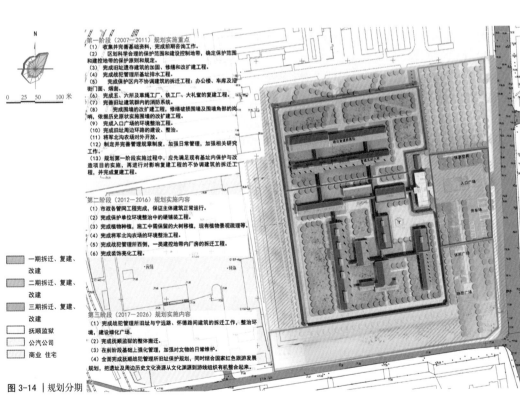

N

0 25 50 100 米

第一阶段（2007—2011）规划实施重点
（1）收集并完善基础资料，完成前期咨询工作。
（2）区划科学合理的保护范围和建设控制地带，确定保护范围和建控地带的保护原则和规定。
（3）完成旧址遗存建筑的加固、修缮和改扩建工程。
（4）完成战犯管理所基址排水工程。
（5）完成保护区内不协调建筑的拆迁工程：办公楼、车库及沿街门面、烟囱。
（6）完成五、六所及草绳工厂、铁工厂、大礼堂的复建工程。
（7）完善旧址建筑群内的消防系统。
（8）完成围墙的改扩建工程，修缮破损围墙及围墙角部的岗哨，依据历史原状实施围墙的改扩建工程。
（9）完成入口广场的环境整治工程。
（10）完成旧址周边环路的建设、整治。
（11）将军北沟农场对外开放。
（12）制定并完善管理规章制度，加强日常管理，加强相关研究工作。
（13）规划第一阶段实施过程中，应优先满足现有基址内保护与改造项目的实施，再进行对影响复建工程的不协调建筑的拆迁工程，并规划重建工程。

第二阶段（2012—2016）规划实施内容
（1）市政专用管网工程完成，保证主体建筑正常运行。
（2）完成保护单位环境整治中的硬铺装工程。
（3）完成植物种植，施工中需保留的大树移栽、现有植物景观疏理等工作。
（4）完成将军北沟东部的环境整治工程。
（5）完成战犯管理所西侧，一类绿地地带内厂房的拆迁工程。
（6）完成装饰亮化工程。

□ 一期拆迁、复建、改建
□ 二期拆迁、复建、改建
□ 三期拆迁、复建、改建
□ 抚顺监狱
□ 公汽公司
□ 商业 住宅

第三阶段（2017—2026）规划实施内容
（1）完成战犯管理所旧址与守陵村、怀德居间建筑的拆迁工作，整治环境，建设绿化广场。
（2）完成抚顺监狱的整体搬迁。
（3）在前阶段基础上强化管理，加强对文物的日常维护。
（4）全面完成抚顺战犯管理所旧址保护规划，同时结合国家红色旅游发展规划，把遗址及周边历史文化资源从文化渊源到游线组织有机整合起来。

图 3-14 | 规划分期

8.2 第一阶段（2007—2011年）规划实施内容

（1）收集并完善基础资料，完成前期咨询工作。

（2）区划科学合理的保护范围和建设控制地带，确定保护范围和建控地带的保护原则和规划。

（3）完成旧址遗存建筑的加固、修缮和改扩建工程。

（4）完成战犯管理所基址排水工程。

（5）完成保护区内不协调建筑的拆迁工程：办公楼、车库及沿街门面、烟囱。

（6）完成五、六所及草绳工厂、铁工厂、大礼堂的复建工程。

（7）完善旧址建筑群内的消防系统。

（8）完成围墙的改扩建工程，修缮破损围墙及围墙角部的岗哨，依据历史原状实施围墙的改扩建工程。

（9）完成入口广场的环境整治工程。

（10）完成旧址周边环路的建设、整治。

（11）将军北沟农场对外开放。

（12）制定并完善管理规章制度，加强日常管理，加强相关研究工作。

（13）规划第一阶段实施过程中，应先满足现有基址内保护与改造项目的实施，再进行对影响复建工程的不协调建筑的拆迁工程，并完成复建工程。

8.3 第二阶段（2012—2016年）规划实施内容

（1）市政各管网工程完成，保证主体建筑正常运行。

（2）完成保护单位环境整治中的硬铺装工程。

（3）完成植物种植，施工中需保留的大树移植，现有植物景观梳理等。

（4）完成将军北沟农场的环境整治工程。

（5）完成战犯管理所西侧，一类建控地带内厂房的拆迁工程。

（6）完成装饰亮化工程。

8.4 第三阶段（2017—2026年）规划实施内容

（1）完成战犯管理所旧址与宁远街、怀德路间建筑的拆迁工作，整治环境，建设绿化广场。

（2）完成抚顺监狱的整体搬迁。

（3）在前阶段基础上强化管理，加强对文物的日常维护。

（4）全面完成抚顺战犯管理所旧址保护规划，同时结合国家红色旅游发展规划，把遗址及周边历史文化资源从文化渊源到游线组织上有机整合起来。

9 附录：调查问卷

9.1 抚顺市战犯管理所旧址保护规划调查问卷

（请在您认可的选项上划"√"，可多选）

1.您知道本建筑是国家重点文物保护单位吗？

a 当然知道；b 似乎听说过，不清楚；c 完全不知道

2.您去过几次？

a 三次以上；b 两三次；c 一次；d 没去过

3.您去的方式：

a 单位组织；b 个人游玩；c 考察研究；d 陪朋友

4.您觉得本处吸引您的是：

a 建筑特色；b 历史事件；c 环境氛围；d 展览内容；e 不吸引

5.您对本处建筑的感觉如何：

a 很好，有特色；b 还可以，较有特色；c 一般；d 没特色

6.您对本处建筑内部环境感觉如何：

a 很好；b 还可以，有待提高；c 较差，应治理；d 很差，应重新设计

7.您对本处建筑外部环境感觉较好的因素有：

a 绿化较好；b 周边建筑和谐；c 交通顺畅；d 噪音干扰小；e 文化氛围协调；f 卫生状况好

8.如果认为本处建筑外部环境不好，您觉得是由于：

a 绿化较差；b 周边建筑不和谐；c 交通混乱；d 噪音干扰大；e 文化氛围不好；f 卫生状况差

9.您对展陈内容有何感觉：

a 很吸引人；b 内容一般，有一定知识性；c 陈词滥调，枯燥乏味；d 不感兴趣，没注意

10.您对本处景点管理感觉如何：

a 井然有序，讲解水平高；b 秩序一般或讲解水平尚可；c 管理混乱或讲解质量差

11.您对本处景点的使用情况有何感觉：

a 感觉很好，很满意；b 开发利用力度不够；c 开发利用过度

12.您对本处景点还有何宝贵意见：

_____

_____

_____

感谢您对我们工作的支持！

9.2 问卷调查分析结果

（共发放问卷100份，收回有效问卷87份）

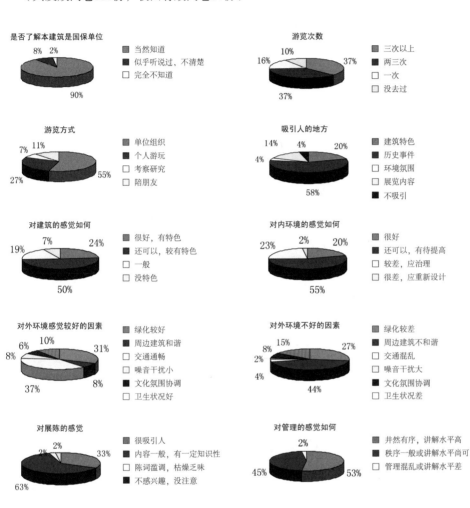

是否了解本建筑是国保单位
- 当然知道 90%
- 似乎听说过，不清楚 8%
- 完全不知道 2%

游览次数
- 三次以上 37%
- 两三次 37%
- 一次 16%
- 没去过 10%

游览方式
- 单位组织 55%
- 个人游玩 27%
- 考察研究 7%
- 陪朋友 11%

吸引人的地方
- 建筑特色 20%
- 历史事件 4%
- 环境氛围 58%
- 展览内容 14%
- 不吸引 4%

对建筑的感觉如何
- 很好，有特色 24%
- 还可以，较有特色 50%
- 一般 19%
- 没特色 7%

对内环境的感觉如何
- 很好 20%
- 还可以，有待提高 55%
- 较差，应治理 23%
- 很差，应重新设计 2%

对外环境感觉较好的因素
- 绿化较好 31%
- 周边建筑和谐 8%
- 交通通畅 37%
- 噪音干扰小 8%
- 文化氛围协调 6%
- 卫生状况好 10%

对外环境不好的因素
- 绿化较差 27%
- 周边建筑不和谐 4%
- 交通混乱 44%
- 噪音干扰大 2%
- 文化氛围协调 8%
- 卫生状况差 15%

对展陈的感觉
- 很吸引人 33%
- 内容一般，有一定知识性 63%
- 陈词滥调，枯燥乏味 2%
- 不感兴趣，没注意 2%

对管理的感觉如何
- 井然有序，讲解水平高 53%
- 秩序一般或讲解水平尚可 45%
- 管理混乱或讲解水平差 2%

对使用情况的感觉如何
- 感觉很好，很满意 42%
- 开发利用力度不够 58%
- 开发利用过度 0%

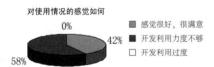

塔山阻击战革命烈士纪念塔——战场遗存景观与保护模式

概况：葫芦岛市塔山阻击战革命烈士纪念塔〔省保〕

"革命烈士纪念建筑物"类文物的保护对象构成与保护规划策略
　　—— 兼论战场遗存的保护模式

保护规划（2009—2028年）：战场遗存景观与保护模式

概况：葫芦岛市塔山阻击战革命烈士纪念塔（省保）

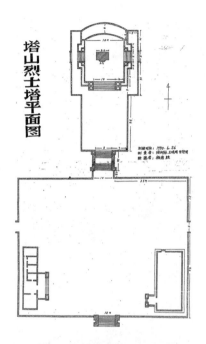

塔山烈士塔平面图

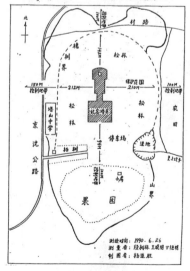

烈士塔保护范围示意图

图1-1 | 塔山阻击战革命烈士纪念塔平面图及保护范围示意（塔山烈士陵园管理处提供）

葫芦岛市塔山阻击战革命烈士纪念塔（以下简称：纪念塔）（图1-1）是省级文物保护单位，其所在的塔山烈士陵园于2001年入围第二批百个爱国主义教育基地。1948年10月中旬的塔山阻击战，中国人民解放军以两个纵队的兵力顽强且成功地把国民党11个师的兵力阻绝在增援锦州的通道上，为我军顺利攻占锦州，乃至取得整个辽沈战役胜利起到了关键作用。将革命英烈们如何为中华民族的解放事业而进行的艰苦卓绝、英勇顽强的斗争精神真实地展示给后人，无疑是进行爱国主义教育及军事战略学研究的最好教材。

1 塔山阻击战概况

在辽沈战役第一阶段中，为保证我军主力顺利攻占锦州，配合加速东北全境解放乃至全国解放的战略部署，中国人民解放军东北野战军四纵、十一纵、独立四师、六师在塔山地区（主要在东起渤海的打渔山、西至虹螺山一线）阻击自锦西、葫芦岛增援锦州的国民党"东进军团"（图1-2）。自1948年10月10日拂晓战斗打响，至15日攻克锦州，经过六天六夜的浴血奋战，战胜了装备精良的国民党军，歼敌6549人，创造了以少胜多、以劣胜强的光辉战例。塔山阻击战是中国人民解放军战史上规模最大、时间最长、最为残酷的阵地防御战，是野战阵地坚守防御的范例（图1-3）。

战后，四纵十二师三十四团被授予"塔山英雄团"称号，三十六团被授予"白台山英雄团"称号，十师二十八团被授予"塔山守备英雄团"称号，炮兵团被授予"威震敌胆炮团"称号（图1-4）。

2 历史沿革

2.1 纪念塔与烈士陵园

1953年10月1日，在塔山西楼台建纪念塔；1962年，战

图 1-2｜辽沈战役第一阶段组图（塔山烈士陵园管理处提供）
(1) 塔山阻击战中解放军发起攻击
(2) 解放军阵地
(3)1948 年 10 月 14 日，解放军对锦州发动总攻
(4) 解放军炮兵部队对锦州守敌进行猛烈轰击

斗英雄程远茂、鲍仁川等人重游战地发现此纪念塔建在当年国民党军阵地上；后经中央军委批准，将此纪念塔炸毁。

1963年10月15日，择现址建塔，同年列为锦州市文物保护单位。

1971年，去除塔身林彪题字。

1979年9月5日，纪念塔被列入省级文物保护单位。

1984年12月24日，原东北人民解放军总部副政委陈云同志为塔身题字"塔山阻击战革命烈士永垂不朽"。

1996年，纪念塔被确定为"全民国防教育基地"。

1997年，纪念塔被确定为"辽宁省爱国主义教育示范基地"。

1998年，以纪念塔为中心增建烈士陵园。

图 1-3｜塔山阻击战敌我态势（塔山烈士陵园管理处提供）

图 1-4｜塔山英雄团（塔山烈士陵园管理处提供）

1999年，塔山烈士陵园被确定为"辽宁省全民国防教育基地"。

2001年6月11日，塔山烈士陵园被中共中央宣传部确定为第二批百个爱国主义教育示范基地之一。

2004年10月，塔山烈士陵园被列入全国100家红色旅游景区之一。

2.2 合葬与移葬

1998年3月24日，合葬分散在高桥镇、颜家屯和沙河营子乡等地的743名烈士于塔山烈士陵园；移葬塔山阻击战时任东北野战军四纵司令员吴克华中将、十二师师长江燮元少将、参谋长李福泽少将、副司令员胡奇才中将、十二师三十四团团长焦玉山少将于塔山烈士陵园。

2003年7月1日，移葬塔山阻击战时任东北野战军四纵政治委员莫文骅中将、副政委兼政治部主任欧阳文中将于塔山烈士陵园。

2005年11月，移葬塔山阻击战时任东北野战军四纵十二师三十四团政委江民风少将于塔山烈士陵园。

3 地理环境

塔山地处辽宁省葫芦岛市连山区塔山乡塔山村，地理坐标为：东经120° 14′~121° 02′，北纬40° 42′~41° 09′。塔山南临渤海，北靠虹螺山，距离锦州城不到30公里。塔山的西侧，为燕山山脉，南侧有一条干枯的滩河，宽约30米，称为饮马河。

塔山所处地区，属大陆性半湿润季风气候，气候特点四季分明，各具特色。春季干旱少雨多风，蒸发量大；夏季气温高，雨量大而且集中；秋季日照充足，雨量很少，昼夜温差大；冬季少雪而且气温较低。年平均气温9.98℃，最低气温是1月份，平均温度–7.4℃。最高气温集中于6~8月，8月份气温最高，平均气温达24.3℃。年平均风速为2.9~3.9米/秒，地面最大风速可达35米/秒，风速、风向具有明显的季风特征。年平均降水量637.6毫米。

"革命烈士纪念建筑物"类文物的保护对象构成与保护规划策略

—— 兼论战场遗存的保护模式

1 "革命烈士纪念建筑物"类文物的保护对象构成

1.1 "革命烈士纪念建筑物"类文物的纪念对象

革命烈士纪念建筑物,指在《革命烈士纪念建筑物管理保护办法》[1]中所定义的"为纪念革命烈士专门修建的烈士陵园、纪念堂馆、纪念碑亭、纪念塔祠、纪念雕塑等建筑设施"。此类文物的纪念对象是革命烈士,其定义根据《革命烈士褒扬条例》[2]所指为"我国人民和人民解放军指战员,在革命斗争、保卫祖国和社会主义现代化建设事业中壮烈牺牲的,称为革命烈士"。

由此可知对革命烈士纪念的原因是对其纪念能弘扬以爱国主义为核心的民族精神,加快社会主义核心价值体系的建设。在手法上以纪念性的方式,使得相关事件在一定程度上得以重构,从中加以认知并有所感悟。所以,此类文物的保护对象所指的本质是"事件"。

因此对"革命烈士纪念建筑物"类文物的保护,不仅要保护纪念建筑本体及相关的纪念性物件,而且要对其背后蕴含的"事件性"特征加以保护。基于对此类文物构成结构的理解,在保护中应紧抓其"事件性"本质,以"完整性"理念为指导,以充分挖掘和反映革命历史事件所有信息为主要手段,以表述革命事件的"真实性"为目的,使得保护对象所指向的革命事件或活动等历史信息得以最大限度得以传承,充分达成对历史事件的追忆和重构。

1.2 革命烈士纪念建筑物与革命事件之间的联系

"革命烈士纪念建筑物"类文物是通过人为的有意识的建造,达成对革命烈士所蕴含的精神的承载。革命烈士纪念建筑物由于与革命事件发生场所在空间上的隔裂,或可直接纪念革命事件相关的物质实体消失等原因,与革命事件之间并无直接的联系,需要通过他物的提示、引导和说明才能完成对革命事件的转述、关联和追忆。这种与事件无直接联系的纪念建筑物,作为一种景观性的呈现,对于事件的陈述和还原,在语汇上显得较为无力和匮乏。

革命事件与纪念物之间的联系越紧密,相关的历史信息越全面,对事件的还原度就越高,对其重构就越能接近事件的真实。而这种对事件"真实性"的表达只有在"完整了解"的前提下才可能保障。所以充分理解"完整性"的理念并合理运用,便是解决这一问题的关键所在。

"完整性"理念能使保护规划跳出仅围绕对纪念性建筑物本体加以保护的范畴,加强对纪念对象的"事件性"的关注。首先对保护对象所指向的事件加以了解和分析,对事件的发生主体、行为模式、时间区限、空间分布及相关要素之间的联系进行系统的深入发掘;其次关注保护对象

---

1   《革命烈士纪念建筑物管理保护办法》由中华人民共和国民政部于1995年7月20日颁布。

2   《革命烈士褒扬条例》由中华人民共和国国务院于1980年6月4日颁布。

与其所处环境，甚至扩大至与城市之间的关系，确定事件发生的全过程在空间上的物质性投影和印记；最终表现为一个由环境和社会交织的综合性结果。

2 "革命烈士纪念建筑物"类文物保护中的"真实性"和"完整性"应用

在塔山阻击战革命烈士纪念塔的保护规划中，对以重构事件"真实性"为目的，以"完整性"为理念指导下进行的"革命烈士纪念建筑物"类文物的保护进行了探索和实践。在此类文物的保护规划中，"真实性"和"完整性"主要体现在两个方面：一是革命事件历史信息的完整表达，二是建筑物本体景观纪念意义的完整呈现。

2.1 保护革命事件历史信息的完整

（1）保护对象的拓展

在规划编制初期，由于理念的不明晰和任务要求，保护对象局限在以纪念塔为中心的塔山烈士陵园范围内。但随着编制的深入，愈发觉得仅以烈士陵园为规划的外限范围，割裂了与事件之间的联系，不能全面真实地传递塔山阻击战的历史信息。

纪念塔（图2-1）是为纪念在塔山阻击战牺牲的革命烈士而设的，与其他革命烈士纪念建筑物相比，其特殊之处在于它与战场是紧密结合在一起的，纪念塔所在便是塔山阻击战时前沿阵地指挥部。从革命事件历史信息完整传承的角度看，对纪念塔本体保护的意义并不大。正如上文所述，纪念塔本体与塔山阻击战这一历史事件并无直接联系，必须通过相关资料、烈士生前物件等加以联系，而这种联系对于事件"真实"地重构存在一定的缺陷。

图 2-1 | 塔山阻击战革命烈士纪念塔

图 2-2 | 在塔山阻击战纪念馆环视整个战场环境

由于塔山阻击战战场环境保存至今，可通过直观的观察了解战术布置，学习解放军战史中这一重要的战役，并通过对战场的认知，完成对事件的追忆、重现和对死难烈士的追思。且战场是塔山阻击战的直接发生场所，是对事件最为直接的纪念实体。所以，对战场这一物质实体的完整保护是塔山阻击战这一重要历史事件信息得以真实并完整传承的重要因素。基于这一角度，保护规划从单纯的纪念塔及烈士陵园的保护扩大到了对整个战场环境和相关军事设施的保护。

（2）基于视域要求的战场保护模式

3　9处战场遗址分别是：第一批全国重点文物保护单位中的平型关战役遗址、冉庄地道战遗址；第三批全国重点文物保护单位中的北伐汀泗桥战役遗址；第六批全国重点文物保护单位中的西河头地道战遗址、半塔保卫战旧址、湘江战役旧址、昆仑关战役旧址、红军四渡赤水战役旧址和松山战役旧址。

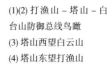

山体范围

■ 塔山阻击
战革命烈
士纪念塔

(1)(2) 打渔山 – 塔山 – 白
台山防御总线鸟瞰
(3) 塔山西望白云山
(4) 塔山东望打渔山

图 2-3 | 战场地形 GIS

在现有的前六批全国重点文物保护单位中有9处战场遗址，[3]鲜有针对战场的系统保护。其主要原因是战事发生背景、时间及地点等的不同导致了战场环境的千差万别，无一定式；且战场覆盖范围较大，在城市扩张中或多已不存。故对战场的保护无例可循，只能针对具体个案单独研究。

塔山阻击战战场地处城市边缘，现基本保持着战时原貌。但随着城市的扩张，这一完整的战场存在已岌岌可危。如打渔山山体的挖掘行为已威胁到了战场景观的完整；战壕由于果园及农田的开垦现多已消失殆尽；塔山地区的无规划发展已对战场风貌产生破坏等。若不及时对战场环境加以保护，则直接承载事件信息的物质实体即将消失。

战场囊括范围虽然广袤，在流线上难以完整覆盖，但由于塔山正处于此地的制高点，所以从视觉上对战场环境的整体感知便成了达成完整性的重要手段（图2-2，图2-3）。以此概念为出发点，在规划的编制中经历了从点对点的线性保护到从点到面的整个场地的保护。

图 2-4 | 塔山阻击战敌
我态势

图 2-5 | 以战场重要节点
保护为目的的保护区划

图 2-6 | 对战场整体保
护的保护区划

首先选择战场上的重要节点，即我军防御战线所依托的打渔山、塔山和白台山；国民党军进攻所依托的笊篱山（图2-4）。以塔山烈士陵园阻击战纪念塔为中心，以连接打渔山、白台山和笊篱山主体的视廊空间范围作为建设控制地带（图2-5）。严格控制在此范围内的建筑体量、高度、风貌和功能，保证视廊范围内的景观不被破坏。烈士陵园围墙范围内确定为保护范围。不过，这种保护区划虽有利于对

■ 我军主要防御战线 ■ 敌军主要进攻战线 □ 山体范围

风貌协调区 ▨保护范围 ▨建设控制地带 ⫶⫶⫶山体范围

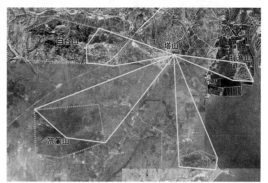

建设控制地带 ▨保护范围 □山体范围

图 2-7 | 战壕遗址

图 2-8 | 现存的 3 条战壕分布

图 2-9 | 纪念馆隔断了与纪念塔之间的视线联系

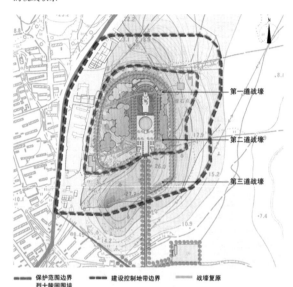

━━━ 保护范围边界　　━━━ 建设控制地带边界　　━━━ 战壕复原
　　　烈士陵园围墙

部分重要战场节点之间的视线联系，却忽略了对战场整体保护的重要性。随着郊区城市化进程，未被保护的战场范围内的各类建设活动，将不可避免地影响甚至破坏战场的整体完整性并削弱景观的纪念意向，不利于事件历史信息的完整传述，且放射状的建设控制地带从实际操作层面上不利于管理。

为保证事件历史信息的完整表达调整保护区划，将主要战斗场所包括上述几个山体主体在内的空间范围，设为风貌协调区（图2-6）。在此区域内以控制建筑的风貌为主要手段，对建筑功能不作具体要求，但应避免兴建会破坏各山视线通廊的建筑，其目的在于保证战场主体的视域范围内景观的和谐性和完整性。将塔山主体范围包括现存的战壕遗址，划定为建设控制地带，烈士陵园围墙范围内依然划定为保护范围。此保护区划层次明晰，将战场的保护范围由散射的线扩大到整体的面，加强了对战场这一事件直接载体的整体保护，保证了主体战场环境景观不被破坏，且从实际操作层面上更为合理有效。

风貌协调区的面积约有7900公顷，势必对城市的发展特别是在此区域内的塔山镇的发展带来一定的限制和影响。为保证规划目标的实现且不阻碍城市的合理发展，应结合葫芦岛市的城市发展规划，在保证土地现有使用性质不变的前提下，引导此区域内的产业结构调整，坚持发展生态游、农业耕种等不破坏历史风貌的产业项目，使得该区域步入可持续发展之路。

（3）相关军事设施的保护

塔山阻击战属于阵地防御战，战壕是较为重要的战场工事，所以对战壕的保护更能体现和充实战场的真实性与完整性。

通过资料分析和现场勘察，现余有3条战壕：一条在烈士墓东西两侧长约40米，保存较为完整；一条在现有入园道路北侧长约80米，遗迹不明显，杂草丛生（图2-7）；第三条战壕在塔山烈士陵园外南侧果园内，由于垦荒等原因现已基本无存。

在规划中将三条战壕囊括在保护范围和建设控制地带内，杜绝了相关建设活动对战壕的破坏。对前两道战壕主要进行清理和修复工作，清理壕沟内的垃圾和深根植物并对壕沟进行加固处理；对第三道战壕通过现场遗存并结合资料研究，确定其走向和方位并进行复原（图2-8）。

2.2 保护纪念塔的纪念性景观

纪念塔由于其单一向上的标志物形象所带来的向心力及其形体的符号象征，本身具有一种纪念性的景观意向。但纪念塔本体除了纯粹的纪念象征意义外，没有任何价值指向和实用功能属性，故对此类纪念建筑物的纪念性景观意向的塑造和强调，是保证其作为事件承载物的基础。

纪念塔的标志物形象首先必须可见，才能被认识并感知其象征意义，所以以保证纪念塔在区域中的主体控制力，突出其景观的纪念意义是首要的任务。其手法主要是景观视线的控制和纪念性氛围的塑造和强调。

（1）纪念性景观的视线控制

在缅怀纪念的过程中，通过持续情感的积累和叠加，并在到达纪念塔时达到顶点，完成在情感上的冲击。而此过程最主要的是保证行进中视线与纪念塔这一象征性形象之间的联系不可隔断。

纪念塔建在塔山最高点上，与缅怀纪念路线起始有近30米的高差，其本身高有12.5米，故在缅怀纪念线路上对纪念塔一直为仰视状态，且纪念塔本身凸显在天空这一单纯的背景中，这种心理上的隐示和景观意向对于纪念性的塑造有着先天的优势。但在保护规划编制之前，已修建了塔山阻击战纪念馆，由于其距离纪念塔约90米而仅有10米左右的高差，加上较大的建筑形体，隔断了缅怀人群对纪念塔的视线联系（图2-9），对于纪念氛围的塑造带来十分不利的影响。所以在此现状的基础上，对纪念馆的改造便成了重现视线通廊的唯一手段。

然而由于纪念馆选址恰是眺望战场环境的最佳地点，且只有达到一定的高度才能在屋顶平台上更为全面地观察战场（图2-10）。所以，纪念馆的改造应满足既要有一定的高度以适合对战场的观察，又要恢复纪念塔在视线上对区域的控制力。在此要求下，以纪念馆原有建筑形体为基础，根据视线分析，拓宽三层环形观景平台中部空间，同时扩大二层的通道平台，使得纪念塔能更为完整地呈现（图2-11）。

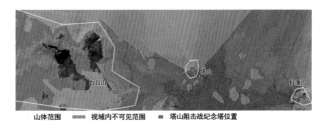

山体范围　　视域内不可见范围　　塔山阻击战纪念塔位置

图 2-10 | 以塔山阻击战纪念馆为中心的 GIS 视域分析

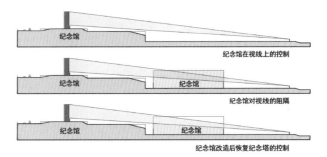

纪念馆在视线上的控制

纪念馆对视线的阻隔

纪念馆改造后恢复纪念塔的控制

图 2-11 | 塔山阻击战纪念馆改造视线控制

（2）纪念性氛围的塑造和强调

只有通过对整体环境的情境营造

和对场所空间所伴随的景观体验才能成就纪念意义。纪念塔作为景观中的一个重要元素，须存在于它所处的环境中才能完整地形成纪念性景观并传达其意义。

在纪念性场所的氛围塑造中，中轴对称是典型的手法。其景观意向，暗示着一种秩序的象征，能通过人们的经验性感知，显现出场所的纪念涵义。[4]烈士陵园现有轴线由于整体布局的无规划性而显得较弱，对于纪念氛围的塑造作用不大。

在保护规划中，我们有意识地对轴线进行强化（图2-12）。结合道路和环境的改造，将轴线向南延长500米，创造出一种纪念性的线性空间。道路的设计充分结合山势，采用层层递进向上升起的模式，并沿其两侧种植松柏等常绿针叶林加以围合增强空间透视感，突出烈士陵园布局的中轴对称关系，通过线性的无限延长和上升感来衬托出纪念塔的主体地位。

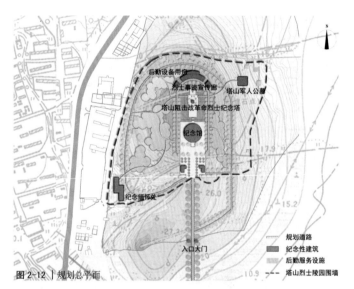

图 2-12 | 规划总平面

3 结语

"革命烈士纪念建筑物"类文物主要是通过人为的有意识建造，有效达成对革命烈士的深刻追忆和纪念。而对于此类文物纪念对象所蕴含的"事件性"解读，为保护规划的编制提供了更为广阔和深远的视野。本规划即为从"革命烈士纪念建筑物"类文物的保护对象构成入手，强调了事件的"真实性"表达和"完整性"理念。

---

4 刘滨谊，李开然.纪念性景观设计原则初探.规划师，2003（2）:22-25.

保护规划（2009—2028年）：
战场遗存景观与保护模式

1 保护对象

保护对象包括两大部分：塔山烈士陵园纪念性建筑；塔山阻击战的战场环境及周边历史风貌。

1.1 保护塔山烈士陵园纪念性建筑

塔山烈士陵园纪念性建筑包括：塔山阻击战革命烈士纪念塔、塔山阻击战纪念馆和烈士墓（图3-1）。

（1）纪念塔：塔高12.5米，塔身是用白色花岗岩砌成的方柱体，正面突出浮雕，图案为用宽带束成的大瓣玫瑰花环，象征着光荣永远属于为中国解放事业而牺牲的烈士。塔身左右上部，各有一组五角星和三面旗帜的浮雕，塔顶四周有祥云纹浮雕。塔身正面为原东北人民解放军总部副政委陈云同志于1984年12月24日题写的"塔山阻击战革命烈士永垂不朽"。背面塔座镶嵌锦州市第五届人民代表大会敬立的铜制碑文，正楷阴刻500余字。

（2）烈士墓：1998年兴建，现有将军墓8座，分别埋葬着吴克华、胡奇才、江燮元、李福泽、焦玉山、莫文骅、欧阳文、江民风8位在塔山阻击战中英勇奋战的将军。将军墓后正中立着屏风式石碑，黑色大理石碑身上刻着前国家军委副主席张万年同志题写的"塔山英烈万古流芳"，碑身背面刻着按姓氏笔画排列的743位英烈名录，碑后是用花岗岩砌成的圆形墓。

（3）塔山阻击战纪念馆：2006年动工兴建，以碉堡形建筑为主体。塔山阻击战纪念馆分3层，通过2层过道可达纪念塔和烈士墓，现尚未完工。

1.2 保护塔山阻击战的战场环境及周边历史风貌

塔山阻击战的战场环境要素包括：战壕遗址、我军主要防御阵地和国民党军主要进攻阵地。

（1）战壕：现存有2道战壕，分别在：①烈士墓东西两侧长约40米；②沿现有入园道路北侧长约80米。①号战壕剖面呈倒梯形，北侧沟壁存高约1.5米，南侧沟壁存高约2米，壕沟底宽约3米，烈士墓在战壕中部将战壕分隔成东西两段，西侧被道路截断；现战壕内长满杂草及灌木，并长有多棵松树。②号战壕剖面呈倒梯形，北侧沟壁存高约0.4米，南侧与松树林连为一体，已无沟壁遗迹。壕沟底宽约3米；现战壕遗迹不明显，杂草丛生。另在塔山阻击战纪念馆南侧果园范围原有一道战壕，由于土地已开垦为种植用地，战壕遗址无存。

（2）战场：包括打渔山、塔山、白台山一线我军防御阵地以及笊篱山国民党军进攻阵地。战场现多改为农田及果林，其中打渔山的挖山活动对战场环境的完整性产生破坏。

2 价值评估

2.1 历史价值

（1）军事防御系统的重要历史遗存：塔山作为塔山阻击战中我军防御线上最为重要的前沿阵地，见证了敌我两军在此发生的军事活动，有着极高的历史研究价值。

（2）历史事件的实物见证：塔山烈士陵园的纪念性建筑及周边战场环境，共同构成了解放战争中历史事件和人物活动的实物见证。

2.2 艺术价值

（1）格局特色：塔山烈士陵园以纪念塔为中心，前为集会广场，后为烈士墓，周围是大片林木，此布局能产生强烈的向心性和崇高意向，有效渲染出缅怀所需的肃穆氛围。

（2）景观价值：塔山阻击战的战场环境及周边的自然景观包括果园及农田等，具有一定的景观艺术价值。

2.3 科学价值

塔山阻击战中，我军依托以塔山为主的打渔山—塔山—白台山防御线，奋战六个昼夜，成功阻击了国民党军的"东进兵团"，创造了以少胜多、以劣胜强的光辉战例。此战是中国人民解放军战史上规模最大、时间最长、最为残酷的阵地防御战，是野战阵地坚守防御的范例，具有重要的军事科学研究价值。

2.4 社会价值

（1）纪念塔作为省级文物保护单位，尤其是在塔山阻击战的战场环境完整保留基础上，对纪念塔及战场环境的保护，将对辽宁省相关的文物保护产生极大的示范作用。

（2）对塔山阻击战的纪念，对牺牲烈士的缅怀，具有较强的说服力和震撼人心的教育效果，是进行革命历史教育和爱国主义教育的直观课堂。

（3）根据葫芦岛市城市总体规划制定的旅游专项规划，塔山烈士陵园属于以爱国主义教育的红色精品旅游景区，将对城市旅游经济的发展起到重要作用。

3 现状评估

3.1 历次维护

1963年，建纪念塔。

1964年，建办公室、接待室、文物陈列室，并修建道路。

1965年，修围墙，广场铺水泥地面，开始植树造林。

1971年，在战场遗迹地立水泥碑三块。

1985年，维修塔身、装嵌题字，并加固塔台。

1988年，改建塔山阻击战纪念馆及接待室。

1998年，增建塔山烈士陵园，并建烈士墓。

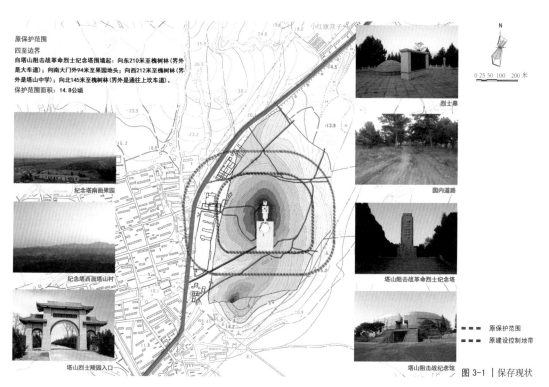

原保护范围

四至边界

自塔山阻击战革命烈士纪念塔围墙起：向东210米至槐树林（界外是大车道）；向南大门外94米至果园地头；向西212米至槐树林（界外是塔山中学）；向北145米至槐树林（界外是通往上坎车道）。

保护范围面积：14.8公顷

烈士墓

园内道路

塔山阻击战革命烈士纪念塔

纪念塔南面果园

纪念塔西面塔山村

塔山烈士陵园入口

塔山阻击战纪念馆

= = = = 原保护范围

= = = = 原建设控制地带

图 3-1 | 保存现状

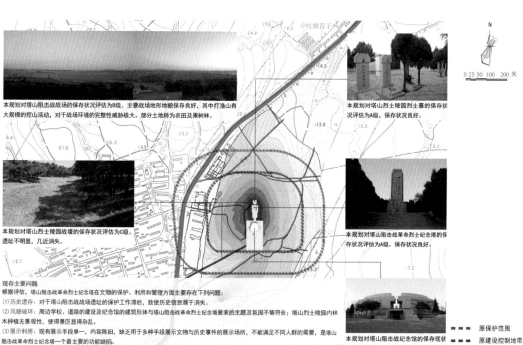

本规划对塔山阻击战战场的保存状况评估为B级。主要战场地形地貌保存良好，其中打渔山有大规模的挖山活动，对于战场环境的完整性威胁性极大。部分土地转为农田及果树林。

本规划对塔山烈士陵园烈士墓的保存状况评估为A级。保存状况良好。

本规划对塔山烈士陵园战壕的保存状况评估为C级。遗址不明显，几近消失。

本规划对塔山阻击战革命烈士纪念塔的保存状况评估为A级。保存状况良好。

现存主要问题

根据评估，塔山阻击战革命烈士纪念塔在文物的保护、利用和管理方面主要存在下列问题：

(1)历史遗存：对于塔山阻击战战场遗址的保护工作滞后，致使历史信息濒于消失。

(2)风貌破坏：周边学校、道路的建设及纪念馆的建筑形体与塔山阻击战革命烈士纪念塔要求的主题及氛围不够符合；塔山烈士陵园内林木种植无景观性，使得景区显得杂乱。

(3)展示利用：现有展示手段单一，内容陈旧，缺乏用于多种手段展示文物与历史事件的展示场所，不能满足不同人群的需要，是塔山阻击战革命烈士纪念塔一个最主要的功能缺陷。

(4)交通道路：道路规划未能形成良好的观瞻序列。内部道路简易，游线缺乏组织，未形成有效的游行环境；道路均为土质，受雨水影响较大，路况较差。

(5)火灾隐患：陵园遍植松柏等可燃性强的针叶林，但缺乏有效的消防设施，一旦失火则难以有效控制火势，有较大的火灾隐患。

本规划对塔山阻击战纪念馆的保存现状评估为B级。为近年新建，保存状况完好。

= = = = 原保护范围

= = = = 原建设控制地带

图 3-2 | 现状评估

3.2 保存状况

对塔山烈士陵园纪念性建筑及战场遗址的留存现状、主要破坏因素、真实性、完整性和延续性做出下列评估（图3-2，表3-1）。

表3-1 | 保存状况评估

名称		材质	保存状况	主要破坏因素	真实性	完整性	延续性	等级
塔山烈士陵园纪念性建筑	纪念塔	花岗岩	保存状况良好	自然老化	较高	完整	较好	A
	纪念塔	花岗岩	保存状况良好	自然老化	较高	完整	较好	A
	塔山阻击战纪念馆	混凝土	为近年新建，保存状况完好	自然老化	较差	完整	较好	B
战场遗址	战壕	土	属于临时性战斗工事，战后未进行有目的性的保护和修缮，遗存不明显，杂草丛生，几近消失	自然风化作用，人为破坏	较高	一般	较好	C
	战场	土	主要战场地形地貌保存良好，其中渔山有大规模的挖山行为，对于战场的完整性威胁极大，部分土地转为农田及果树林	自然风化作用，人为破坏	较高	一般	完整	B
评估等级分为三级。A级最高，表示文物本体受到或面临的破坏因素少，历史信息保存完整；B级中等，表示文物本体受到或面临一定破坏因素，但仍保存了大部分历史信息；C级最低，表示文物受到较或正面临较严重的破坏，应尽快实施保护措施								

3.3 环境现状

对纪念塔周边及内部环境、历史环境体现、环境氛围、环境安全隐患和噪音噪声做出下列评估（图3-3，表3-2）。

表3-2 | 环境现状评估

评估项目	评估内容	评估等级
环境氛围	塔山阻击战纪念馆过于靠近纪念塔，其建筑形体削弱了纪念塔对塔山烈士陵园的主体控制地位，削弱了塔山烈士陵园追思、悼念的环境氛围	B
历史环境体现	纪念塔所在地原为塔山阻击战前沿阵地指挥所，东、南、西三面均为战场，现战场环境保留完整，可充分感受阻击战环境，并据此认识其军事价值	A
环境安全隐患	陵园遍植松柏等可燃性强的针叶林，但缺乏消火栓、消防水池等有效的消防设施，一旦失火则难以有效控制火势，有较大的火灾隐患	C
噪音噪声	塔山烈士陵园距102国道约300米，在其范围内种植大片林木，有效地阻断了公路噪音，保证了烈士陵园所需的肃穆气氛	A
环境污染	纪念塔地处葫芦岛市城郊，周边无污染企业	A
评估等级分为三级。A级最高，表示环境较好，有利于文物的保护和利用；B级中等，表示对文物的保护存在一定影响，不利于文物利用和管理；C级最低，表示严重威胁文物本体安全，应予以及时整治		

3.4 管理评估

对纪念塔的保护管理现状做出下列评估（表3-3）。

表3-3 | 管理现状评估

文物名称	葫芦岛市塔山阻击战革命烈士纪念塔
全国重点文物保护单位公布时间	1979年
管理机构	葫芦岛市塔山烈士陵园管理处
占地规模	8.9公顷
遗存旧址建筑群建筑面积	6600平方米
现有保护范围	从烈士陵园围墙起，向东210米至槐树林界，向南大门外94米至果园地头，向西212米至槐树林界，向北145米至槐树林界
现有建设控制地带	从保护范围外缘起，向东、南、北各外延100米，向西外延150米

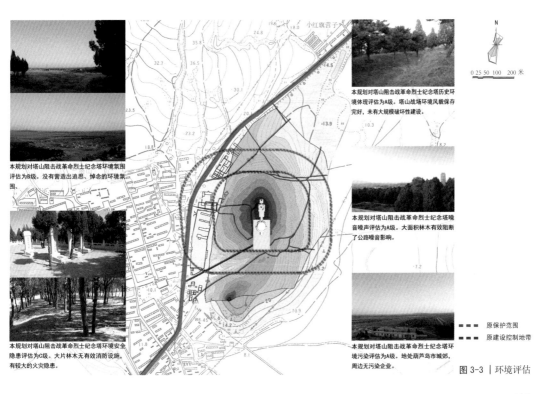

本规划对塔山阻击战革命烈士纪念塔历史环境体现评估为A级。塔山战场环境风貌保存完好,未有大规模破坏性建设。

本规划对塔山阻击战革命烈士纪念塔环境氛围评估为B级。没有营造出追思、悼念的环境氛围。

本规划对塔山阻击战革命烈士纪念塔噪音噪声评估为A级。大面积林木有效阻断了公路噪音影响。

本规划对塔山阻击战革命烈士纪念塔环境安全隐患评估为C级。大片林木无有效消防设施,有较大的火灾隐患。

本规划对塔山阻击战革命烈士纪念塔环境污染评估为A级。地处葫芦岛市城郊,周边无污染企业。

- - - 原保护范围
- - - 原建设控制地带

图 3-3 | 环境评估

续表

文物名称	葫芦岛市塔山阻击战革命烈士纪念塔
保护工程记录	有
管理条例	有
管理评估	B

评估等级分为三级。A级最高,表示最有利于文物的保护和利用;B级中等,表示有利于文物的保护和利用;C级最低,表示不利于文物的保护和利用

3.5 利用评估

对纪念塔的利用现状做出下列评估(表3-4)。

表3-4 | 利用现状评估

评估项目	级别	说明
现有展陈	B	现有展示手段单一,内容陈旧,缺乏用于多种手段展示文物与历史事件的展示场所,不能满足不同人群的需要
本体可观性	A	纪念塔是为缅怀在塔山阻击战中壮烈牺牲的革命烈士建立的,有重大的革命纪念和教育意义。塔山阻击战场环境保存完整,有重要的军事科学研究价值
交通服务条件	C	位于102国道旁,只有1路公交车可达
容量控制要求	一般	人流因素对于本体的破坏影响不大,但大量的人流可能改变文物肃穆、庄重的气氛,减弱观瞻效果
旅游资源级别	A	塔山烈士陵园属于国家红色旅游资源,面临良好的发展机遇
宣传教育	A	塔山烈士陵园是进行革命教育和爱国主义教育的直观课堂
利用评估	可开放	在保证文物安全的基础上,对公众开放

评估等级分为三级。A级为最高,表示可有效利用程度较高;B级为中等,表示可有效利用程度一般;C级为最低,表示可有效利用程度较差

3.6 研究现状

（1）历史建筑遗存的建档与研究工作欠缺，造成战场遗址的荒弃或被新建筑侵占。

（2）尚未制订针对战场遗址的专门研究计划。

（3）已出版的针对塔山阻击战的研究论著、文献较少。

3.7 现存主要问题

根据以上分析与评估，纪念塔在文物的保护、利用和管理方面主要存在下列问题：

（1）历史遗存：对于塔山阻击战战场遗址的保护工作滞后，致使历史信息濒于消失。

（2）风貌破坏：周边学校、道路的建设及纪念馆的建筑形体与纪念塔应有的主题氛围不符。塔山烈士陵园内林木种植无景观性考虑，较为杂乱。

（3）展示利用：现有展示手段单一，内容陈旧，缺乏用于多种手段展示文物与历史事件的展示场所，不能满足不同人群的需要，是一个最主要的功能缺陷。

（4）交通问题：道路规划未能形成良好的观瞻序列。内部道路简易，游线缺乏组织，未形成有效的游行环路。道路均为土质，受雨水影响较大，路况较差。

（5）火灾隐患：陵园遍植松柏等可燃性强的针叶林，但缺乏有效的消防设施，一旦失火则难以有效控制火势，有较大的火灾隐患。

4 保护区划

4.1 区划原则

（1）根据对纪念塔的现状评估和历史研究，政府公布的现有保护范围和建设控制地带区划缺乏对历史事件的完整性体现，未能对战场环境这一历史事件的重要载体进行保护，不能满足文物保护需求和战场环境保护的完整性要求，塔山阻击战的历史环境没有加以标示、反映给参观者。现有保护范围是1990年针对纪念塔划定的，未随塔山烈士陵园的增建而有所调整，缺乏实效性，可操作性不强。

（2）根据确保文物保护单位安全性、完整性的要求，调整纪念塔的保护范围；同时根据保证战场环境的完整性、真实性的要求，对建设控制地带做出适当调整建议。该调整建议是建立在确保文物保护的完整性原则基础上，以历史信息的延续和展现为出发点，强调可操作性。

（3）强调用联系的、发展的观点与葫芦岛市城市总体发展规划相衔接，注重规划的前瞻性与现实性相结合，使纪念塔更好地发挥社会效益和经济效益，成为葫芦岛市的标志之一，成为城市发展新的增长点（图3-4）。

4.2 区划类别

（1）保护范围：建议调整的保护范围面积为15.3公顷，比现有保护范围总面积14.8公顷增加了0.5公顷。保护范围的调整建议是根据评估结论和历史环境完整原则调整的结果，同时也兼顾了保护的实效性和控制力。保护范围的调整建议是在考察塔山阻击战发生时的历史环境、了解历史过程、评估文物现存状况、研究文物保护的安全性和保存的完整性，以及评估文物所在地段建设

葫芦岛市塔山烈士陵园
行政区划：辽宁省葫芦岛市
类型：革命纪念建筑
保护级别与公布时间：1979年9
月5日列入省级文物保护单位

地理位置：规划区位于辽宁省葫
芦岛市连山区塔山乡塔山村。塔
山地理座标为：东经120°14′
～121°02′，北纬40°42′～
41°09′。

规划范围：
根据辽宁省政府批准的省级文物保
护单位批复范围及1990年塔山阻击
战革命烈士纪念塔的保护范围示意
图确定为：
从塔山阻击战革命烈士纪念塔围墙
起：
－向东310米；
－向南大门外194米；
－向西162米；
－向北245米。

规划面积约为：35.2公顷

	保护范围
	建设控制地带
	风貌协调区
	山体范围

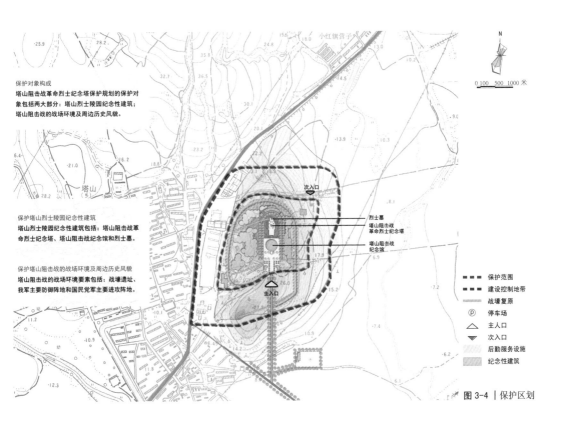

保护对象构成
塔山阻击战革命烈士纪念塔保护规划的保护对
象包括两大部分：塔山烈士陵园纪念性建筑；
塔山阻击战的战场环境及周边历史风貌。

保护塔山烈士陵园纪念性建筑
塔山烈士陵园纪念性建筑包括：塔山阻击战革
命烈士纪念塔、塔山阻击战纪念馆和烈士墓。

保护塔山阻击战的战场环境和周边历史风貌
塔山阻击战的战场环境要素包括：战壕遗址、
我军主要防御阵地和国民党军主要进攻阵地。

次入口
烈士墓
塔山阻击战革
命烈士纪念塔
塔山阻击战
纪念馆
主入口

－ － 保护范围
－ － 建设控制地带
　　　 战壕复原
Ⓟ　　停车场
△　　主入口
▽　　次入口
　　　 后勤服务设施
　　　 纪念性建筑

图 3-4 ｜保护区划

发展现状与趋势之后做出的，强调对文物的有效控制和保护（图3-5）。

（2）建设控制地带：建议调整的建设控制地带将塔山山体基本包括在内，强调了纪念塔对于此区域的重大影响力，占地面积为25.8公顷，比原有建设控制地带20.4公顷增加了5.4公顷。建设控制地带的调整建议是根据战争历史环境、现存战场环境的完整性，环境风貌的协调性，结合地形地貌做出的。调整后的建设控制地带类别、管理参照辽宁省《关于文物保护单位的保护范围及建设控制地带的说明》第三条建设控制地带及类别、管理中Ⅲ类地带的相关规定。Ⅲ类地带为允许建高度9米以下建筑的地带，这一地带新建筑的性质、形式、体量、色调都必须与文物保护单位相协调，其建筑设计须征得省文物主管部门同意，城市规划部门批准。此外，建设工程的风貌不得破坏塔山烈士陵园的悲肃气氛（图3-6）。

表3-5 | 规划分区

区域编号	区域名称	保护区划	功能定位
Ⅰ区	主题纪念广场区	保护范围	纪念塔的纪念性空间与入口空间的过渡区域，以绿化为主，结合主题雕塑，提供人流集散、休憩
Ⅱ区	展示陈列区	保护范围	展示塔山阻击战历史文物及相关信息，并为塔山烈士陵园管理处提供办公空间
Ⅲ区	缅怀祭奠区	保护范围	主要的祭奠仪式场所
Ⅳ区	战场遗址展示区	保护范围及建设控制地带	塔山阻击战战壕、指挥所复原及战斗场景雕像展示，感受战场的历史氛围
Ⅴ区	后勤服务区	保护范围	塔山烈士陵园的后勤服务设施用地

（3）风貌协调区：建议增加的风貌协调区包括打渔山、白台山翻身沟以东、笆篱山整体及其之间的所有战场范围，占地面积为7900公顷。风貌协调区的增设建议是在研究塔山阻击战的战斗过程和战场环境现状后做出的，强调塔山阻击战的历史信息的完整和对战场环境的整体控制和保护。此处为塔山阻击战时的前沿阵地，也是我军主要的防御阵地和国民党主要的进攻方向，是塔山阻击战中争夺最为激烈之处。本区对建筑功能不作具体要求，但应避免兴建会破坏各山之间视线通廊的建筑，避免破坏各山本体的建设活动。

4.3 规划分区

根据塔山烈士陵园的历史格局及空间利用现状，结合本规划的基本设想，将规划地块根据不同的保护措施和使用功能进一步划分为五个区域（图3-7，图3-8，表3-5）。

5 保护措施

5.1 防病虫害工程

大面积林木的种植对于塔山烈士陵园环境氛围的烘托起到重大作用，因此对于林木的病虫害防治工作也应充分考虑。防治工程应依靠科学技术和"预防为主，综合治理"的原则，有机地运用短期、中期、长期治理手段，充分发挥生物因素和森林生态系统自身的调控作用，对病虫害进行林业生产全过程的管理。

5.2 战壕保护工程

战壕保护的目的是保护塔山阻击战这一历史事件信息的完整性。由于是战时临时性工事，自

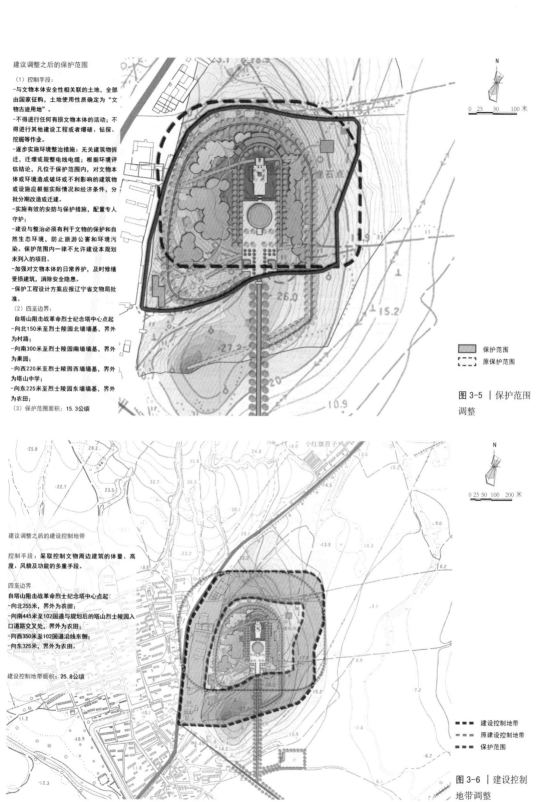

建议调整之后的保护范围

（1）控制手段：

-与文物本体安全性相关联的土地，全部由国家征购，土地使用性质确定为"文物古迹用地"。

-不得进行任何有损文物本体的活动；不得进行其他建设工程或者爆破、钻探、挖掘等作业。

-逐步实施环境整治措施；无关建筑物拆迁，迁埋或规整电线电缆；根据环境评估结论，凡位于保护范围内，对文物本体或环境造成破坏或不利影响的建筑物或设施应根据实际情况和经济条件，分批分期改造或迁建。

-实施有效的安防与保护措施，配置专人守护；

-建设与整治必须有利于文物的保护和自然生态环境，防止旅游公害和环境污染。保护范围内一律不允许建设本规划未列入的项目。

-加强对文物本体的日常养护，及时修缮受损建筑，消除安全隐患。

-保护工程设计方案应报辽宁省文物局批准。

（2）四至边界：

自塔山阻击战革命烈士纪念塔中心点起

-向北150米至烈士陵园北墙基，界外为村路；

-向南300米至烈士陵园南墙基，界外为果园；

-向西220米至烈士陵园西墙基，界外为塔山中学；

-向东225米至烈士陵园东墙基，界外为农田；

（3）保护范围面积：15.3公顷

保护范围
原保护范围

图 3-5 | 保护范围调整

建议调整之后的建设控制地带

控制手段：采取控制文物周边建筑的体量、高度、风貌及功能的多重手段。

四至边界

自塔山阻击战革命烈士纪念塔中心点起

-向北255米，界外为农田；

-向南445米至102国道与规划后的塔山烈士陵园入口道路交叉处，界外为农田；

-向西350米至102国道沿线东侧；

-向东325米，界外为农田。

建设控制地带面积：25.8公顷

建设控制地带
原建设控制地带
保护范围

图 3-6 | 建设控制地带调整

塔山阻击战结束后战壕一直荒废至今。受自然因素影响，战壕长满杂草、灌木及能对战壕产生一定破坏的深根乔木，且由于风化作用，战壕遗址几近消失，亟待保护。

保护工程的首要任务是对战壕进行结构可靠性鉴定。根据结构可靠性鉴定，采取重点修复的措施用以恢复。重点修复的具体手段可采取对战壕进行补筑的形式。补筑用土应使用当地原材料按原形式补筑，但须体现"可识别"的原则，在操作过程中应予以充分重视，保证补筑后不对原状产生结构性破坏。其余清理植物根系、化学保护等措施根据保存现状评估予以分段实施。

5.3 塔山阻击战纪念馆改造工程

塔山阻击战纪念馆的功能主要是展示塔山阻击战的相关历史信息，但纪念馆建筑的形体对于塔山烈士陵园应有的庄严、肃穆气氛不应有所破坏，不能以牺牲纪念塔对整个塔山烈士陵园的主体控制地位为代价，刻意追求建筑艺术上的效果。建议改造塔山阻击战纪念馆的形体，调整纪念馆前广场与纪念塔之间的良好视觉关系，恢复纪念塔对塔山烈士陵园不可撼动的主体控制地位，提供缅怀革命烈士所需的环境氛围（图3-9）。

6 环境规划

6.1 历史环境规划

历史环境规划的目的是保护塔山阻击战这一历史事件信息的完整性。主要措施包括：

（1）停止在打渔山的挖山活动，保护打渔山原有的地形地貌不被改变，保证其作为历史事件见证的存在。

（2）保护塔山烈士陵园东侧及南侧的农田区，保证开阔的视野走廊，保证打渔山—塔山—白台山在视觉上的联系不被破坏。

（3）根据环境评估结论，分期整治或拆迁建筑控制地带和风貌协调区中不协调的建筑，以达到控制要求（图3-10）。

6.2 景观环境规划

景观环境规划的目的是保护塔山烈士陵园的整体氛围。主要措施包括：

（1）改善交通道路系统，调整现有的入园道路；陵园内以现有道路结构为基础，加以调整以形成合理的游行环线。

（2）调整停车场地，结合入园道路的调整，将停车场建在塔山烈士陵园南侧偏离中轴线120米处，所有观瞻人流均步行进入园区，以维护塔山烈士陵园的肃穆气氛。

（3）根据环境评估结论，分期整治或拆迁建筑控制地带中不协调的建筑，以达到控制要求。

（4）建设控制地带北侧预留国防教育基础设施地带，应用绿化带充分隔离噪音，以维护塔山烈士陵园的肃静气氛。

（5）实施环境绿化改造工程，保持塔山烈士陵园中现有林木，同时对林木整体风貌进行景观性改造；加强纪念塔和塔山阻击战纪念馆这一核心景区的绿化。

天辽地宁 格致探原

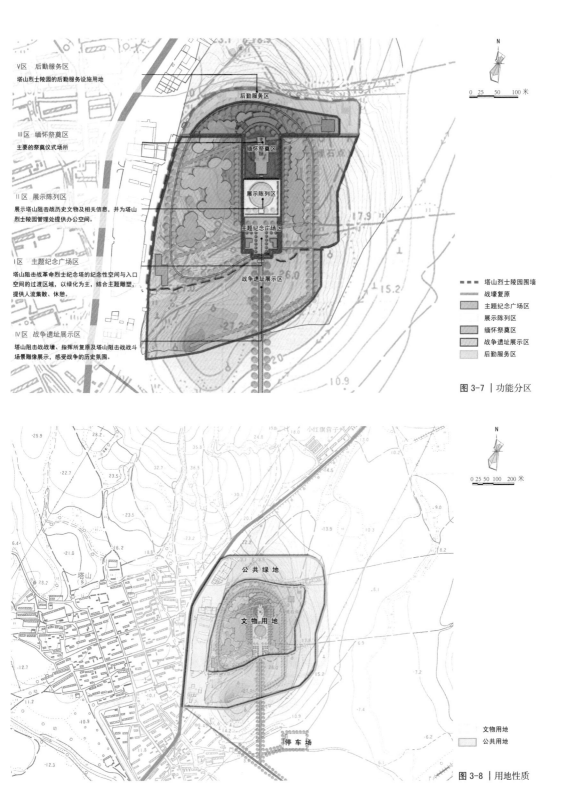

V区 后勤服务区
塔山烈士陵园的后勤服务设施用地

III区 缅怀祭奠区
主要的祭奠仪式场所

II区 展示陈列区
展示塔山阻击战历史文物及相关信息,并为塔山烈士陵园管理处提供办公空间。

I区 主题纪念广场区
塔山阻击战革命烈士纪念塔的纪念性空间与入口空间的过渡区域,以绿化为主,结合主题雕塑,提供人流集散、休憩。

IV区 战争遗址展示区
塔山阻击战战壕、指挥所复原及塔山阻击战战斗场景雕像展示,感受战争的历史氛围。

后勤服务区

缅怀祭奠区

展示陈列区

主题纪念广场区

战争遗址展示区

N

0 25 50   100 米

= = = 塔山烈士陵园围墙
——— 战壕复原
主题纪念广场区
展示陈列区
缅怀祭奠区
战争遗址展示区
后勤服务区

图 3-7 | 功能分区

N

0 25 50 100   200 米

公共绿地

文物用地

停车场

文物用地
公共用地

图 3-8 | 用地性质

6.3 主题纪念广场区（I区）环境整治工程

主题纪念广场区主要是入口空间和纪念性空间的过渡区，是观瞻序列的起始，其作用在于制造出塔山烈士陵园应有的肃穆气氛及引导人流。规划在第一阶段完成此区域广场和相应道路的建设。本区内布置绿化景观，应与缅怀祭奠区的绿化植被相协调，植物配置应当注意不同树种的搭配。

6.4 战场遗址展示区（IV区）与展示陈列区（II区）环境整治工程

战场遗址展示区是塔山烈士陵园的战争场景再现核心展示区。本区大部分位于保护范围内，环境整治工程要求按照保护范围的管理规定严格执行。在对此区的环境整治工程中应注意：战壕由于是临时性战斗工事，战后至今未有效加以保护，现均濒临消失，在战壕的复原中应结合历史研究和现状调查，先确定战壕的确切位置及走向再加以复原，并辅以战场场景群雕加以表现；现纪念塔所在地即战时指挥所所在，在对指挥所的复原中应综合考虑历史的客观因素，充分了解塔山阻击战战斗场景的再现，在爱国主义教育中所起的有效作用，结合历史研究，在战场遗址展示区内复原。

展示陈列区是塔山烈士陵园的可移动文物展示区。本区位于保护范围内，环境整治工程要求按照保护范围的管理规定严格执行。

战场遗址展示区与展示陈列区两区的环境整治工程要达到的效果，即是对塔山阻击战的历史信息和场景做出提示与标识，维护文物及其相关环境的完整性，使历史信息传之后世。故在战场遗址展示区近期立标志牌标明战壕以及指挥所的地点，说明塔山阻击战艰辛过程及战时环境。远期在战壕之间区域按照战斗场景布置景观标识，铺地使用卵石、碎沙石与广场砖相结合，表现惨烈、悲壮的塔山阻击战现场。战壕内可考虑使用场景模拟性雕塑，并辅以说明，有效表现战事气氛。展示陈列区东可见打渔山，西可望白台山，南可眺笊篱山。对于步行不可及但视线可达的重要战争地点，应加以景观指示性标识并辅以说明，将打渔山—塔山—白台山这一主要防御线在视觉上联系在一起，更完整地表达出历史环境背景和历史信息。

远期可适当恢复风貌协调区内部分战场环境，并辅以景观性标识，在游线上不安排到达，但应在视线上明确。

7 展示规划

7.1 展示分区

根据价值、现状与利用评估，结合塔山的地形地貌，合理功能分区，营造环境氛围。同时根据展示需要，加强各处整体联系，组织展示及游览路线（图3-11）。

（1）主题纪念广场区：属于观瞻活动的起始区域，其展示应结合入口广场，设置象征性的战争景观小品，并辅以历史背景说明。

（2）展示陈列区：主要展示包括塔山阻击战烈士生前的遗物、奖章等可移动文物及塔山阻击战的历史背景介绍、历史资料图片等展板。

（3）缅怀祭奠区：本区为主要的祭奠仪式场所。作为全国爱国主义教育基地，既需要满足游客的个人祭奠行为，又应该能满足一定规模的祭奠活动，如清明节、纪念日等有组织的集体祭奠活动。塔山烈士陵园管理处在管理上要配合好，保证在大规模人流情况下的游客人身安全和文物安全。

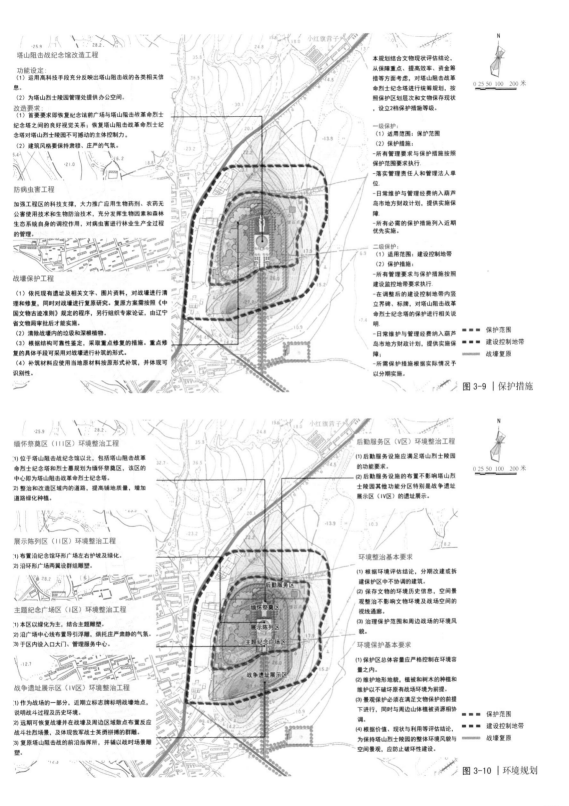

塔山阻击战纪念馆改造工程

功能设定:

(1) 运用高科技手段充分反映出塔山阻击战的各类相关信息。

(2) 为塔山烈士陵园管理处提供办公空间。

改造要求:

(1) 首要要求即恢复纪念馆前广场与塔山阻击战革命烈士纪念塔之间的良好视觉关系;恢复塔山阻击战革命烈士纪念塔对塔山烈士陵园不可撼动的主体控制力。

(2) 建筑风格要保持肃穆、庄严的气氛。

防病虫害工程

加强工程区的科技支撑,大力推广应用生物药剂、农药无公害使用技术和生物防治技术,充分发挥生物因素和森林生态系统自身的调控作用,对病虫害进行林业生产全过程的管理。

战壕保护工程

(1) 依托现有遗址及相关文字、图片资料,对战壕进行清理和修复,同时对战壕进行复原研究。复原方案需按照《中国文物古迹准则》规定的程序,另行组织专家论证,由辽宁省文物局审批后才能实施。

(2) 清除战壕内的垃圾和深根植物。

(3) 根据结构可靠性鉴定,采取重点修复的措施。重点修复的具体手段可采用对战壕进行补筑的形式。

(4) 补筑材料应使用当地原材料按原形式补筑,并体现可识别性。

本规划结合文物现状评估结论,从保障重点、提高效率、资金筹措等方面考虑,对塔山阻击战革命烈士纪念塔进行统筹规划,按照保护区划层次和文物保存现状,设立2档保护措施等级。

一级保护:

(1) 适用范围:保护范围

(2) 保护措施:

- 所有管理要求与保护措施按照保护范围要求执行。

- 落实管理责任人和管理法人单位。

- 日常维护与管理经费纳入葫芦岛市地方财政计划,提供实施保障。

- 所有必需的保护措施列入近期优先实施。

二级保护:

(1) 适用范围:建设控制地带

(2) 保护措施:

- 所有管理要求与保护措施按照建设监控地带要求执行。

- 在调整后的建设控制地带内竖立界碑、标牌,对塔山阻击战革命烈士纪念塔的保护进行相关说明。

- 日常维护与管理经费纳入葫芦岛市地方财政计划,提供实施保障;

- 所需保护措施根据实际情况予以分期实施。

= = = 保护范围
= = = 建设控制地带
—— 战壕复原

图 3-9 | 保护措施

缅怀祭奠区(Ⅲ区)环境整治工程

1) 位于塔山阻击战纪念馆以北,包括塔山阻击战革命烈士纪念塔和烈士墓规划为缅怀祭奠区,该区的中心处为塔山阻击战革命烈士纪念塔。

2) 整治和改造区域内的道路,提高铺地质量,增加道路绿化种植。

展示陈列区(Ⅱ区)环境整治工程

1) 布置沿纪念馆环形广场左右护坡及绿化。

2) 沿环形广场两翼设群组雕塑。

主题纪念广场区(Ⅰ区)环境整治工程

1) 本区以绿化为主,结合主题雕塑。

2) 沿广场中线布置导引浮雕,烘托庄严肃静的气氛。

3) 于区内设入口大门、管理服务中心。

战争遗址展示区(Ⅳ区)环境整治工程

1) 作为战场的一部分,近期立标志牌标明战壕地点,说明战斗过程与历史环境。

2) 远期可恢复战壕并在战壕及周边区域敷点复原反应战斗社烈场景,及体现我军战士英勇拼搏的群雕。

3) 复原塔山阻击战的前沿指挥所,并据以创设场景雕塑。

后勤服务区(Ⅴ区)环境整治工程

(1) 后勤服务设施应满足塔山烈士陵园的功能需求。

(2) 后勤服务设施的布置不影响塔山烈士陵园其他功能分区特别是战争遗址展示区(Ⅳ区)的遗址展示。

环境整治基本要求

(1) 根据环境评估结论,分期改造或拆建保护区中不协调的建筑。

(2) 保存文物的环境历史信息,空间景观整治不影响文物环境及战场空间的视线通廊。

(3) 治理保护范围和周边战场的环境风貌。

环境保护基本要求

(1) 保护区总体容量应严格控制在环境容量之内。

(2) 维护地形地貌,植被和树木的种植和维护以不破坏原有战场风貌为前提。

(3) 景观保护必须在满足文物保护的前提下进行,同时与周边山体植被被资源相协调。

(4) 根据价值、现状与利用等评估结论,为保持塔山烈士陵园的整体环境风貌与空间景观,应防止破坏性建设。

= = = 保护范围
= = = 建设控制地带
—— 战壕复原

图 3-10 | 环境规划

（4）战场遗址展示区：以战壕为中心的景观区。复原战壕及塔山阻击战战斗指挥所，结合战争雕像，按群组式散点布置，充分反应塔山阻击战的悲壮氛围和革命烈士英勇无畏的精神。

7.2 展示路线

（1）为使游客能够对塔山阻击战及其相关历史信息有较为全面和深刻的认识，展示线路规划以现有的道路系统为基础，结合塔山烈士陵园的功能分区，设计合理路线：主题纪念广场区—展示陈列区—缅怀祭奠区—战场遗址展示区（图3-12）。

（2）展示路线的设计主要是考虑到观瞻的流程。在出停车场后，50米的步行前导路线作为进入塔山烈士陵园的空间铺垫；参观完塔山阻击战纪念馆后到达纪念塔和烈士墓，并在此缅怀革命先烈；最后，通过两侧的战场遗址展示区返回主题纪念广场区。

7.3 容量控制

塔山烈士陵园属于在遗存空间上具有限定要求的纪念性场所，故主要依据限定空间的一次性容人量及其日周转率进行测算（表3-6，表3-7）。

表3-6 | 建筑本体容量计算

建筑本体	计算面积（平方米）	计算指标（平方米/人）	一次性容量（人/次）	周转率（次/日）	日游人容量（人次/日）	年容量（万人次）
塔山阻击战纪念馆	3000	15	120	6	720	19.6
考虑塔山阻击战纪念馆的维修、布展、春节休假及人员学习等情况，年开放天数按340天计；为确保展览建筑不因过度开放而受损，规划暂定系数为0.8。算式：年容量=日游人容量×340天×系数0.8						

表3-7 | 展示分区容量计算

展示分区	计算面积（平方米）	计算指标（平方米/人）	一次性容量（人/次）	周转率（次/日）	日游人容量（人次/日）	年容量（万人次）
主题纪念广场区	2260	10	226	5	1130	30.7
展示陈列区	6150	10	615	6	3690	100
缅怀祭奠区	2700	10	270	8	2160	58.8
战场遗址展示区	128300	80	1600	8	12800	348.2
规划暂定系数为0.8。算式：年容量=日游人容量×340天×系数0.8						

7.4 交通组织

（1）区间路线：区间交通均为步行。配合市政工程，规划将战争历史环境展示区与展示陈列区用景观广场联系起来，广场砖与卵石铺地相结合，配合浅草坪绿化。

（2）区内路线：各展示区的区内交通皆为步行；内部道路主要采用广场砖及条石，配合绿化，局部采用沥青路面。

（3）对外交通：改建入园道路，从主题纪念广场南侧起，沿塔山烈士陵园中轴线向南延伸500米，与城市交通联系起来。原入园道路改为展示区内道路，联系起战壕和主题纪念广场。

（4）停车场：近期使用塔山阻击战纪念馆南侧广场作为停车场，面积3000平方米，可停放车辆50辆；入园道路改建施工完成后，将停车场独立设置在偏离塔山烈士陵园中轴线一侧，以保证不破坏塔山烈士陵园祭奠空间所需的肃穆氛围，面积8000平方米，可停放车辆110辆（图3-13）。

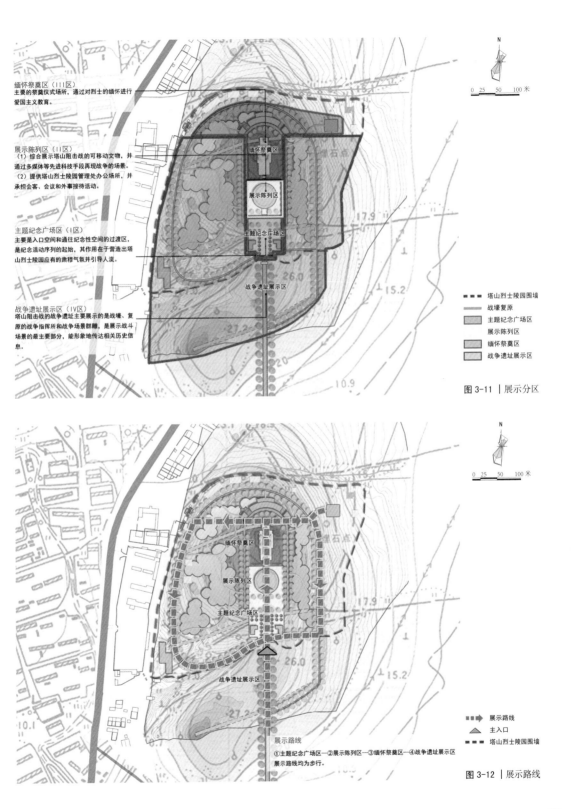

缅怀祭奠区（III区）
主要的祭奠仪式场所，通过对烈士的缅怀进行
爱国主义教育。

展示陈列区（II区）
（1）综合展示塔山阻击战的可移动文物，并
通过多媒体等先进科技手段再现战争的场景。
（2）提供塔山烈士陵园管理处办公场所，并
承担会客、会议和外事接待活动。

主题纪念广场区（I区）
主要是入口空间和通往纪念性空间的过渡区，
是纪念活动序列的起始，其作用在于营造出塔
山烈士陵园应有的肃穆气氛并引导人流。

战争遗址展示区（IV区）
塔山阻击战的战争遗址主要展示的是战壕、复
原的战争指挥所和战争场景群雕，是展示战斗
场景的最主要部分，能形象地传达相关历史信
息。

缅怀祭奠区
展示陈列区
主题纪念广场区
战争遗址展示区

- - - 塔山烈士陵园围墙
战壕复原
主题纪念广场区
展示陈列区
缅怀祭奠区
战争遗址展示区

图 3-11 │ 展示分区

展示路线
①主题纪念广场区—②展示陈列区—③缅怀祭奠区—④战争遗址展示区
展示路线均为步行。

■■➡ 展示路线
▲ 主入口
- - - 塔山烈士陵园围墙

图 3-12 │ 展示路线

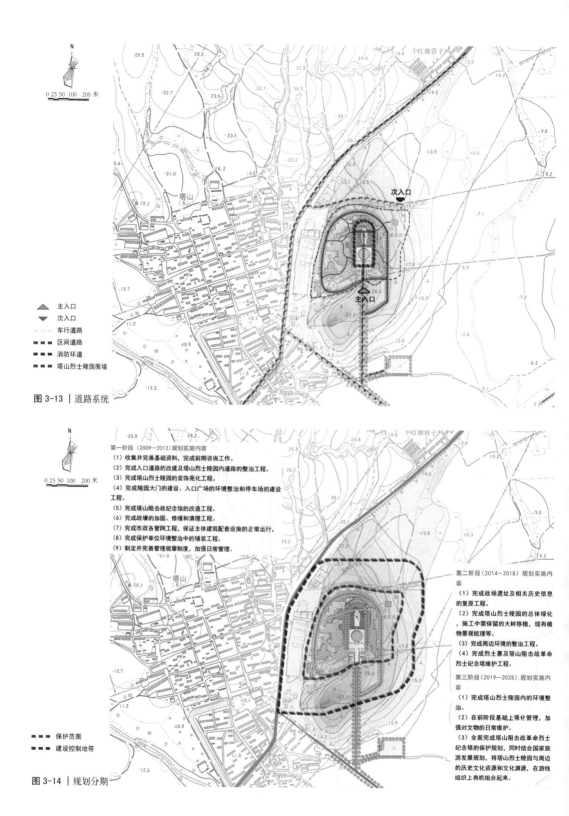

图 3-13｜道路系统

图例（道路系统）：
- 主入口
- 次入口
- 车行道路
- 区间道路
- 消防环道
- 塔山烈士陵园围墙

0 25 50 100 200 米

次入口

主入口

塔山

小红旗营子

---

0 25 50 100 200 米

塔山

小红旗营子

第一阶段（2009—2013）规划实施内容

（1）收集并完善基础资料，完成前期咨询工作。

（2）完成入口道路的改建及塔山烈士陵园内道路的整治工程。

（3）完成塔山烈士陵园的装饰亮化工程。

（4）完成陵园大门的建设、入口广场的环境整治和停车场的建设工程。

（5）完成塔山阻击战纪念馆的改造工程。

（6）完成战壕的加固、修缮和清理工程。

（7）完成市政各管网工程，保证主体建筑配套设施的正常运行。

（8）完成保护单位环境整治中的铺装工程。

（9）制定并完善管理规章制度，加强日常管理。

第二阶段（2014—2018）规划实施内容

（1）完成战场遗址及相关历史信息的复原工程。

（2）完成塔山烈士陵园的总体绿化，施工中需保留的大树移植，现有植物景观梳理等。

（3）完成周边环境的整治工程。

（4）完成烈士墓及塔山阻击战革命烈士纪念塔维护工程。

第三阶段（2019—2028）规划实施内容

（1）完成塔山烈士陵园内的环境整治。

（2）在前阶段基础上强化管理，加强对文物的日常维护。

（3）全面完成塔山阻击战革命烈士纪念塔的保护规划，同时结合国家旅游发展规划，将塔山烈士陵园与周边的历史文化资源和文化渊源，在游线组织上有机组合起来。

图例：
- 保护范围
- 建设控制地带

图 3-14｜规划分期

7.5 旅游建议

（1）东线"红色"专项游：沈阳—黑山阻击战纪念馆—锦州市辽沈战役纪念馆—葫芦岛市塔山阻击战革命烈士纪念塔。

（2）西线综合游：北京—碣石度假区—绥中九门口长城—前所城—兴城古城—葫芦岛市塔山阻击战革命烈士纪念塔—锦州市辽沈战役纪念馆—黑山阻击战纪念馆—沈阳。

8 规划分期

本案的规划期限设定为20年（2009—2028年），规划的建设与改造内容分为：第一阶段5年（2009—2013年），第二阶段5年（2014—2018年），第三阶段10年（2019—2028年）（图3-14）。

8.1 第一阶段（2009—2013年）规划实施内容

（1）收集并完善基础资料，完成前期咨询工作。

（2）完成入口道路的改建及塔山烈士陵园内道路的整治工程。

（3）完成塔山烈士陵园的装饰亮化工程。

（4）完成陵园大门的建设、入口广场的环境整治和停车场的建设工程。

（5）完成塔山阻击战纪念馆的改造工程。

（6）完成战壕的加固、修缮和清理工程。

（7）完成市政各管网工程，保证主体建筑配套设施的正常运行。

（8）完成保护单位环境整治中的铺装工程。

（9）制定并完善管理规章制度，加强日常管理。

8.2 第二阶段（2014—2018年）规划实施内容

（1）完成战争遗址及相关历史信息的复原工程。

（2）完成陵园的总体绿化，施工中需保留的大树移植，现有植物景观梳理等。

（3）完成周边环境的整治工程。

（4）完成烈士墓及纪念塔维护工程。

8.3 第三阶段（2019—2028年）规划实施内容

（1）完成陵园内的环境整治。

（2）在前阶段基础上强化管理，加强对文物的日常维护。

（3）全面完成纪念塔的保护规划，同时结合国家旅游发展规划，将塔山烈士陵园与周边的历史文化资源在游线上有机组合起来。

银冈书院——

历史建筑在城市发展进程中的被动式保护

概况：铁岭市银冈书院（省保）

城市缝隙中的"一般性"文物建筑生存
—— 基于展示要求的保护规划策略

保护规划（2010—2029年）：历史建筑在城市发展进程中的被动式保护

概况：铁岭市银冈书院（省保）

图1-1 │ 清代著名书院分布
（据邓洪波.中国书院史.上海：东方出版中心,2007）

图1-2 │ 周恩来纪念馆分布

铁岭市银冈书院（以下简称：书院）又名周恩来少年读书旧址纪念馆（图1-1，图1-2），由清湖广道御史郝浴创建于顺治十五年（1658），是东北地区较早引入学校教育的书院，也是东北地区唯一保存完好的清代书院。在清末变法维新时，书院内设小学堂一处。宣统二年（1910），12岁的周恩来曾在这里读书，这里是他一生中进入的第一所学校，"从受封建教育转为西方教育，从封建家庭转到学校环境，开始读革命书籍"。周恩来在铁岭迈出了决定自己一生的关键一步。此外，许多爱国志士也曾在此接受过良好的启蒙教育，是一处重要的革命传统和爱国主义教育基地。1998年12月被公布为辽宁省重点文物保护单位。

1 历史沿革

书院自郝浴创建始，至今的历史沿革主要经历了四个阶段（表1-1）：

表1-1 │ 书院历史沿革大事记

时间	事件
顺治十五年（1658）	郝浴建"致知格物堂"，此为书院的前身
康熙十四年（1675）	郝浴复官回朝，临行，将居所讲学处正式命名为"书院"
康熙二十二年（1683）	郝浴病逝在任上，当年所居讲学处，旋即被辟为"郝公祠"
康熙三十七年（1698）至五十一年（1712）	书院被驻在铁岭的旗丁强行侵占，长达15年之久，在此期间讲学活动停止，书院渐废

时间	事件
康熙五十一年（1712）夏至五十二年（1713）秋	铁岭知县焦献猷收回书院，并进行大规模维修
康熙五十三年（1714）	郝林捐银数千两，使书院"益为式廊，扩大规模"
康熙五十五年（1716）	屠沂撰文立碑留记，把书院与河南的嵩阳书院、湖南的岳麓书院、石鼓书院和江西的白鹿洞书院并列为全国五大书院
乾隆五十九年（1794）	书院再次进行大规模修复，使得书院得以延续和发展
光绪四年（1878）	铁岭士绅左联甲等力求整顿书院，更购院东王姓土地，建筑学舍，以备肄业生寄宿，聘新民举人李百川主讲，宁远举人李崇瑞继之，自此主讲者岁无虚席
光绪十六年（1890）	铁岭县令陈士芸邀任书院董事刘东烺、吴韶庭、杨震峰等人捐资赠书，又于东院建筑学舍，南向五间，北向五间，还购置了一批教学设备，并请金州拔萃孙星五先生主讲
光绪二十八年（1902）	铁岭县知事陈璋呈请将书院改为小学堂
光绪二十九年（1903）	铁岭知县赵臣翼与书院斋长等共商，于12月率先于书院内设小学堂一所，兴办新学，名"银冈学堂"
光绪三十二年（1906）	铁岭劝学所成立，办公地点设在书院，此间，书院又创办简易师范和中学堂
宣统年间（1909—1911）	书院西院创办商业学校
1911—1931年	银冈小学堂更名为铁岭县立第一小学校
1931年至解放前	1931年，书院内教育局改县教育科，县立第一小学改为县立第一国民优级学校。解放前夕，这里又名铁岭县第一国民优级学校，后又名为铁岭县第一中心小学校
1949—1978年	1949年，中华人民共和国成立后，这里名为县第四完小。之后，朝鲜族中学、繁荣三小、银州八小、铁岭县高中、县教师学校等，均以书院遗址为校址
1978年9月	铁岭地委在书院旧址上成立筹建"周恩来同志少年时代在铁岭读书纪念馆"领导小组
1979年9月27日	铁岭"周恩来少年读书旧址纪念馆"正式对外开放，日常工作由"铁岭市修复周恩来同志少年读书旧址办公室"负责管理
1984年	2月，更名为"铁岭地区周恩来同志少年读书旧址纪念馆"。9月下旬，又更名为"铁岭市周恩来同志少年读书旧址纪念馆"
1986年	周恩来同志少年读书旧址纪念馆被铁岭市编制委员会核定为科级单位，编制8人
1988年12月	铁岭市周恩来同志少年读书旧址纪念馆——书院被辽宁省人民政府确定为第四批古建筑及历史纪念建筑类的省级文物保护单位
1990年1月	国务院总理李鹏为纪念馆亲笔题写馆名
1996年5月至1998年3月	修复周恩来同志少年读书旧址纪念馆，维修书院斋房15间，新建银园影壁、垂花门、停车场各一处，扩建银园3300平方米。新筑围墙300米，捐碑廊75米和周恩来全身石雕像一座
1998年	被确定为辽宁省、铁岭市爱国主义教育示范基地，国防教育基地
2002年10月	周恩来同志少年读书旧址纪念馆被确定为辽宁省中共党史教育基地
2004年	再次修复书院，总施工面积2000余平方米，恢复书院功能，新增景点4处，微缩景观4处，仿真硅雕人物像2组，恢复文化设施3处
2005年	7月，周恩来同志少年读书旧址纪念馆，被城际红色旅游组委会确定为"红色旅游精品景点"。9月，在铁岭市委、市政府的主办下，书院成功地召开了"中国铁岭书院学术研讨会"
2005年8月	特邀请辽海出版社副总编、硕士生导师于景祥先生，在书院讲堂内举办讲学活动，这次讲学活动是书院从1903年末兴办学堂之后的第一次讲学活动，书院自此恢复了讲学功能
2006年	3月，周恩来同志少年读书旧址纪念馆，被全国旅游景区质量等级评定委员会确定为"AAA"国家级旅游景区。12月，周恩来同志少年读书旧址纪念馆成立了"铁岭市书院研究会"，并编辑出版了《书院博览》一书。同时，周恩来同志少年读书旧址纪念馆被铁岭市人民政府批准为副县级单位

2　书院格局及建筑

书院迄今已有350余年历史，现存书院分为三部分，是一处"三院一体"的综合性纪念馆，总占地面积约10000平方米（包括大门外影壁和停车场）（图1-3，图1-4）。

图 1-3｜书院鸟瞰（铁岭市文化局提供）

（1）中路：为书院主体部分，为二进式庭院，是典型的清代北方四合院建筑，两进院建筑系砖木结构硬山式，青砖墙、青瓦坡屋顶，色调朴素。占地面积2300平方米，有大门、聚英堂、东西斋房以及郝公祠、魁星亭、纸炉等，展陈内容为书院文化。

（2）东路：为银园，是书院的园林部分，有水池、亭子、假山等。

（3）西路：有周恩来少年读书纪念馆、周恩来塑像等。

2.1 中路（书院主体）（表1-2）

表1-2 | 中路建筑情况

建筑名称	建筑基本情况
大门	门房三间，面积74平方米，门楣悬原中共辽宁省省委书记闻世震手书的"书院"四个字。深红色的大门上方突出四块圆形木雕，是"文运遐昌"四个金色篆字，下方的门框基石是两件精美的石雕艺术品
东西斋房	东西斋房始建于康熙年间（1662—1722），面积各为64平方米。西斋房系书院山长的办公场所。1910年春，12岁的周恩来在银冈小学堂读书时，曾在东斋房研习古文
讲堂（现名聚英堂）	始建于康熙初年，面积102平方米。正厅两侧立有古碑，碑镌于光绪十六年（1890），铭刻着书院的藏书，这是国内比较稀少的石刻图书目录。正厅是书院的核心建筑，是早年讲学的课堂和举行重大活动的场所
致知格物之堂（现名郝公祠）	面积92平方米，始建于顺治十五年（1658），是郝浴的居室兼书屋。康熙十四年（1675）捐为书院。郝浴在这里讲学18年，开创了辽北的文化教育，这里是辽北"昌明理学，启迪后贤"的庠序之地，门楣悬"致知格物之堂"匾额，原是郝浴亲笔书写，原物失传，后人以郝浴手迹复制如初。檐檩与檐枋之间悬"郝公祠"匾额，额字的书写几经更换，现在的是石之璋手笔。石之璋在民国时期曾任银冈学堂总董兼铁岭教育所所长
魁星亭	位于门房东侧月亮门内，亭内有魁星塑像
纸炉	位于门房西侧月亮门内，石制

2.2 东路（银园）

造园布局采用南北为主轴线，北部布置假山、水池、瀑布寓意银冈。在山石上东西向布置亭、廊组合建筑，最高处设双层六角亭，中部设单层四角亭，尾部设单层四角亭，中间设卷棚爬山廊连接，寓意一条曲龙卧在银冈之上。总长48米，假山总高3.5米左右，水池由北向南延伸，20米左右，形成一个开阔水面，长宽为15米左右，在水池南岸设水榭、平台与假山上的六角亭成对景关系。水池中间设小桥，东侧设半壁廊、壁上镶嵌捐赠名单及名人字画。南面为本园出口，为垂花门，门内4米处设影壁墙，壁上刻周总理铭言，为清式建筑。影壁与水榭之间为开阔地段，东西设两块草坪，坪中植整形树及花灌木和宿根花卉，在水池东西南侧设景墙，将景区有机隔断，西北角设公厕及花架，西南角设双亭，植黑松林，为幽静区。银园的制高点为假山上的六角亭，在亭中可一览园中各景区，各建筑物与六角亭成奔趋之势。园内植物以当地树种为主，并配以各种花卉，达到园内绿树成荫、三季有花的效果。于1998年3月5日，在"纪念周恩来诞辰100周年"活动之日，全部对外开放。

南侧8间房屋破损严重，地基下沉，梁架变形，墙体出现裂缝，2009年对其进行了全面修

（1）聚英堂 （2）西斋房 （3）东斋房 （4）郝公祠

图1-4 | 室内陈设现状组图

缮，并由原来的8间房改建为九间房。

2.3 西路（周恩来少年读书纪念馆）

按照1910年周总理在银冈小学堂读书旧貌，恢复的古建筑有：西院前门房12间，西厢房9间、西院西北角配房3间。西院恢复的古建筑都为砖木混合结构，硬山式屋顶，是典型的东北民居形式。西北角3间配房为书院管理用房；12间前门房和9间西厢房辟作展室，用来展陈介绍少年周恩来在铁岭的生活和学习情况、周总理1962年来铁岭视察的起始经过及活动情况、总理少年至中青年时期的革命实践。

新增设的附属建筑为花岗岩材质的总理像雕塑及大理石底座。塑像位于西院中轴线北端，建于1996年，塑像进一步突出了西院的主题。

3 地理环境

书院位于辽宁省铁岭市银州区红旗街，位于市人民广场西北侧，东邻铁岭市博物馆。地理坐标北纬42°17′58″，东经123°50′28″。

铁岭市区位于辽宁省北部，北临铁岭县的平顶堡镇，西濒铁岭县的镇西堡乡，南和铁岭县的凡河镇接壤，东与铁岭县的熊官屯乡、李千户乡为邻，是铁岭市政府所在地。市区地势东高西低，北高南低，东部为低山丘陵。龙首山坐落于市区偏东部，海拔155.8米；帽峰山耸立于南郊，海拔264米。辽河、柴河流经北郊。北、西部为辽河、柴河流域淤积平原，南郊为丘陵地带，东部为山区。

铁岭市地质构造大体以康法交界处至寇河一线为界，南部属华北陆台，北部属兴蒙地槽。土壤为棕壤、草甸和水稻土3种土类。

气候为中温带季风大陆性气候区。年平均气温为7.9℃。日极端最高气温为37.6℃，日极端最低气温为−34.6℃。年平均降水量668.5毫米，最大年降水量1070.2毫米，最小年降水量429.5毫米。全境山环水绕，土质肥沃，适合农、林、牧、渔综合发展。无霜期149天。

城市缝隙中的"一般性"文物建筑生存

—— 基于展示要求的保护规划策略

在当今的中国城市中，存在着这样一类为数可观的文物建筑——"由于时光流逝而获得文化意义的在过去比较不重要的作品"[1]。亦即，在既往的传统城市中，它们是较为普通的建筑，但随着现代城市建设大潮对传统建筑的大规模摧毁，留存下来的便因其具有过去时代的历史文化信息而成为文物建筑。为表述便，本文将这一类且法定保护级别尚未成为全国重点文物保护单位的文物建筑称之为"一般性"文物建筑。

在城市持续、快速发展的大环境下，城市遗产保护与城市发展认识之间不可避免的偏差，导致大量处于城市高密度、快速发展区域的文物建筑的生存与发展面临着"前所未有的重视和前所未有的冲击"[2]。而较之那些通常意义上的重点文物建筑（主要指保护级别或在传统城市中的重要程度），大量的"一般性"文物建筑所受到的保护力度和重视程度明显不够，在保护工作不完备和城市发展大冲击的双重压力下，生存与发展的前景不容乐观。文物建筑内部历史空间结构的不完整，外部城市环境氛围的不协调，不仅给保护工作的开展带来难题，也阻碍了这一类文物建筑社会价值的发挥。在确保"一般性"文物建筑本体安全性的前提下，如何突破城市发展的重重压力，充分发挥社会效益，将其自身所蕴含的历史文化信息传递给公众，是保护工作中需要重点解决的问题之一。

本文即以相对独立地生存在高密度、快速发展城市区域中的"一般性"文物建筑为研究对象，基于文物建筑保护中的展示利用要求，探讨其本体及环境保护的规划策略。

1 "展示"是文物建筑保护的重要组成

随着文物建筑保护理念的不断深入，保护工作的内容已经从对文物建筑物质实体的"保护"与"修复"，扩展到对本体及其环境背景的整体性保护，进而发展到关注物质实体及历史文化内涵的展示[3]，即文物建筑社会价值的实现，可以说文物建筑的展示利用越来越受到保护工作者的重视。

2008年10月通过的ICOMOS《文物建筑地诠释与展陈宪章》将"展示"定义为："一切可能提高公众意识、增强公众对文物建筑地理解的活动"[4]；《巴拉宪章》认为"展示"是"能够揭示

---

1 第二届历史古迹建筑师及技师国际会议《国际古迹保护与修复宪章（威尼斯宪章）》第一项，意大利威尼斯1964。

2 单霁翔.城市文化遗产及其环境的保护.ICOMOS第十五届大会主题报告，2005-10-17。转引自朱光亚，杨丽霞.浅析城市化进程中的建筑文物建筑保护.建筑与文化，2006（6）：16。

3 郭璇.文化遗产展示的理念与方法初探.建筑学报，2009（9）：69。

4 The ICOMOS Charter for the Interpretation and Presentation of Cultural Heritage Sites', Ratified by the 16th General Assembly of ICOMOS, Quebec(Canada), On 4 October 2008.

场所文化意义的一切方式"[5]。可见，文物建筑的展示是以其本体组成部分的物质与非物质要素的展陈为主要手段，最终目的是揭示其历史文化意义，将之信息化、公众化，在明晰文物建筑认知感和扩大普遍性的同时，更加有利于交流与借鉴。《中国文物古迹保护准则》指出：展示（陈）是文物古迹保护与管理中创造社会效益的最直接手段，对文物建筑自身的维护与发展具有重要的作用。所以，通过合理的利用充分保护和展示文物古迹的价值，是保护工作的重要组成部分。[6]

展示直接关系到文物建筑的保存、管理和社会价值的实现，因此，首先应当遵循：[7]

（1）真实性（Authenticity）和完整性（Integrity）原则

只有基于文物建筑的真实性、完整性表达，展示所传递的历史信息、人文信息才真实有效。真实性和完整性是文物建筑价值评估的重要依据，表现在物质形态和非物质形态要素的各个方面，不仅包括文物建筑本体结构信息的真实完整，也涉及文物建筑周边环境和更大范围可感知的城市信息的真实完整。

（2）可达性（Accessibility）原则

文物建筑的信息展示应尽可能面向不同层次和文化背景的受众。这里所说的可达性含义多重，不仅包括规划有效的到达路径，展示的全面性、有效性也应当包含在内：提供有组织的展示路线和合理的展示分区，布置展示设施和策划展示内容，专业的信息介绍（如标识、视听资料及出版物、专门培训的导游等）。

（3）可持续性（Sustainability）原则

文物建筑展示利用的功能和开放的程度，要以其不受损伤、公众安全不受危害为前提，[8]以文物建筑所在地的社会、经济、文化和环境的可持续发展为其根本目的。文物建筑展示应该是专业人士、社区原住民、政府决策者、旅游开发商以及其他利益相关者共同协作的结果。展示基础设施的建立和参观游览活动的开始完成并不意味着展示工作的完结，应该对文物建筑进行后续的回访、监测与评估，了解展示活动对文物建筑及相关环境造成的影响，从而能够为今后修正和拓展展示的方式和手段提供依据。

2 "一般性"文物建筑展示面临的问题

文物建筑的展示绝不是无水之源、无本之木，必须立足于文物建筑自身具备的物质与非物质历史文化信息。而对于处在城市快速发展区域的"一般性"文物建筑，该项工作的基础条件更为薄弱，不仅自身可供发掘的信息资源常常受损，生存环境也在城市高度和密度的迅速扩展下日益恶劣。

（1）生存空间被蚕食

城市规模的急剧扩张、城市人口的迅速膨胀，使土地成为最具价值的资源。在这种城市土地

---

5 Australia ICOMOS. The Burra Charter，1999，25.

6 中国古迹遗址理事会、澳大利亚遗产委员会、美国盖蒂保护所合作制订，中国国家文物局批准《中国文物古迹保护准则（2004）》阐释4.0.

7 参阅郭璇.文化遗产展示的理念与方法初探.建筑学报，2009（9）：69-70.

8 《中国文物古迹保护准则（2004）》阐释4.1.2.

图 2-1 | 沈阳故宫环境

图 2-2 | 南京总统府煦园环境

图 2-3 | 银冈书院现状

急需的紧迫形势下，"一般性"文物建筑保护范围内的土地资源常成为城市觊觎的目标，或因为保护不力已渐被蚕食。保护范围尚且如此，建设控制地带的划定更是常被视若无睹，城市建设项目的跨界现象并不鲜见。

在寸土寸金的城市高密度区，建筑体量在空间维度上的尽量扩张是获得最大可能使用度的普遍做法。而"一般性"文物建筑通常具有规模不大、体量矮小的特点，当这个特点遭遇城市现代建筑时，往往是加剧了建筑尺度感和空间领域感上的巨大反差。这些"一般性"文物建筑处在高楼大厦的环伺包围之中，仿佛陷落在城市的"缝隙"里，成为需要寻找才不至于被遗忘的城市记忆。

（2）布局与单体受损

文物建筑本体虽然得到了一定程度的保护，但由于研究工作的不深或重视程度不够，导致了如建筑布局结构因素的缺失、单体残损后维修的不适当等诸般恶果，不仅破坏了文物建筑本体的完整性，也影响了对于文物建筑真实性的认知。

（3）环境氛围的缺失

2005年10月通过的ICOMOS《西安宣言》突出强调了周边环境对文物建筑保护的重要性，指出文物建筑的周边环境，不仅包括建筑、街道、自然环境等有形文物建筑，还包括社会习俗、精神文化和经济活动等无形文物建筑。[9]换言之，文物建筑的周边环境是展示文物建筑真实性、完整性的重要组成部分。

现代城市发展有一个显而易见的通病：在兼顾效率与需求的同时往往忽略传统文脉的延续，城市生活发生巨大改变的同时也在逐步远离一些世代相传的社会习俗、精神文化。特别是处在高密度城市发展区域的"一般性"文物建筑，更容易陷落在与之体量、风格、比例、

---

9 详见国际古迹遗址理事会（ICOMOS）. 西安宣言，中国西安，2005.

118   天辽地宁 格致探原

色彩等诸多方面不协调的城市环境之中。传统风貌消隐下的城市形态改变，恰恰是文物建筑历史环境氛围营造和展陈的极为不利的外部因素。

（4）观察视廊的破坏

人们往往在历史文物建筑中游走、感受人文历史氛围的同时，会慨叹城市现代建筑不时闯入视域范围的扫兴。其原因无外乎外围城市现代建筑体量的不加控制，突破了文物建筑内部可以接受的观察视廊的尺度限制。此现象在世界文化遗产或全国重点文物保护单位中尚不时出现（图2-1，图2-2），又何况是本文探讨的"一般性"文物建筑？

3 基于展示的"一般性"文物建筑保护

辽宁省省级文物保护单位——铁岭市银冈书院（又名周恩来少年读书旧址纪念馆），是东北地区唯一保存完好的清代书院，迄今已有350多年历史，也是周恩来一生中进入的第一所现代学校，他在此实现了从接受传统私塾教育向现代学校教育的转变。银冈书院现存有东（银园）、中（书院主体）、西（周恩来少年读书纪念馆）三路院落，占地面积约2300平方米。书院四周是耸立的现代住宅、办公、博物馆建筑（图2-3），可以说是前文所描述的现代城市"缝隙"中"一般性"文物建筑的典型实例。

本节即以之为例，基于文物建筑的展示利用要求，逐一解析针对此类文物建筑的合理、有效的保护规划策略。基本步骤为：首先，保护真实、再塑完整，保证历史信息的准确传递和全面表达；其次，整治文物建筑周边环境，确保保护范围和建设控制地带的合法使用，及契合保护对象特征的氛围营造，并合理调控文物建筑外围的城市环境。此举不仅是避免观察视廊的破坏，更关乎文物建筑在城市意义层面上的生存问题。

3.1 真实完整的本体展示

文物建筑的展示，主要是通过自身（包括不可移动和可移动）所携带的历史文化信息的传播，以及保护工作者通过研究整理得出的宣传资料（包括展板、书籍和音像制品等）来进行的。所以，只有保证文物建筑的真实与完整，所提供的信息才有意义。对于处于城市高密度区域中的"一般性"文物建筑，其所面临的问题主要体现在：布局结构的不完整性和构成要素的非原真性。

（1）布局结构的不完整性与再塑

文物建筑整体布局结构的真实与完整主要表现为构成部分的建筑单体、院落以及重要的景观小品的存在情况，其中任何一部分的缺失或者改变，都会造成历史信息不同程度的受损。前期需进行的基础工作为：通过历史文献资料的描述，理清历史发展脉络，并尽可能将重要的历史发展阶段呈现为图像，进行比对研究，判断文物建筑现有遗存的真实度和完整度。

银冈书院由清湖广道御史郝浴创建于顺治十五年（1658），此后至今的历史沿革主要经历了四个阶段。[10]绘制这些阶段性的书院平面并与现状进行对比（图2-4），现存的书院布局结构存在多处缺失：书院西北角的凹入地块，原是书院本体的一部分，目前被住宅楼侵占，并且越过了现有保护范围的地界；东路中部原有瓦房8间，中路轴线上的主要建筑——致知格物之堂（现名郝

---

10 详见李奉佐，等. 银冈书院. 沈阳：春风文艺出版社，1996：199-209.

1、顺治十五年（1658）至康熙十六年（1677）

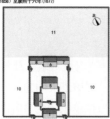

2、康熙四十九年（1710）至雍正末年（~1735）

3、光绪四年（1878）至三十二年（1906）

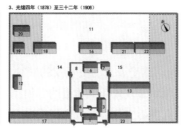

4、现状

银冈书院建筑沿革表

	建筑	建筑功能	修建年代	建筑功能变迁
1	大门一间	大门	顺治十五年（1658）	
2	二门一间	二门	康熙年间	
3	东厢房	家人居住	康熙年间	康熙十六年（1677）设文场于银冈书院前院正房与东西厢房中
4	西厢房	家人居住	康熙年间	
5	正厅三间	讲厅	康熙初年	
6	正室三间（致知格物之堂）	郝浴书房	顺治十五年（1658）	康熙二十二年（1683）郝浴逝世，其书房改为祭堂
7	正室东耳房	郝浴卧室	顺治十五年（1658）	
8	正室西耳房	客房	顺治十五年（1658）	
9	角门	过门	顺治十五年（1658）	
10	菜地		顺治十五年（1658）	
11	园林		康熙十五年（1676）	
12	西院西厢房三间	校舍（具体用途不详）	康熙五十二年（1713）	
13	东院中瓦房八间	讲堂及教员室	雍正十年（1732）	
14	西纸炉		康熙五十三年（1714）	
15	东魁祠		康熙五十三年（1714）	
16	正室后五间	校舍（具体用途不详）	康熙五十二年（1714）	
17	西院倒座十二间	宿舍	光绪三十二年（1906）	
18	西院瓦房五间	讲堂	光绪三十二年（1906）	
19	西院北瓦房两间	沐浴室	光绪三十二年（1906）	
20	西院北瓦房三间	校舍（具体用途不详）	光绪三十二年（1906）	
21	东院北瓦房三间	宿舍	光绪十六年（1890）	
22	东院北瓦房五间	宿舍	光绪四年（1878）	
23	东院倒座五间	宿舍	光绪十六年（1890）	

▓ 本阶段书院新购入地块位置示意
▒ 银冈园林位置示意
▨ 推测本地块原为银冈书院用地

图 2-4 | 建筑历史沿革示意（据李奉佐，等.银冈书院.沈阳：春风文艺出版社，1996：199-209绘制）

公祠）两侧有耳房，皆已不存；郝公祠北侧原有5间房，曾先后作为校舍和饭堂，现址则赫然立着一座玻璃温室；如此诸般，均破坏了文物建筑应当展示的真实和完整。

对于银冈书院西北角侵占保护范围的建筑首先应予清除（图2-5），还原为文物古迹用地，但考虑到目前的实际情况，建议不要简单地修建围墙，将地块直接纳入书院，而是设置成为一个书院与外界环境进行展示交流的缓冲地带。

银冈书院的格局展示，在充分研究和论证的基础上，建议有选择地复建部分原有建筑，如中路的郝公祠两侧耳房和北侧5间房，进一步强化中路轴线，可作为多功能室加强书院文化的展示。此外，还有一个被忽略的重要的历史价值必须提及，即银冈书院是清代流人促进东北地区文化教育事业发展的重要实物资料，是流人文化的典型建筑代表。清代辽宁有大量流人，其中有许多是受过儒学教育的文人、官员，他们带来了中原地区的先进文化，且多数以讲学教书为生，在东北地区产生了重要的影响，书院的创办者郝浴即为贬谪至铁岭的朝廷大员。因此，建议在东路填埋现有水池、拆除水泥花架，复建原有5间瓦房，与南侧9间房共同展示以郝浴为代表的流人文化，并以之为讲堂，举办讲学等公益文化活动，[11]亦符合书院的讲学特点。

西路展示目前以纪念周恩来少年读书为主题，但展示内容偏少；清末民国初，一

书院北侧

书院西侧

图 2-5 | 侵入保护范围的建筑

---

11 2005年8月，银冈书院特邀辽海出版社副总编、硕士生导师于景祥先生，在中路聚英堂（原书院讲堂）内举行讲学活动，是银冈书院自1903年末兴办新式学堂之后的第一次讲学活动，银冈书院自此又恢复了清时的讲学功能。

天辽地宁 格致探原

大批革命志士曾在银冈书院受到良好的启蒙教育，而书院一直未对该内容进行展示，建议统一设置为周恩来及革命志士展示区。从空间上看，目前没有区分管理与游览，不利于展示路线组织，建议在北侧建绿篱，使展陈区与管理办公区分离，同时使该区形成合院式布局（图2-6）。

（2）构成要素的非原真性与还原

如前所述，"一般性"文物建筑常会遇到由于研究工作时不深入或重视程度不够，导致出现一些与本体在建筑风格、建造技术等方面的不相协调，如果不及时地调整修正，将会愈发影响文物建筑历史信息的真实传递。

银冈书院中路轴线上最重要的建筑——聚英堂（原书院讲堂）的内部梁架为桁架结构，不符合中国古代木构建筑的结构特点，显然是在后期的修缮过程中改造而成（图2-7），原真性遭到破坏，且易误导参观者，必须在前期研究充分的前提下，按照当地传统民居做法重新修缮。依据清式营造则例验算，聚英堂现有主要梁柱尺寸基本满足构架要求，建议保留现有平面柱网形制，沿用现六架大梁、檩条及现有步架间距，改六架大梁上桁架结构为抬梁式，六架梁上以瓜柱承四架梁，四架梁上再承双步梁，双步梁上再以脊瓜柱承脊檩（图2-8）。

东路的银园，现代设计倾向严重，水池、绿化等过于规整，建筑过于官式化，与书院整体的民居风格不协调。建议对银园进行重新改造，在理水、叠山、建筑、绿化等方面以东北地区清代园林为参照，力求古朴典雅，表现古代书院园林的意境（图2-9）。文献记载银冈书院原来依托而建的土丘"银冈"位于书院北侧，但具

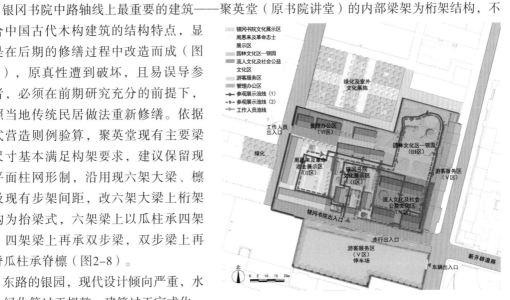

图 2-6 ┃ 展示规划分区与参观流线

图 2-7 ┃ 聚英堂的桁架结构

图 2-8 ┃ 聚英堂的梁架修缮

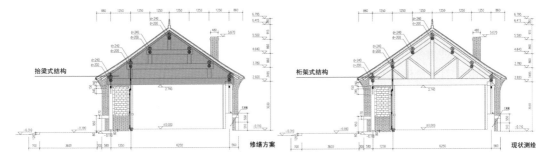

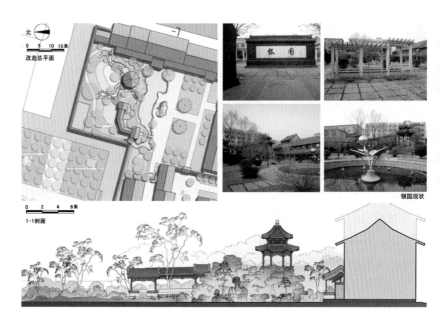

图 2-9 丨银园改造意向

北

0 5 10 15米
改造总平面

银园现状

0 2 4 6米
1-1剖面

体位置尚不清晰[12]，有待考古发掘。而银园改建后将隔于东路北侧，与书院的相对位置关系至少符合文献记载的空间拓扑关系。

3.2 城市环境的展示调控

文物建筑的周边城市环境部分是参观者由现代城市氛围进入文物建筑内部的转换空间，并在此获得对文物建筑的最初印象。这一部分空间应当具有较好的可达性与引导性；同时，应在城市设计的层面尽可能地塑造可以传达文物建筑性格的空间特性。

银冈书院东侧100米处即为城市交通干道文化街，但由于铁岭市博物馆前城市广场（高出城市道路标高0.6米）的阻挡，进出书院区域的车辆只能绕道从书院南侧农贸路或者北侧繁荣路到达，极为不便。为了提高书院周边城市道路的可达性，规划中在铁岭市博物馆南侧新辟东西向车行道，宽9米，长45米，使机动车辆的进出不必绕道。

书院入口前的巷道是城市进入书院的前导空间，应当以一定的建筑景观信息传递来提醒参观者空间氛围的转换。但是目前路南侧的停车场与书院之间没有任何隔离措施，不仅破坏了文物建筑的环境氛围，还造成不必要的视觉污染。解决的办法是拆除停车场水泥栅栏，设置5米宽的绿化隔离带，并在北侧砌筑青砖围墙，采用美观而富有特色的路灯替换现有路灯，塑造书院入口前巷道古朴、宁静的历史氛围（图2-10）。

以上仅是对于银冈书院的道路可达性和周边小环境氛围营造的调控策略，而对于其周边大范围的文物保护缓冲地带（或称之为生存环境）的城市环境调控则更为复杂，需要在合理全面的分析基础上作出，具体操作如下：

（1）利于操作的缓冲区域

调控文物建筑周边的城市环境，普遍采用的做法是在文物建筑外围设立"保护范围"和"建设控制地带"（特殊情况下还会加设"风貌协调区"）。根据《中华人民共和国文物保

12 李奉佐，等. 银冈书院. 沈阳：春风文艺出版社，1996:200.

护法》，保护范围内的土地性质确定为"文物古迹用地"，相应的操作规定亦十分明确，并应按照要求严格执行。对于建设控制地带，则是通过对地带内城市构成要素的高度、风貌、功能等进行控制，以防止文物建筑周边城市环境的无限制蔓延。[13]在以往的文物建筑保护中，建设控制地带的划定通常是以保护区中心为圆点或保护范围为内边界，一定距离为半径向外扩展；就文物建筑周边的城市建筑而言，则相应地遵照内外几重高度递进、力度退晕的控制方法。[14]显然，这样的控制无法有效应对不同形态的文物建筑和周边千差万别的城市条件，而且会常常出现一个街区或一幢建筑被划分成边角余斜的情形，给具体操作带来莫大的障碍。同时，笼统的控制要求更是无法避免或调和文物建筑保护与城市建设之间的矛盾。

银冈书院曾先后两次划定和公布保护范围及建设控制地带，且建设控制地带的划定皆为以保护范围为界向外扩展。[15]其中，保护范围的划定较为全面准确，能有效保护文物建筑，因此维持原有，不作调整；但建设控制地带的可操作性不强，不能准确应对保护要求，建议对其进行调整，以城市用地边界和道路骨架为依据划定合理范围（图2-11），注重文物保护与城市结构之间的空间关系。

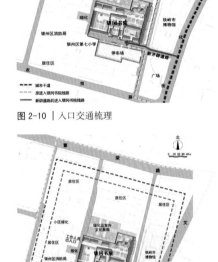

图 2-10 | 入口交通梳理

图 2-11 | 建设控制地带调整

（2）梯度变化的高度控制

为避免观察视廊的干扰和不切实际的城市建设容量限制，对银冈书院周边四个方向分别作视线分析，根据分析结果作出不同的建筑高度控制要求；同时，由于划定的建设控制地带占地面积较大（约8.83公顷），四个方向上的建筑高度控制还采用了梯度变化的方式，分别选取三个参考点（保护范围边界、保护范围与建设控制地带的中点、建设控制地带边界）进行观察和分析（图2-12）。

（3）分批次的渐进式调控

银冈书院周边建筑的空间逼迫感强烈（最近一栋住宅楼距书院北侧围墙仅3米距离），且这些建筑大多建造年代较晚、建筑质量较好，从城市发展的角度来看，不可能在短时间内将这么多

13　《中华人民共和国文物保护法》第十八条，2002年10月28日第九届全国人民代表大会常务委员会第三十次会议通过。

14　潘谷西，陈薇. 历史文化名城中的史迹保护：以南京明故宫遗址保护规划为例. 建筑创作，2006（9）：74.

15　第一次公布：1986年9月25日，铁岭市人民政府下发"铁政办发〔1986〕61号文件"，保护范围为围墙外20米内只能绿化，不得建筑，现有建筑物要逐步拆除；建设控制地带为以围墙为起点，50米内不准建高于9米的建筑物，70米内不准建高于18米的建筑物。第二次公布：1993年4月13日，辽宁省人民政府下发"辽政发〔1993〕8号文件"，保护范围为院内及院墙外，南至影壁南5米，北45米至开发公司后楼南墙基，东21米至市博物馆办公室西山墙西2米，西41米至银州幼儿园西墙西5米以内；建设控制地带为保护范围外50米以内为Ⅲ类建设控制地带，Ⅲ类建设控制地带外70米以内为Ⅳ类建设控制地带。

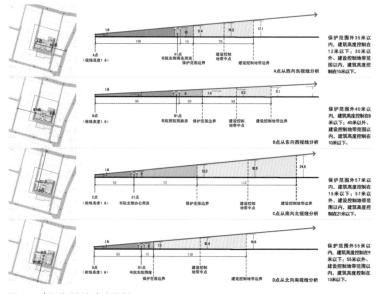

图 2-12｜视线分析与高度控制

的建筑拆除或改建以实现与书院体量、风貌的协调。因此，在对建设控制地带内的建筑作出基于视线分析的高度控制的基础上，进一步采取分批次、渐进式的动态调控策略。

首先，通过现场感受和视线分析确定改造整治对象。以参观者能够到达的书院内最靠近四面边界的位置为视线的起始点，向其对面的围墙或建筑望去，视线通过围墙和建筑的上边线所涉及的外部与书院建筑在体量、风格方面不协调的城市建筑即为改造整治对象。其次关注银冈书院的边界，东侧是具游客服务性质的街道，南侧则是进入书院的入口街道，西侧和北侧亦为重要界面，皆是参观者感受书院历史文化氛围的体验场所，对感官可以触碰到的建筑立面、街道空间氛围等应作出相应调控。

在此基础上，根据周边建筑不符合银冈书院展示要求的严重程度，进行分批次、渐进式的调控。在保护规划的近期实施中，首先拆除书院外围距离最近且在保护范围以内的建筑，完成铁岭市博物馆南侧的东西向道路开辟和书院南侧巷道空间的氛围营造；中期对书院外围距离稍远但对展示视廊造成不良影响的建筑进行立面和屋顶改造（如墙面的色彩、平改坡等），使之与银冈书院风貌协调；远期则根据实际情况对建设控制地带内不符合控制要求的建筑进行改造或重建（如降低高度、置换功能等），对书院以北保护范围内的用地进行合理地规划利用，可设置与银冈书院保护相关的非永久性文化设施，举办一些临时性的文化展示，以丰富银冈书院的文化内涵。

4 结语

文物建筑在得到展示、增进与大众之间的交流、发挥社会价值的同时，也因为不同的类型特征而暴露出具体而复杂的保护工作问题，本文探讨的"一般性"文物建筑即为一类案例。推广来看，文物保护中的展示工作绝不是内容的简单陈列，而是应当通过具有针对性的保护规划编制将其蕴含的特殊历史信息予以系统、完整地传递与表达。换言之，合理有效的展示系统和表达方式是文物保护与价值发挥的必要保证。

保护规划（2010—2029年）：
历史建筑在城市发展进程中的被动式保护

1 保护对象

1.1 银冈书院作为东北地区建院最早、保存最完好的书院的格局及建筑

（1）书院格局：书院由东、中、西三个院落组成，中院为二进庭院式布局，建筑为书院原有建筑遗存，是整个书院建筑群空间的主体；西院为院落式布局，为新建建筑，以纪念周恩来为主题；东院为新建园林，一定程度上反映了书院原有的园林意象，是书院格局的重要组成部分。

（2）书院建筑：中院主要建筑有影壁、大门、东西斋房、讲堂（现名聚英堂）、致知格物之堂（郝公祠）、魁星亭、纸炉；西院主要建筑有周恩来读书教室、周恩来事迹展陈室。

1.2 银冈书院作为革命活动纪念地及周恩来少年读书旧址所承载的历史信息

书院在清末民国初是民主革命者的聚集之所，一大批革命仁人志士在此受到良好的启蒙教育，是一处重要的革命活动纪念地。书院是周恩来一生中进入的第一所学校，是他走上革命道路的关键时期，书院所承载的历史信息有着重要的革命传统教育和爱国主义教育价值。

1.3 银冈书院所反映的清代流人文化

书院由清初流人郝浴开创，在地方教育中发挥了重要作用，是清代流人促进铁岭文化教育事业发展的重要实物资料，是流人文化的典型代表。

2 价值评估

2.1 文物价值

（1）历史价值：书院始建于清顺治十五年（1658），系湖广道御史郝浴所创，至今已有350多年历史，是我国东北地区现存建院最早、保存最完好、比较有代表性的古代书院建筑。书院是清代流人促进铁岭文化教育事业发展的重要实物资料，是流人文化的典型代表。清代辽宁有大量流人，其中有许多是受过儒学教育的文人、官员，他们带来了中原地区的先进文化，多数通文墨的流人以讲学教书为生，促进了该地的文化发展，在东北地区产生了重要的影响。郝浴即为贬谪至铁岭的朝廷大员，他所创建的书院培养了大批人才，促进了该区文化教育事业的发展。

（2）科学价值：书院是清代东北地区教育史的一个缩影，有重要的文物价值，堪称清代东北教育史上的丰碑，是研究东北教育史的重要资料；书院格局、建筑保存完好，是研究清代书院建筑的重要实物资料。

（3）艺术价值：书院的外廊建筑和在室外生火而屋内取暖的设计在一定程度上代表了东北地区的民居建筑特色。

2.2 社会价值

（1）书院在清末民国初是民主革命者的聚集之所，一大批革命仁人志士在此受到良好的启蒙教育，是铁岭市优良革命传统的集中体现，有着重要的革命传统教育和爱国主义教育价值，是一处重要的革命纪念地。

（2）书院是周恩来同志求学道路上的里程碑，他在此实现了从接受传统的私塾教育向现代学校教育的转变，受到了良好的启蒙教育，是他走上革命道路的关键时期。

（3）书院是辽宁省铁岭市的重要历史文化资源、爱国主义教育基地，在保护的前提下，对其进行合理的利用，对提高铁岭市的知名度、提升软实力、促进经济社会发展、构建和谐社会有着重要的意义。

3 现状评估

3.1 保存状况

根据保护工作现状和实地调查情况，对书院的留存现状、完整性、主要破坏因素和破坏速度做出评估（表3-1，图3-1）。

表3-1 | 保存状况评估

名称	材质	保存现状	真实性	完整性	主要破坏因素	破坏速度	延续性	评估等级
大门前影壁	砖	建筑本体保存完整	该影壁建于1996年，较好地反映了书院的格局	保存完整	乱写乱画，雨季底部受积水浸泡	较慢	较好	B
书院大门	砖木	现存三间，保存较好	虽经维修，但较好地保存了原有的风格、规模等，真实性好	保存完整	乱写乱画，屋顶杂草丛生	较慢	好	A
东斋房	砖木	现存三间，保存较好	始建于康熙年间（1662—1722），后虽经维修，但位置、规模、形制等保存较好	保存完整	砖表面风化	较慢	较好	A
西斋房	砖木	现存三间，保存较好，北侧山墙自上至下有一较长裂缝	始建于康熙年间（1662—1722），后虽经维修，但位置、规模、形制等保存较好	保存完整	砖表面风化，山墙存在裂缝	较慢	较好	B
讲堂（现名聚英堂）	砖木	保存较好，内部结构部分发生改变	位置、规模保存较好，但内部梁架改成了桁架结构，真实性受到一定破坏	保存完整	不当修缮	较慢	较好	B
致知格物之堂（现名郝公祠）	砖木	保存较好	虽经维修，但其规模、结构、材质、位置等真实性好，现有建筑能较好地反映其历史信息	完整	—	—	好	A
魁星亭	木	保存较好	虽为2004年新建，但符合古代书院形制，是书院的重要建筑，能反映书院整体格局的完整性	完整	—	—	好	B
纸炉	石	保存较好	虽为2004年新增，但符合古代书院形制，突出了书院的完整性	完整	—	—	好	B

现存主要问题

(1) 乱写乱画：围墙及临街建筑外墙上乱写乱画现象严重。

(2) 排水不畅：影壁底部地面排水不畅，雨季易受积水浸泡；西院及银园室外铺地冻涨现象较严重，地面凹凸不平。

(3) 建筑风貌不协调：周边建筑过高，多为平顶现代楼房，与书院建筑风貌不协调。

(4) 展陈利用：展陈内容单一，没有完整反映银冈书院特色，展陈方式简单，多为静态展示；旅游服务设施较少。

(5) 保护管理：保护说明标识不足，日常管理有待提升。

(6) 环境问题：部分建筑外表存在乱拉电线现象；部分围墙附近存在生活垃圾，周边环境氛围缺失，周围建筑过高，对空间和视线造成干扰。

(7) 交通问题：进入银冈书院的交通流线不顺畅。

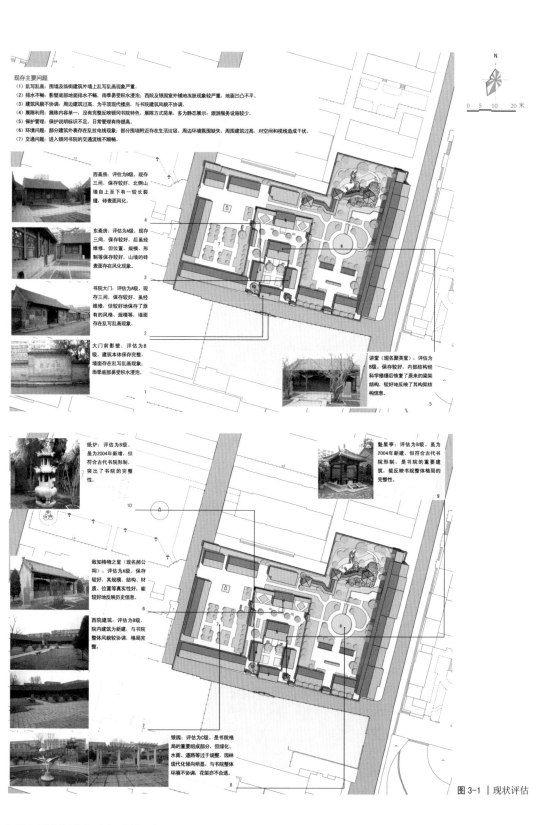

图 3-1 | 现状评估

名称	材质	保存现状	真实性	完整性	主要破坏因素	破坏速度	延续性	评估等级
西院建筑		保存较好，院内建筑风貌较好	为1990年代新建，较好地反映了原来的建筑风貌	完整	室外地面冻胀	中等	较好	B
银园		保存较好	新建，一定程度上反映了书院当时的园林意象，构成了书院格局的重要组成部分，但现代化倾向严重	完整	室外地面冻胀	中等	好	C
评估等级分为三级。A级最高，表示文物本体受到或面临的破坏因素少，历史信息保存完整；B级中等，表示文物本体受到或面临一定破坏因素，但仍保存了大部分历史信息；C级最低，表示文物受到较严重或正面临较严重的破坏，应尽快实施保护措施									

3.2 环境现状

根据保护工作现状和实地调查情况，对书院周边及内部环境、历史环境、环境氛围、安全隐患和噪音噪声做出下列评估（表3-2，图3-2，图3-3）。

表3-2 | 环境现状评估

评估项目	评估内容	评估等级
历史环境	书院内历史信息保存较完整，外部北侧地形因建设房屋遭到破坏	B
环境氛围	书院内建筑较完整，风貌较好，环境氛围好，但存在乱放杂物现象，电线电缆较乱；书院北侧住宅、东侧铁岭市博物馆以及南侧住宅建筑过高，风貌不协调，围墙附近存在部分生活垃圾，破坏了书院环境；入口街道序列空间不完整，影响书院整体环境	B
环境安全隐患	地面排水不畅，冬季冻胀，在一定程度上威胁着文物本体的安全；外墙存在较为严重的乱写乱画现象，造成视觉破坏；西院南侧墙外大树的根系对基础有一定的有破坏	C
噪音噪声	东侧道路存在一定的噪声	B
环境污染	书院附近无污染性厂矿企业，但铁岭市总体环境状况不佳	B
评估等级分为三级。A级最高，表示环境较好，有利于文物的保护和利用；B级中等，表示对文物的保护存在一定影响，不利于文物利用和管理；C级最低，表示严重威胁文物本体安全，应予以及时整治		

3.3 管理评估

对书院的保护管理现状做出下列评估（表3-3）。

表3-3 | 管理现状评估

文物名称	辽宁省铁岭市银冈书院
全国重点文物保护单位公布时间	1988年12月
管理机构	辽宁省铁岭市文化局
现有保护范围	院内及院墙外，南至影壁南5米，北45米至开发公司后楼南墙基，东21米至市博物馆办公室东山墙东2米，西41米至银州幼儿园西墙西5米以内，占地约2.09公顷
现有建设控制地带	保护范围外50米以内为Ⅲ类建设控制地带，占地约3.90公顷；Ⅲ类建设控制地带外70米以内为Ⅳ类建设控制地带，占地约2.12公顷
记录档案	对每次维修、内部展陈、保护研究等都有详细的记录档案
标志说明牌	无管理条例，日常维护、管理有待加强
日常管理	无管理条例，日常维护、管理有待加强
管理评估	B
评估等级分为三级。A级最高，表示最有利于文物的保护和利用；B级中等，表示利于文物的保护和利用；C级最低，表示不利于文物的保护和利用	

3.4 利用评估

对书院的利用现状做出下列评估（表3-4）。

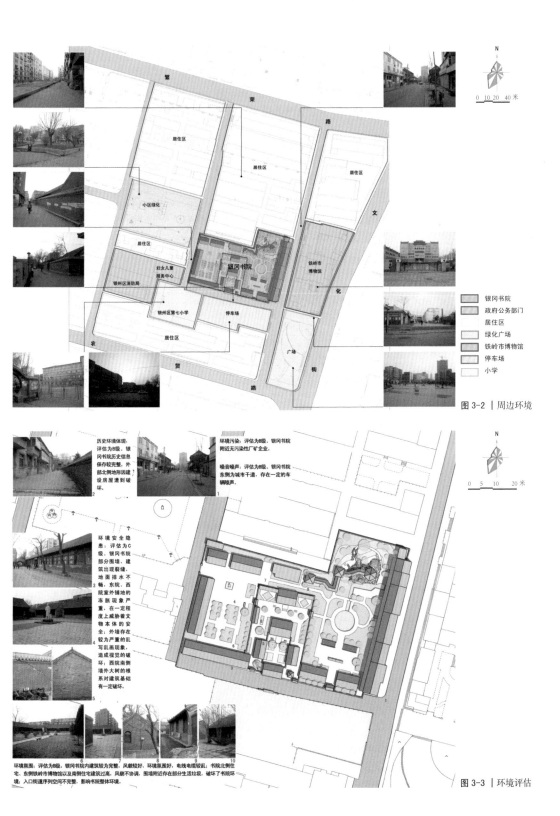

图 3-2 | 周边环境

图 3-3 | 环境评估

表3-4 | 利用现状评估

评估项目	评估说明	级别
现有展陈	书院中院的东西斋房、聚英堂、郝公祠都进行了室内展示，重点介绍书院历史文化、沿革，展示书院历史上培养出的杰出人物和革命志士，介绍书院创始人郝浴其人其事。西院陈列内容以宣传周总理1910年在铁岭读书和1962年视察铁岭为主，兼顾总理一生的宣传和人们缅怀周总理、继承总理遗志及总理在铁岭读书的历史与现实背景的宣传。室内展陈的方式多为静态的图片、实物以及文字介绍，缺乏趣味性和参与性。但书院内缺乏流人文化的展示，未能全体现书院的价值。西院有关周恩来及在书院受到启蒙教育的革命志士的展示不够，且展陈设施与管理办公用房同在一院，不利于游线组织和游客管理	B
本体可看性	书院是东北地区建院最早、保存最好的古代书院建筑，有着重要的历史价值。书院格局完整，中部和西部为四合院布局形式，建筑保存完整，形式优美，外廊在室外生火屋内取暖的设计，匠心独具	A
交通服务条件	书院大门外有一与社会共用停车场，东侧有车行道，但自城市主干道进入书院的交通流线不顺畅	B
游客服务设施	书院内游客服务设施少，无多媒体展陈设施；指示牌、说明牌陈旧且不符合要求；无游客中心，游客不能方便地获得相关资料。中院西侧厕所的设施、卫生条件尚可，银园东北角厕所废弃，整个书院目前仅1处厕所，数量偏少	B
容量控制要求	书院为省级文物保护单位，出于文物安全的需要，应对游客数量进行控制。大量人流不利于管理且易造成空间拥挤感。目前书院没有对游客数量进行控制，随着游客数量的增加，应进行容量控制，确保文物安全和旅游体验效果	C
宣传教育	书院曾组织过多次宣传教育活动：1997年6月15日创办了馆刊《银冈通讯》；1998年初，特编辑出版《周恩来与铁岭》专刊，纪念周恩来百年诞辰；2005年8月，特邀请辽海出版社副总编、硕士生导师于景祥先生，在书院讲堂内举办了讲学活动；2005年9月，成功地召开了"中国铁岭书院学术研讨会"；2006年12月，成立了"铁岭市书院研究会"，编辑出版《书院博览》一书	A
旅游资源	书院目前为省级文物保护单位，辽宁省、铁岭市爱国主义教育示范基地，国防教育基地，辽宁省中共党史教育基地，国家"AAA"级旅游景区，红色旅游精品景点	A

3.5 现存主要问题

（1）乱写乱画：书院围墙及临街的大门、西院前门房等建筑外墙上涂写小广告，乱写乱画，造成视觉污染。

（2）排水不畅：影壁底部地面排水不畅，雨季易受积水浸泡；西院及银园室外铺地冻胀现象较严重，地面凹凸不平。

（3）建筑风貌不协调：银园的亭、廊为黄色琉璃瓦，绿琉璃瓦剪边，并施彩绘，过于官式化，且体量偏大，做工粗糙，与书院原有建筑风貌不符；周边建筑过高，为平顶现代楼房，与书院建筑风貌不协调。

（4）展陈利用：展陈内容单一，没有完整反映书院特色，展陈方式简单，多为静态展示；旅游设施较少。

（5）保护管理：保护说明标识不足，日常管理有待提高。

（6）环境问题：部分建筑外表存在乱拉电线现象；围墙附近存在部分生活垃圾。周边环境氛围缺失，周围建筑过高，对空间和视线造成干扰。

（7）交通问题：从城市主干道文化街进入书院无横向直接连通道路，需经绕行方可进入，交通流线不顺畅。

4 保护区划

4.1 区划原则

（1）根据对书院的现状评估和调研认为政府公布的现有保护范围能满足文物保护需求。

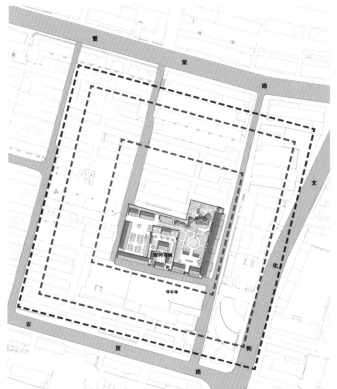

管理评估

本规划对银冈书院的保护管理现状评估结论为B级，"四有"建设比较完备：

（1）保护区划：银冈书院于1988年12月被公布为辽宁省级文物保护单位，并公布了保护范围和建设控制地带，现有保护范围约2.09公顷，Ⅲ类建设控制地带约3.90公顷，Ⅳ类建设控制地带约2.12公顷，根据历史研究和现状调查，保护区划较完整地包括了含有历史信息的历史环境。

（2）记录档案：银冈书院对每次维修、内部展陈、保护研究等都有详细的记录档案。

（3）管理机构：银冈书院有专门的管理机构和管理人员。

（4）标志说明牌：保护标志不足，无保护范围界碑。

（5）日常管理：无管理条例，日常维护、管理有待加强。

原保护范围与建设控制地带：

保护范围：院内及院墙外，南至影壁南5米，北45米至开发公司后楼南墙基，东21米至博物馆办公室西山墙西2米，西41米至银州幼儿园西墙西5米以内。

建设控制地带：保护范围外50米以内为Ⅲ类建设控制地带，Ⅲ类建设控制地带外70米以内为Ⅳ类建设控制地带。

高度控制：Ⅲ类建设控制地带允许建9米以下建筑，Ⅳ类建设控制地带允许建18米以下建筑。

- ■ ■ ■ 原保护范围
- ■ ■ ■ 原Ⅲ类建设控制地带
- ■ ■ ■ 原Ⅳ类建设控制地带

图3-4 | 管理评估

（2）根据保证相关环境的完整性、和谐性的要求，对建设控制地带做出调整建议。

4.2 区划类别

（1）原有保护范围和建设控制地带

书院曾先后两次划定和公布保护范围和建设控制地带（图3-4）。

第一次公布的保护范围与建设控制地带：1986年9月25日，由铁岭市人民政府下发"铁政办发〔1986〕61号文件"，其内容为：银冈书院——周恩来同志少年读书旧址；保护范围：围墙外20米内只能绿化，不得建筑，现有建筑物要逐步拆除；建设控制地带：以围墙为起点，50米内不准建高于9米的建筑物，70米内不准建高于18米的建筑物。新建筑物的色调要与书院的建筑协调，不得破坏和影响书院的环境和风貌。

第二次公布的保护范围与建设控制地带：1993年4月13日，辽宁省人民政府下发"辽政发〔1993〕8号文件"公布省级以上文物保护单位保护范围和建设控制地带，其内容为：银冈书院（铁岭市红旗街）；保护范围：院内及院墙外，南至影壁南5米，北45米至开发公司后楼南墙基，东21米至市博物馆办公室西山墙西2米，西41米至银州幼儿园西墙西5米以内；建设控制地带：保护范围外50米以内为Ⅲ类建设控制地带，Ⅲ类建设控制地带外70米以内为Ⅳ类建设控制地带；按照要求在划定的保护范围和建设控制地带内，禁止任何单位和个人违章建设，对已有的不符合保护规定的建筑，暂时保留现状，不再增建或改建，适当时迁出保护范围。

（2）保护范围

原保护范围划定较为全面准确，能有效保护文物本体，因此维持原有保护范围，不作调整。

（3）建设控制地带

原有建设控制地带根据辽政发〔1993〕8号《关于公布一百五十九处省级以上文物保护单位保护范围和建设控制地带的通知》划分为Ⅲ类建设控制地带和Ⅳ类建设控制地带，并分别对建筑高度进行了控制。实际上两类建设控制地带内的情况基本一样，没有必要进行分类。建设控制地带范围略小，对两类建设控制地带的划定只是简单外扩，缺乏科学分析，可操作性不强。本案在视线分析的基础上，对建设控制地带范围进行适当调整，并重新限定建筑高度。

建议调整后的建设控制地带四至边界为：南至农贸路南侧道路红线，北至繁荣路北侧道路红线，东至文化街东侧道路红线，西至银州区消防局西侧之南北路西侧道路红线；占地面积约8.83公顷（图3-5）。进行视线分析时，以确保在书院内看不到建设控制地带内有过高建筑为原则，对书院周围四个方向不同区域内的建筑高度进行控制，如下：

南侧：保护范围外55米以内，建筑高度控制在9米以下；55米以外、建设控制地带范围以内，建筑高度控制在13米以下；

北侧：保护范围外57米以内，建筑高度控制在15米以下；57米以外、建设控制地带范围以内，建筑高度控制在21米以下；

东侧：保护范围外35米以内，建筑高度控制在12米以下；35米以外、建设控制地带范围以内，建筑高度控制在15米以下；

西侧：保护范围外40米以内，建筑高度控制在8米以下；40米以外、建设控制地带范围以内，建筑高度控制在10米以下。

4.3 规划分区

根据书院的历史格局、空间利用现状，结合本案的基本设想，将规划地块根据不同的保护措施和使用功能进一步划分为六个区域（图3-6，表3-5）：

表3-5 | 规划分区

区域编号	区域名称	保护区划	空间分布	功能定位
I区	书院文化展示区	保护范围	中部二进庭院，包括影壁、大门、东西斋房、讲堂（现名聚英堂）、致知格物之堂（现名郝公祠）、魁星亭、纸炉等	展示书院的历史、书院文化以及相关人物事迹
II区	周恩来及革命志士展示区	保护范围	西院，包括各个展室及院落	纪念周恩来1910年在铁岭读书和1962年视察铁岭的相关情况，展示在书院受到启蒙教育的革命志士事迹
III区	园林文化区——银园	保护范围	东院北部	展现书院园林文化，阐释书院名称由来
IV区	流人文化及社会公益文化区	保护范围	东院中部、南部	展示以郝浴为代表的流人文化，举办社会公益性讲学活动
V区	游客服务区	保护范围、建设控制地带	书院东侧仿古街及南侧停车场	提供停车、旅游纪念品、旅游信息等服务
VI区	管理办公区	保护范围	西院北侧	书院管理人员办公场所
书院东侧仿古街现在虽不归书院管辖，考虑其与书院的密切关系，本案将其纳入书院规划分区之中，统一规划。建议书院在规划中期将其纳入管理范围之内				

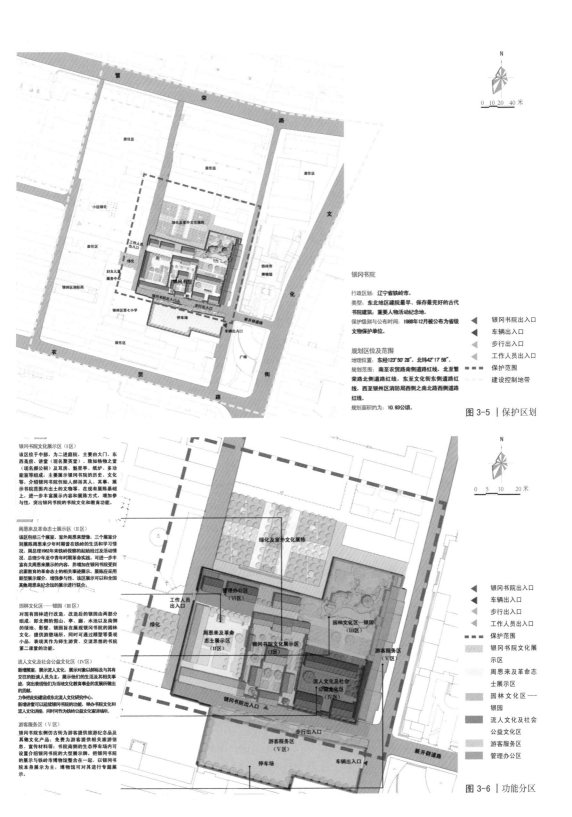

银冈书院

行政区划：辽宁省铁岭市。

类型：东北地区建院最早、保存最完好的古代书院建筑，重要人物活动纪念地。

保护级别与公布时间：1988年12月被公布为省级文物保护单位。

规划区位及范围

地理位置：东经123°50′28″，北纬42°17′58″。

规划范围：南至农贸路南侧道路红线，北至繁荣路北侧道路红线，东至文化街东侧道路红线，西至银州区消防局西侧之南北路西侧道路红线。

规划面积约为：10.93公顷。

图 3-5 | 保护区划

银冈书院出入口
车辆出入口
步行出入口
工作人员出入口
保护范围
建设控制地带

银冈书院文化展示区（I区）

该区位于中部，为二进庭院，主要由大门、东西斋房、讲堂（现名聚英堂）、致如格物之堂（现名郝公祠）及厢房、魁星亭、纸炉、多功能室等构成，主要展示银冈书院的历史、文化等，介绍银冈书院创始人郝浴其人、其事，展示书院陈列内出土的文物等。在现有陈展基础上，进一步丰富展示内容和展陈方式，增加参与性，突出银冈书院的书院文化和教育功能。

周恩来及革命志士展示区（II区）

该区包括三个展室、室外周恩来塑像，三个展室分别展陈周恩来少年时期曾在铁岭的起始经过及活动情况、周总理1962年来铁岭省视察的起始经过及活动情况、总理少年至青年时期革命实践。可进一步丰富有关周恩来的内容，并增加在银冈书院受到启蒙教育的革命志士的相关事迹展示，展陈应采用新型展示媒介，增强参与性。该区展示可以和全国其他周恩来纪念馆的展示进行联合。

园林文化——银园（III区）

对现有园林进行改造，改造后的银园由两部分组成，即北侧的假山、亭、廊、水池以及南侧的绿化地、整整。银园旨在展现银冈书院的园林文化，提供游憩场所，同时可通过雕塑等景观小品，表现其作为师生游宴、交流思想的书院第二课堂的功能。

流人文化及社会公益文化区（IV区）

新增展室，展示流人文化，对象以郝浴及与其有交往的流放人员为主，展示他们的生活及其相关事迹，突出表现他们为当地文化教育事业的发展所做出的贡献。

力争在讲堂可处建设成东北流人文化研究中心。

新增讲堂可延续银冈书院的功能，举办书院文化和流人文化展陈。同时可作为社会公益文化活动场所。

游客服务（V区）

银冈书院东侧仿古街为游客提供旅游纪念品及其他材料等。为游客提供相关旅游信息、宣传材料等；书院南侧的生存停车场内可设置银冈书院的展示与铁岭市博物馆整合在一起，以银冈书院本身展示为主，博物馆可对其进行专题展示。

图 3-6 | 功能分区

银冈书院出入口
车辆出入口
步行出入口
工作人员出入口
保护范围
银冈书院文化展示区
周恩来及革命志士展示区
园林文化区——银园
流人文化及社会公益文化区
游客服务区
管理办公区

5 保护措施

5.1 排水工程

（1）大门前道路地面不平整，影壁前地面低陷，雨后易积水，使得影壁基座浸泡于积水中，影响影壁的安全，因此应结合道路改造排水工程，消除隐患。

（2）西院和东院排水不畅，铺地以下产生积水，容易产生冻胀现象，致使地面凹凸不平，影响书院整体环境。改善西院、东院的排水系统是提高书院内部环境的重要工程之一。

5.2 消除冻胀

东院及西院室外铺地冻胀现象较为严重，土的冻胀是由于土中水分冻结成冰造成的土体积膨胀，可见水分是冻胀的首要条件，土中水分的多少是影响冻胀的基本因素。土中水的重要来源是大气降水、各种排水，因此要消除冻胀现象首先要做好排水系统。除此之外，还可采取以下措施消除冻胀现象：

（1）对当地的土质、气温及地下水进行调查，通过科学方法确定冻结深度，然后根据冻结深度确定置换深度，采用非冻胀材料换填冻胀性土。

（2）采用含钠或含钙的盐类使土产生盐渍作用，增加土壤的抗水性能。

（3）随着科学技术的进步必将产生更多消除冻胀的方法，在方法选择上应坚持科学、有效、经济的原则。

5.3 防护加固工程

（1）在监测的基础上，定期对书院内的建筑构件及整体的可靠性进行鉴定与评估，制定预防性保护方案，确保文物安全。

（2）在可靠性鉴定与评估的基础上，针对破坏原因进行合理的结构加固和耐久性保护。

（3）制定预防、整治虫害方案，新购入的建筑材料均应作防腐处理。

（4）增强消防设施，电线、电缆设置应当尽量隐蔽，并套PVC管保护。定期检查，以防线路老化。

（5）对东西斋房山墙及书院围墙等进行加固，采取补砌、局部支护加固等方式消除裂缝。

5.4 清理工程

（1）对西院前门房南侧以及其他建筑附近的大树根系是否破坏建筑基础进行检测研究，并根据结果采取适当的处理方式。

（2）书院内部及围墙附近多处堆有生活垃圾、建筑垃圾、杂物等，严重影响了环境，应及时清理，以美化环境。

5.5 修缮聚英堂梁架

（1）聚英堂现存内部梁架为桁架结构，这种现代的结构形式显然是在后期的修缮过程中被改造而成。其结构不符合中国古代木构建筑的结构特点，原真性遭到破坏，且易误导观览者，因此本案建议在前期研究充分的前提下，按照当地传统民居做法修缮聚英堂梁架。

（2）修缮工程应当对现有木构件、砖瓦等加以评估，尽量延用原有材料，对于的确需要更

天辽地宁 格致探原

换的建筑构件应当以原材料、原工艺加工，并满足可识别性的要求。

（3）构件（梁、柱）的比例、尺度应据本地区清代常见的构件比例，并对整体结构稳定性加以检测，如不能满足稳定性要求，则可在不影响观瞻的前提下，采取适当的加固措施。

（4）修缮工程不应对文物建筑本体等造成损坏，经过安全评估确认后，方可进行。

（5）对于修缮方案的建议：依据清式营造则例验算，聚英堂现有主要梁柱尺寸基本满足构架要求，因此本案建议保留现有平面柱网形制，沿用现六架大梁、檩条及现有步架间距，改六架大梁上桁架结构为抬梁式，六架梁上以瓜柱承四架梁，四架梁上再承双步梁，双步梁上再以脊瓜柱承脊檩。

5.6 拆除保护范围内建筑

（1）凡位于保护范围内，对本体或环境造成破坏或不利影响的建筑物、构筑物、设施等应根据实际情况，予以拆除。

（2）建筑拆除后，其用地性质应确定为"文物古迹用地"，可用作绿化、室外文化展览或其他非永久性文化设施，其建设必须符合保护范围的相关要求，并须经相关部门同意。

（3）工程的实施不得破坏保护范围内的道路格局走向、树木、环境等；拆除前应制订科学合理的实施计划，妥善安排原居民及相关单位，做好拆迁补偿工作；施工方案须经相关部门安全认定，确保不会危害现有房舍及周边环境后方可实施（图3-7）。

6 环境规划

6.1 书院文化展示区（I区）环境整治工程

该区是再现书院文化的核心展示区，保留了二进式院落布局和建筑，该区环境整治应以恢复和体现历史环境为基本要求，展现古代书院的文化环境氛围。

根据历史研究，康熙四十九年（1710）至周恩来在书院读书期间，致知格物之堂后面原有5间房屋，曾先后作为校舍和饭堂。故拆除现有温室，复建原来5间房屋，进一步强化中院的中轴线，可作为多功能室加强书院文化的展示。康熙四十九年（1710）至雍正末年（1735）期间，致知格物之堂两侧各有耳房一间，据此重建，以恢复书院原有格局。

6.2 周恩来及革命志士展示区（II区）环境整治工程

该区以纪念周恩来少年读书为主题，环境整治的重点是消除冻胀现象，重新铺设室外铺地。在现有周恩来塑像的基础上进一步通过建筑小品、雕塑等加强室外氛围。

目前西院对周恩来的展示设施偏少，且没有区分管理空间与游览空间，不利于游客的管理和游线组织。清末民国初，一大批革命志士曾在书院受到良好的启蒙教育，而目前缺少对该内容的展示。在西院西侧增建建筑，除用来增加周恩来展陈内容外，增加在书院受到启蒙教育的革命志士事迹的展示。在北侧建围墙，使展陈区与管理办公区分离，同时使该区形成合院式布局。

6.3 园林文化区——银园（III区）环境整治工程

现有园林现代化倾向严重，园内水池、绿化等过于规整，建筑过于官式化，与书院整体环境不协调。建议对银园进行重新改造，在理水、叠山、建筑、绿化等方面以东北地区清代园林为参照，力求古朴典雅，表现古代书院园林的意境。

历史记载园林位于书院北侧，但具体位置尚不清晰，有待考古发掘。园林改建后隅于东园北侧，其与书院的相对位置关系符合历史记载。以围墙与南面的流人文化展示区相隔，进一步加强了园林的意境。

6.4 流人文化及社会公益文化区（Ⅳ区）环境整治工程

填埋现有水池，拆除水泥花架，增建展室，与南侧9间房共同展示以郝浴为代表的流人文化；增建讲堂，举办讲学等公益文化活动。

北侧建围墙，以分隔该区与园林文化区，同时与南侧9间房及新增展室、讲堂形成合院式布局。

6.5 游客服务区（Ⅴ区）环境整治工程说明

书院东侧仿古街现有功能较杂乱，无统一主题，与书院缺乏呼应，对其进行整治后可作为销售特色旅游纪念品、文化产品等的游客服务区和铁岭市文化市场。加强书院与铁岭市博物馆的联系，协调两者建筑风貌，整合两者功能，利用博物馆扩展书院的展示。

现有停车场与社会共用，不利于管理。停车场无绿化，景观差，北侧水泥栅栏不能与书院南侧形成围合，使得书院入口序列不明显。建议建设生态停车场，改水泥栅栏为青砖墙（图3-8）。

7 展示规划

7.1 展示分区

（1）书院文化展示区（Ⅰ区）：该区位于中部，为二进庭院，主要由影壁、大门、东西斋房、聚英堂、郝公祠、魁星亭、纸炉等组成，主要展示书院的历史文化等，介绍书院创始人郝浴其人、其事，展示与书院相关的文物等。在现有展陈基础上，进一步丰富展示内容和展陈方式，增加参与性，突出书院的书院文化和教育功能。

（2）周恩来及革命志士展示区（Ⅱ区）：该区包括三个展室、新增展室和室外周恩来塑像，三个展室分别展陈周恩来少年时期曾在铁岭的生活和学习情况、周总理1962年来铁岭视察的起始经过及活动情况、总理少年至中青年时期革命实践。新增展室可进一步丰富有关周恩来展示的内容和形式，并增加在书院受到启蒙教育的革命志士的相关事迹展示。展陈应采用新型展示媒介，增强参与性。该区展示可以和全国其他周恩来纪念馆的展示进行联合。

（3）园林文化区——银园（Ⅲ区）：对现有园林进行改造，园林区集中到北侧，改造后的银园主要由假山、亭、廊、水池等组成。银园旨在展现书院的园林文化，提供游憩场所。同时可通过雕塑等景观小品，表现其作为师生游赏、交流思想的书院第二课堂的功能。

（4）流人文化及社会公益文化区（Ⅳ区）：新增展室，展示流人文化，展示对象以郝浴及与其有交往的贬谪人员为主，展示他们的生活及其相关事迹，突出表现他们为当地文化教育事业的发展所做出的贡献。展示媒介应多样化，不仅有平面的静态展示，亦应有动态

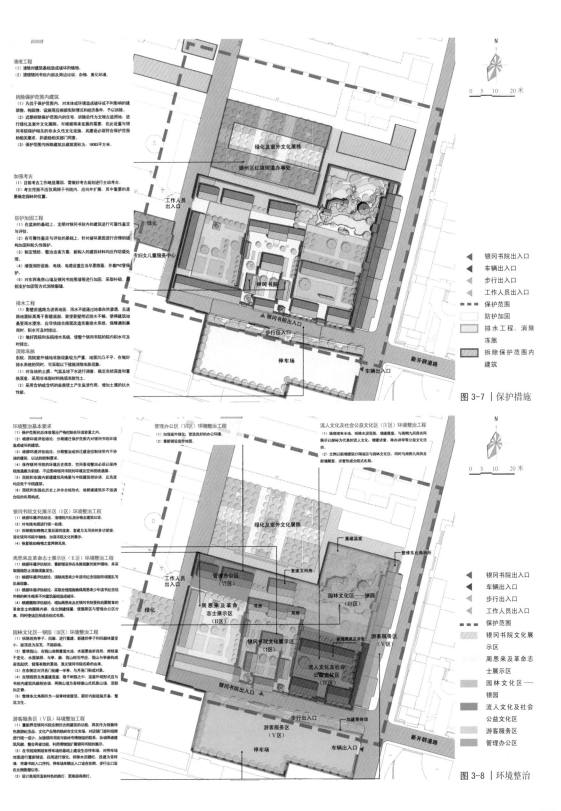

清理工程
(1) 清除对建筑物基础造成破坏的植物。
(2) 清理银冈书院内部及周边垃圾、杂物，美化环境。

拆除保护范围内建筑
(1) 凡位于保护范围内、对本体或环境造成破坏或不利影响的建筑物、构筑物、设施等应根据实际情况和经济条件，予以拆除。
(2) 近期拆除保护范围内的住宅，拆除后作为文物占地用地，进行绿化及室外文化展陈，可根据将来发展的需要，在此设置与银冈书院拆除保护相关的非永久性文化设施，其建设必须符合保护范围的相关要求，并经相关部门同意。
(3) 保护范围内拆除建筑总建筑面积为：18063平方米。

加强考古
(1) 目前考古工作略显滞后，需做好考古规划并主动考古。
(2) 考古范围应不应仅局限于书院内，应向外扩展，其中重要的是要稳定园林的位置。

防护加固工程
(1) 在监测的基础上，定期对银冈书院内的建筑进行可靠性鉴定与评估。
(2) 在可靠性鉴定与评估的基础上，针对破坏原因及合理的结构加固和加固保护。
(3) 制定预防、整治虫害方案，新购入的建筑材料均应作防腐处理。
(4) 增强内防设施。电线、电缆设置应当尽量隐蔽，并套PVC管保护。
(5) 对东西南厢山墙及银冈书院围墙进行加固，采取补砌，并以勾护加固等方式消除裂缝。

排水工程
(1) 整修前道路为沥青地面，雨水不能通过地表自然渗漏，且道路地基距离高于新砌路径，致使影响附近地水不畅，使得遇到大雨地基受雨水浸泡，应尽快结合路面改造安置排水系统，保障遇到暴雨时，积水可及时排出。
(2) 修复西院和东院排水系统，使整个银冈书院内院内积水可及时排出。

消除冻胀
东院、西院室外铺地冻胀现象较为严重，地面凹凸不平、在勾好护排水系统的同时，可采取以下措施消除冻胀。
(1) 对当地的土质、气温及地下水进行调查，确定冻胀深度及置换深度，采用非冻胀材料换填冻胀土层。
(2) 采用含钠或含钙的盐类使土产生盐渍作用，增加土壤的抗水性质。

图 3-7 | 保护措施

■ 银冈书院出入口
■ 车辆出入口
■ 步行出入口
■ 工作人员出入口
▬ 保护范围
□ 防护加固
▨ 排水工程、消除冻胀
▨ 拆除保护范围内建筑

环境整治基本要求
(1) 保护范围的总体面貌应严格控制在环境容量之内。
(2) 根据环境评估结论，分阶段拆迁保护范围内银冈书院环境造成破坏的建筑等。
(3) 根据环境评估结论，分期整治或拆建设控制地带内与环境不协调的建筑，以达到控制整要求。
(4) 西院和东院内新建建筑与中院建筑相协调，且高度应均匀低于中院建筑。
(5) 西院和东院在历史上并非合院形式，故新建建筑并不强调合院的布局构成。

银冈书院文化展示区（I区）环境整治工程
(1) 根据环境评估结论，清理院内扰动物及建筑环境。
(2) 对光线电缆进行统一处理。
(3) 拆除效如特整化厅室后室的装置，发挥作为五项房的多功能室，强化银冈书院中轴线地位，加强其文化的展示。
(4) 恢复致知特整化室内院环境。

周恩来及革命志士展示区（II区）环境整治工程
(1) 根据环境评估结论，重新铺设作东院地面，并采取措施消除冻胀现象发生。
(2) 根据环境评估结论，清除周恩来少年读书纪念馆院落外围绕圈杂乱与其他建筑环境相协调的木格栏杆或建筑基础造成破坏。
(3) 根据环境评估结论，增加周恩来及银冈书院展示受到院的展示内容。在创建延革命志士的展示内容，在东侧建新室，使展示区与管理办公区分离，同时便使区间紧密组成合院式布局。

园林文化区——银园（III区）环境整治工程
(1) 拆除现有亭子、回廊，进行修复。新建的亭子可回廊体量要小，混泥土为灰瓦，不易影响。
(2) 重建假山。假山侧重叠水外漏、水面要素自然流畅、岸线更于变化、假石重整假石堆，恒山假与园。假山与举证构成高低起伏、错落有致的景观。置天复园书院经验的山体。
(3) 在东侧正对对另厅处建一半亭、与另厅形成应对。
(4) 在园内选为鱼草捷道足，稳于树林之上、园室外观现现应与书院内建筑风貌相协调、两侧山亭含冷山瓦色洗面山式、顶部叠加翠。
(5) 整修东北角周所为一层青砖珑厕所，院所内部整施齐备，整流卫生。

游客服务区（V区）环境整治工程
(1) 重新界定银冈书院东的铺建筑功能，将其作为铺销售色纪念品、文化介绍服务的销售室文化市场，对店铺门窗规划进行行统一化，加强铺网与传统街市铺规协调，协调构建与铺体环境的整治面貌。利用铺房设施为游客提供方便。
(2) 在东院南侧室外停车场地上建设生态停车场，停车场地面进行硬质重新铺设，面向铺入到入口停车场、停车场东侧入口设在东侧，步行出口设于西侧。
(3) 设计美观而富有特色的路灯，更换陈旧电灯。

管理办公区（VI区）环境整治工程
(1) 加强室内外绿化，营造良好的办公环境。
(2) 重新铺设室外地面。

流人文化及社会公益文化区（IV区）环境整治工程
(1) 铺设现有水地，拆除水泥铺面，与南侧九项院内展示以部制为代表的流人文化，增建讲堂，举办讲学等公益文化活动。
(2) 北侧以新增建筑分隔展区与园林文化区，同时与南侧九项院及新增展室、讲堂形成合院式布局。

图 3-8 | 环境整治

■ 银冈书院出入口
■ 车辆出入口
■ 步行出入口
■ 工作人员出入口
▬ 保护范围
▨ 银冈书院文化展示区
▨ 周恩来及革命志士展示区
▨ 园林文化区——银园
▨ 流人文化及社会公益文化区
▨ 游客服务区
▨ 管理办公区

立体展示，增加参与性。展示内容除流人文化外，与其相关的知识也应展示，如清初的流刑等。展示人物以与书院有关的流人为主体，同时可扩展到铁岭市乃至整个东北地区流人的展示。新增讲堂可以延续书院的功能，举办书院文化和流人文化讲座等，同时可作为铁岭公益文化宣讲场所。

（5）游客服务区（V区）：书院东侧仿古街为游客提供旅游纪念品及其他文化产品；免费为游客提供相关旅游信息、宣传材料等；书院南侧的生态停车场内可设置介绍书院的大型展示牌。把书院的展示与铁岭市博物馆整合在一起，以书院本身展示为主，博物馆可对其进行专题展示。

7.2 展示路线

（1）流线一：大门—东西斋房—讲堂（现名聚英堂）—致知格物之堂（现名郝公祠）—流人文化及社会公益文化区—银园—周恩来及革命志士展示区—大门。

（2）流线二：大门—东西斋房—讲堂（现名聚英堂）—周恩来及革命志士展示区—致知格物之堂（现名郝公祠）—银园—流人文化及社会公益文化区—大门。

（3）游览方式：书院尺度和氛围适宜步行游览；工作人员从西侧偏门出入书院，与主要游线相分离（图3-9）。

7.3 容量控制（表3-6）

表3-6 ｜ 建筑本体与展示分区容量计算

名称		计算面积 （平方米）	计算指标 （平方米/人）	瞬时容量 （人/次）	周转率 （次/日）	日游人容量 （人次/日）	年游人容量 （万人次）
书院 文化区	室内	316	15	21	5	105	2.14
	室外	1060	50	21	5	105	2.14
园林文化区—银园		1280	50	25	5	125	2.55
流人文化及社会公益文化区		140	15	9	5	45	0.92
周恩来及革命 志士展示区	室内	687	15	46	5	230	4.69
	室外	1433	50	29	5	145	2.96
总计		4916	—	151	—	755	15.40

计算游人容量采用面积法；考虑书院的维修、布展、休假及管理人员学习等情况，年开放天数按340天计；为确保文物建筑不因过度开发而受损，规划暂定系数为0.6。算式：年游人容量＝日游人容量×340天×系数0.6

7.4 交通组织

（1）道路调整：书院东侧为7米宽的车行道，该道路北达城市干道繁荣路，南通城市干道农贸路；西侧为6米宽道路，北接繁荣路；南侧为步行路，西端有月亮门。道路现状最大的问题是与东侧的城市干道文化街不能直接连通，使得进入书院的交通流线不顺畅。调整方法为：在铁岭市博物馆南侧新辟东西向车行道，宽9米，长45米，使机动车辆可以从文化街方便地到达书院。加强书院大门前道路及东侧道路绿化，选择当地特色行道树。建议重新铺设书院大门前道路，铺地风格与书院内相协调。

（2）停车场：在现有停车场处建设生态停车场，四周进行绿化，停车场面积约2500平方米，可停放车辆40辆（图3-10）。

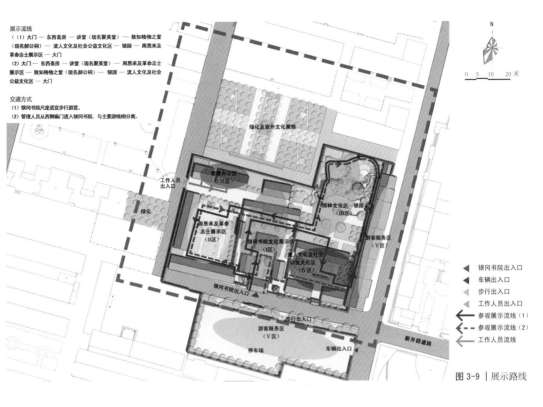

展示流线

（1）大门 → 东西斋房 → 讲堂（现名聚英堂）→ 致知格物之堂
（现名郡公祠）→ 流人文化及社会公益文化区 → 银园 → 周恩来及
革命志士展示区 → 大门

（2）大门 → 东西斋房 → 讲堂（现名聚英堂）→ 周恩来及革命志士
展示区 → 致知格物之堂（现名郡公祠）→ 银园 → 流人文化及社会
公益文化区 → 大门

交通方式

（1）银冈书院尺度适宜步行游览。
（2）管理人员从西侧偏门进入银冈书院，与主要游线相分离。

图 3-9 | 展示路线

市政基础设施调整建议

道路规划

（1）对现有的道路进行部分调整，以形成便捷通畅的道路系统。
（2）在铁岭市博物馆南侧开辟东西向车行道，宽30米，长45米，使机动车辆可以从文化街直接到达银冈书院。
（3）加强对银冈书院大门前道路及东侧道路绿化，选择当地特色行道树。
（4）建议重新铺设银冈书院大门前道路，铺地风格与书院内相协调。

停车场规划

在现有停车场处建设生态停车场，四周进行绿化。停车场面积约2500平方米，可停放车辆40辆。

排水规划

改进现有排水设施，使得地面积水可迅速排走。实现雨污分流，污水排放接入城市排污系统。

电力规划

（1）电力线路要以不破坏文物本体和环境氛围为前提，应拆除破坏视线通廊的电线杆，整理室外电线，尽显将其隐蔽。
（2）展示区内的管理用房和展陈室等重点、集中的供电区设双路供电。

电信规划

（1）电信线路应以不破坏文物本体及视觉环境为前提。
（2）在管理用房和展示服务区等处开办国际、国内长途直拨电话。
（3）有通信的线路应尽可能地采用电缆管道沿规划区道路埋地敷设。
（4）监视监控线路的设置应尽显隐蔽。

图 3-10 | 市政基础
设施

图例：
▲ 银冈书院出入口
◀ 车辆出入口
◀ 步行出入口
◀ 工作人员出入口
━ ━ ━ 城市干道
━ ━ ━ 原进入银冈书院线路
━━━ 新辟道路后进入银冈书院线路
银冈书院大门前道路
停车场

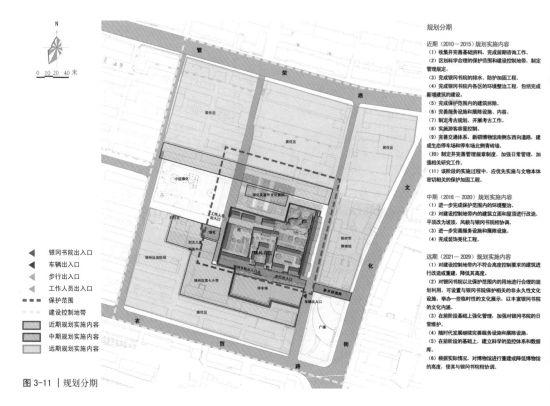

规划分期

近期（2010－2015）规划实施内容
（1）收集并完善基础资料，完成前期咨询工作。
（2）区划科学合理的保护范围和建设控制地带，制定管理规定。
（3）完成银冈书院的排水、防护加固工程。
（4）完成银冈书院内各区的环境整治工程，包括完成新增建筑的建设。
（5）完成保护范围内的建筑拆除。
（6）完善服务设施和展陈设施、内容。
（7）制定考古规划，开展考古工作。
（8）实施游客容量控制。
（9）完善交通体系，新辟博物馆南侧东西向道路，建成生态停车场和停车场北侧青砖墙。
（10）制定并完善管理规章制度，加强日常管理，加强相关研究工作。
（11）该阶段的实施过程中，应优先实施与文物本体密切相关的保护加固工程。

中期（2016－2020）规划实施内容
（1）进一步完成保护范围内的环境整治。
（2）对建设控制地带内的建筑立面和屋顶进行改造，平顶改为坡顶，风貌与银冈书院相协调。
（3）进一步完善服务设施和展陈设施。
（4）完成装饰亮化工程。

远期（2021－2029）规划实施内容
（1）对建设控制地带内不符合高度控制要求的建筑进行改造或重建，降低其高度。
（2）对银冈书院以外保护范围内的用地进行合理的规划利用，可设置与银冈书院保护相关的非永久性文化设施，举办一些临时性的文化展示，以丰富银冈书院的文化内涵。
（3）在前阶段基础上强化管理，加强对银冈书院的日常维护。
（4）随时代发展继续完善服务设施和展陈设施。
（5）在前阶段的基础上，建立科学的监控体系和数据库。
（6）根据实际情况，对博物馆进行重建或降低博物馆的高度，使其与银冈书院相协调。

图例：
◀ 银冈书院出入口
◀ 车辆出入口
◀ 步行出入口
◀ 工作人员出入口
--- 保护范围
--- 建设控制地带
■ 近期规划实施内容
■ 中期规划实施内容
■ 远期规划实施内容

图 3-11｜规划分期

8 分期规划

本案的规划期限设定为20年（2010—2029年），规划的建设与改造内容分为：第一阶段6年（2010—2015年），第二阶段5年（2016—2020年），第三阶段9年（2021—2029年）（图3-11）。

8.1 第一阶段（2010—2015年）规划实施内容

（1）收集并完善基础资料，完成前期咨询工作。

（2）区划科学合理的保护范围和建设控制地带，制定管理规定。

（3）完成书院的排水、防护加固工程。

（4）完成书院内各区的环境整治工程，包括完成聚英堂梁架修缮工程、新增建筑的建设。

（5）完成保护范围内的建筑拆除。

（6）完善服务设施和展陈设施、内容。

（7）制定考古规划，开展考古工作。

（8）实施游客容量控制。

（9）完善交通体系，新辟博物馆南侧东西向道路，建成生态停车场和停车场北侧青砖墙。

（10）制定并完善管理规章制度，加强日常管理，加强相关研究工作。

（11）该阶段的实施过程中，应优先实施与文物本体密切相关的保护加固工程。

天辽地宁 格致探原

8.2 第二阶段（2016—2020年）规划实施内容

（1）进一步完成保护范围内的环境整治。

（2）对建设控制地带内的建筑立面和屋顶进行改造，平顶改为坡顶，风貌与书院相协调。

（3）进一步完善服务设施和展陈设施。

（4）完成装饰亮化工程。

8.3 第三阶段（2021—2029年）规划实施内容

（1）对建设控制地带内不符合高度控制要求的建筑进行改造或重建，降低其高度。

（2）对书院以北保护范围内的用地进行合理的规划利用，可设置与书院保护相关的非永久性文化设施，举办一些临时性的文化展示，以丰富书院的文化内涵。

（3）在前阶段基础上强化管理，加强对书院的日常维护。

（4）随时代发展继续完善服务设施和展陈设施。

（5）在前阶段的基础上，建立科学的监控体系和数据库。

（6）根据实际情况，对博物馆进行重建或降低博物馆的高度，使其与书院相协调。

西炮台遗址——晚清海防体系的时空节点与多样性选择

概况：营口市西炮台遗址（国保）

军事运作角度下的"军事工程"类遗址的真实性与完整性构建

保护规划（2010—2030年）：晚清海防体系的时空节点与多样性选择

概况：营口市西炮台遗址（国保）

营口市西炮台遗址（以下简称：西炮台）位于营口市西郊辽河入海口的左岸，西面临海。始建于1881年，竣工于1888年，是第二次鸦片战争后清王朝修筑的重要海防工程之一。中日甲午战争中，清军曾在这里阻击日军，是中国人民坚强不屈、抵御外侮的见证。2004年，被辽宁省国防教育委员会命名为省级国防教育示范基地（图1-1）。

全台呈"凸"字形，占地面积85000平方米，由炮台、围墙、护台濠以及兵营库房遗址等组成。在西面靠围墙处正中有主炮台，南北两侧各有一小炮台。三个入口均在围墙的东面，正中对着大炮台的为正门，开在围墙外凸处，两侧各开一个旁门。门外30米处各修影壁一座，原为夯筑，现已不存。有炮台基址两处，分别设在南北围墙转折处。台院内在南北两个小炮台的旁边有两个水塘，曾在水塘中发掘出瓷碗、瓷罐、炮弹等遗物。护台濠随围墙弯折环绕一周，长约1000米。西面围墙随辽河湾转呈扇面形，周长800余米。炮台顶上周围筑有矮墙，墙下有暗炮洞8处，军械库、弹药库原在台下。炮台内原筑有兵营200余间，置各种大小炮共52尊（图1-2）。

1 历史沿革（表1-1）

表1-1 │ 西炮台遗址历史沿革及大事记

时间	事件
19世纪	营口西炮台始建于光绪七年（1881），竣工于光绪十四年（1888）（一说竣工于光绪十二年（1886），见李鸿章《李文忠公全集》奏稿五十八，今考光绪十二年后应仍有后续工程）。该炮台是第二次鸦片战争后清王朝修筑的重要海防工程之一，至今已有一百多年的历史。中日甲午战争时，清军曾在这里顽强地抗击日本侵略者。《营口县志·历兵事节略》记载："正月末，日军连陷大石桥，太平山诸要地，二月日人欲进陷营口夺我炮台，海防练军营管带乔干臣率兵五百人发炮猛击，日兵不得逞，复派兵百余人，由埠东渡辽河潜入，干臣度不能守，亦退走田台台。"
1963年9月30日	被原辽宁省人民委员会公布为省级文物保护单位，营口市人民委员会委托营口造纸厂苇田科予以保护（营口造纸厂苇田科在此经营管理苇田）。1969年，营口市财贸干校曾在炮台院内建立了瓦房30余间作鸡舍或办公用址。1970年，造纸厂苇田科全面接管，又建办公室30余间，并在原兵营旧址上建立了厂房、车库等10余间
1986年	营口市文物管理委员会办公室向有关部门请示，建立西炮台文管所，1987年3月经市编委批准，正式建立文管所，加强了西炮台的保护管理。文管所建立后，着手迁出造纸厂苇田科，扒掉了苇田科的违章建筑60余间，清除了垃圾及杂草杂树
1987年2月	由于营口西炮台遗址自然景观、文物景观保护较好，1987年2月，珠江电影制片公司《大清炮队》摄制组在此拍摄了外景。并经省文化厅同意，拆除了主炮台上的当代水泥建筑—瞭望楼一座，恢复了主炮台的原貌
1986年12月22日	营口市政府公布西炮台的保护范围及建设控制地带
1988年春至夏	清理了台院内的两个水塘
1991年5月	营口市政府责成营口市文化局向省文化厅请示，经省文化厅批准，对西炮台遗址进行保护性整修工程，清理了护台濠1000余米，清理了大小炮台3座及部分马道，整修了甬路7条
1991年	对全台及外围重点部位进行勘探，在四周围墙内上皆发现旧房址
1992年春	对炮台内外进行了绿化，种植了草坪，并修建了9间仿清建筑，开办了陈列展览。1992年6月，对炮台大门地基进行了发掘；1992年8月，修建了大门，堵住了围墙豁口处，并正式对外开放
1996年	被命名为省级爱国主义教育基地

天辽地宁 格致探原

续表

时间	事件
1998年	被确定为省国防教育基地。同年，对主炮台挡墙进行修复，本着"修旧如旧"的原则，仿清代"三合土"夯筑工艺，颜色与质地吻合古迹的原貌
2000年	恢复南兵营11间，共312平方米，作为西炮台历史陈列馆
2002年	修复南北两座副炮台，并成功举办西炮台历史陈列展
2004年	被辽宁省国防教育委员会命名为省级国防教育示范基地
2006年5月	被国务院公布为全国第六批重点文物保护单位

2 不可移动文物

2.1 炮台

西炮台内有炮台三座，一大二小，大炮台位于围墙内前中间，与大门相对，台通高8.7米，分三层。第一层台座长52米，宽54米，高2米；第二层为台身，长44米，宽43米，高4.7米。炮台顶四周加筑矮墙，高2米，矮墙下周围有暗炮眼8处，墙内的南北接筑三条东西排列的短墙，相互对称，战时为掩体。台东有一条长62米、宽9米至13米的坡道通达台上。在大炮台南北二侧间距35～40米各筑小炮台一座，台面平式，大小形制基本相同，台长16米，宽14米，高4.7米，台东各有一条长约24米、宽4米的坡道通其上。炮台由白灰、黄土、黑土混合夯筑而成（图1-3）。

2.2 围墙

围墙随辽河湾转呈扇面形，两角各设炮楼一个，现存高4米，墙上设有马道，周长850余米。

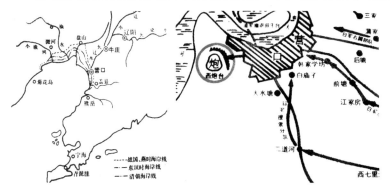

图1-1 | 营口地理位置及甲午战争中营口失守形势（西炮台文物管理所提供）

图1-2 | 营口西炮台历史资料组图（西炮台文物管理所提供）
(1)"营口图示"中的西炮台
(2)日军占领炮台后修建的瞭望楼

(1) 通达主炮台之上坡道

(2) 主炮台侧面

(3) 主炮台之上的大炮和
矮墙

(4) 小炮台侧面

(5) 俯瞰小炮台

图1-3 │炮台现状组图-1

(1) 大门

(2) 围墙和护台濠

(3) 水塘

(4) 陈列室

图1-4 │炮台现状组图-2

南、北、西墙上架炮,墙下设暗炮眼。墙分矮墙和马道两部分。矮墙宽2.25～3米,马道宽
4～6米,现存高5～6米。西围墙、南北两面围墙的西端为白灰、黄土、黑土混合夯筑而成。南北
围墙东段及东面围墙则为白灰、黑土混合夯筑而成。

共设三个门,均在围墙的东面。在东围墙的正中为中门,中门较大,围墙在此向外突出成
为凸字的头部,方向为东偏北40°,南北各有一小门,修复之前仅见墙上豁口,宽约6.4米至7.5
米。现三个大门均为1990年代修复。

2.3 护台濠

护台濠距围墙外周8.5～15米,随围墙折凸而转绕一周,长1070米。原护台濠已淤塞。1987
年,经发掘实测,护台濠上口宽7米,底宽2米,深2米。现护台濠为1991年所挖。开口15米,落
底10米,深2米,护坡为石砌。

2.4 水塘

台院内有两个水塘,在清代杨同桂《沈故》中即有记载,分设在南北小炮台下,后经1989年
清理,于其中发现一些遗物。

2.5 兵营、库房

据杨同桂《沈故》记载,台院
"内筑兵房、库房二百余间"。现兵
营库房皆已不存。在1991年的整修工
作中曾于南围墙内侧下发现旧兵营一
栋,另在该年对全台及外围重点部位

图1-5 │炮台内散落的大炮

进行了勘探，在四周围墙内下皆发现旧房址。在台外，翼蔽左右的土围上和其附近发现两处旧房址。在东南围墙外至通往四道沟路炮台一侧区域里，发现青砖等遗物（图1-4）。

2.6 影壁

正门外35～40米处，原有夯筑影壁一座，据当地人士回忆，1970年代存高约3米，长约25米，现已不存。

3 可移动文物

3.1 大炮

据史料记载，西炮台有炮52尊，经文物管理所等有关部门的配合，现找回大铁炮两尊、小炮一尊以及重约4吨的大铁炮后部组合件。两大铁炮长2.9米，口径20厘米，其中一尊炮身铸有"江南机械制造总局壬戌年造"铭文，此炮于1978年在废品收购站找回，1990年冬运回主炮台上。小铁炮于1987年在苇塘中发现，身长2米，口径10厘米。另一尊在北小炮台上，于1990年10月清理出，重约4吨，为一大铁炮后部的组合件（图1-5）。

3.2 其他遗物

其他遗物均为历次清理所发现，主要包括军事设备和生活用品。军事设备有炮弹、铁夯以及解放战争时遗留的铁碉堡等。生活用品有瓷碗、瓷盘、瓷罐等。

4 地理环境

西炮台位于营口市区西部的渤海大街西端，海拔2.40米，东经122°9′54″，北纬40°39′54″。西面临海，地处辽河入海处左岸，渤海东岸，周边东接市区，西有大海、滩涂湿

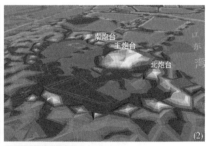
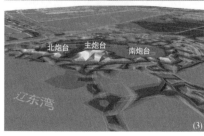

(1) 南—北方向鸟瞰

(2) 北—南方向鸟瞰

(3) 西南—东北方向鸟瞰

(4) 东北—西南方向鸟瞰

图 1-6 | DEM 模型鸟瞰

地，南北有湿地公园。周围环境保护较好，无居民住宅区。所在地为辽河三角洲冲积平原，主要地层以粉质黏土、淤泥质粉质黏土为主（图1-6）。

营口地处温带，位于东北季风气候带。每年有白鹭云集，丹顶鹤栖息，自然风光得天独厚。其气候特征：光照充足，四季分明。春季温和多风，夏季高温多雨，秋季天高气爽，冬季寒冷干燥。年平均气温7~9.5°C,极限最高气温36.9°C，极限最低气温−31°C。无霜期151~168天，年平均降水量650~800毫米，年日照时数2600~2880小时，平均相对湿度65%左右，年蒸发量在1200~1900毫米。该区海水表面温度高，6~9月海水表层温度均在21°C以上，8月份最高气温达25.8°C。

西炮台交通便利，建设场地基础设施较为完备。沈大高速公路、哈大高速公路、庄林路纵贯营口全境，营口南有大连周水子机场，北有沈阳桃仙机场，构成了十分便利的立体交通网络。西炮台距市中心5公里、距营口老港6公里、距沈大高速公路21公里、距营口港53公里、距沈阳桃仙机场180公里、距大连国际机场200公里。

军事运作角度下的"军事工程"类遗址的真实性与完整性构建

　　"军事工程"在军事学范畴内的定义为："用于军事目的的各种工程建筑物和其他工程设施的统称。"[1] "军事工程"类遗址和战场遗址是军事遗址的两大组成部分，此概念多用于旅游资源的分类上[2]，而在目前的全国重点文物保护单位中，尚没有"军事工程"类遗址这一专门的类别[3]。基于文物保护工作的类型划分需要，本文将其定义为：用于军事目的而专门修筑的工程建筑物或工程设施的遗址，如军用码头、船坞、港口、要塞、炮台、筑城、阵地和训练基地等，而对于某些临时借用其他建筑设施用以军事目的的遗址未纳入此类。[4]在已公布的六批全国重点文物保护单位中，符合本定义的"军事工程"类遗址就达30多处，涉及古遗址、近现代重要史迹及代表性建筑、革命遗址及革命纪念建筑物等多个类别。

　　"军事工程"类遗址的突出特点是修筑目的明确，或为进攻，或为防御、掩蔽，皆为军事活动的实效作用；亦即，功能性是此类遗址的最主要价值所在。因此，对于军事运作的深入理解是正确认识和评估遗产价值、制定合理保护规划的首要前提；否则，可能会造成遗址保护中真实性和完整性的背离。倘若没有认识到长城的防御运作对于视线的要求及所采取的周边植被控制措施，在保护中就可能对周边地形进行盲目的植被覆盖整治，难免造成对所谓"文物环境"的破坏。作为第六批全国重点文物保护单位之一的辽宁营口西炮台遗址（以下简称：西炮台），是晚清修筑的海防工程，亦为"军事工程"类遗址。本文即以之为例，从军事运作的角度解读其文物价值，并探讨具体的保护规划策略。

　　西炮台是晚清海防体系不可分割的组成部分，因此，首先将之置于历史大背景中予以观察，弄清其在整个海防体系运作中的军事地位及相关的设置措施（如选址的军事考虑、与其他海防设施之间的联动等），这也是认清西炮台军事意义的关键所在；再通过西炮台自身的军事运作解读，理解其设计原理、构成内容的功能性特征及之间的互动关系，这有助于完善基于真实性与完整性要求的西炮台文物价值建构，确定保护对象构成，划分相应的等级和层次，并制定恰当的保护措施。

1　晚清海防体系运作中的西炮台

　　晚清帝国着手海防体系建设始于1840年的第一次鸦片战争。囿于重陆轻海、以陆守为主的指

1　卓名信，厉新光，徐继昌等.军事大辞海（上）.北京：长城出版社，2000：1232.
2　军事遗址指为防御外来入侵而修筑的军事工程或工程遗址，以及发生重大战争的战场遗址。
　　参见国家旅游局资源开发司编.中国旅游资源普查规范.北京：中国旅游出版社，1993:6.
3　1988年之前的三批全国重点文物保护单位的分类为：革命遗址及革命纪念建筑物、石窟寺、古建筑及历史纪念建筑物、石刻及其他、古遗址、古墓葬；1996之后的三批对分类进行了调整，为：古遗址、古墓葬、古建筑、石窟寺及石刻、近现代重要史迹及代表性建筑、其他。
4　如保定陆军军官学校旧址、侵华日军东北要塞、连城要塞遗址和友谊关、秀英炮台等，均可纳为"军事工程"类遗址；而瓦窑堡革命旧址、渡江战役总前委旧址、湘南年关暴动指挥部旧址等，乃临时借用其他建筑设施，则不归入此类。

图 2-1 | 晚清海防体系中的炮台分布（图中地名均为晚清时期称谓。据杨金森，范中义 . 中国海防史 . 北京：海军出版社，2005：187 重绘）

图 2-2 | 晚清北洋防区防御形势示意

导思想，该体系的运作以陆基为主，"水陆相依、舰台结合、海口水雷相辅。"[5] 中国海岸线如此绵长，不可能在所有的位置都修筑炮台等防御工事，清政府选择了在沿海要隘修筑炮台的海口重点防御方式（图2-1），并形成了三道防线：第一道防线为组建水师舰队作为机动的海防力量，协助各炮台进行防守，负责近海纵深方向的防御；以沿海要隘的炮台为主的海岸防御为第二道防线；同时，在炮台周围设置配合炮台防御的步兵和水师营驻守，组成第三道防线。

直隶乃京畿之地，故北洋防区一直是晚清海防体系的重中之重。清政府先后斥巨资修建了旅顺（有当时亚洲第一军港之称）、威海卫两大海军基地，并在渤海湾沿岸要隘修筑了大量炮台，并配置德国克虏伯海岸炮，牢牢扼守住直奉的渤海门卫，拒敌于外洋，构成了北洋防区最为坚固的一道海上防线；同时，加强大沽口一带的防御力量，增筑炮台和防御工事，为捍卫京师的最后一道关键防线。最终，在北洋防区构筑成了一个以京师为核心，以天津为锁钥，北塘、大沽为第一道栅栏，以山海关、登州相连形成第二道关门，再次则营口、旅顺、烟台这一连线，最外为上至奉天，经凤凰城、大孤山等，中联大连，南结威海卫、胶州湾的严密的防守体系；横向来看，则以天津为辐射点，外接山海关、营口、金州、旅顺、大连、烟台、威海卫、登州等辽东和山东半岛的联结点形成一个坚实的大扇面（图2-2）。经纬交织的防御布置，正如李鸿章所说，可谓是"使渤海有重门叠户之势，津沽隐然在堂奥之中"[6]。

西炮台是北洋防区的左臂——辽东半岛防御链上的重要一点，位于渤海北岸的辽东半岛中西部，其在晚清海防体系运作中的军事作用，概括如下：

（1）旅顺的后路：旅顺地处辽东半岛最南端，三面环海，与山东半岛隔海相望，是连接两个半岛的最近点，为"登津之咽喉，南卫之门户"，李鸿章对其军事地位给予高度评价："东接太平洋，西扼渤海咽喉，为奉直两省第一重门户，即为北洋最要关键。"[7] 因此，旅顺一直都是北洋防务的重点，是御敌的前沿，乃兵家必争之地。营口位于旅顺北部的渤海湾西岸，距旅顺约200多公里，是其颇为紧要的后路，既可防止敌人从后方登陆包抄旅顺，又可在旅顺遭敌时予以支援。

（2）山海关前沿：山海关是京师北部最重要也是最后一道防线，一旦被破，外敌将长驱直入，直取京师。营口乃山海关前沿阵地，失守就意味着山海关大门洞开。"山海关、营口至旅顺

5　卢建一 . 闽台海防研究 . 北京：方志出版社，2003:38-59.
6　于晓华 . 晚清官员对北洋地理环境的认识与利用 . 青岛：中国海洋大学，2007:38-39.
7　（清）李鸿章 . 李鸿章全集（三册）. 北京：时代文艺出版社，1998：1783.

天辽地宁 格致探原

口，乃北洋沿海紧要之区。"[8]可见，营口是北洋防区中外接旅顺口，内应山海关的关键一环。

（3）辽河的门户：辽河是东北地区南部最大的河流，也是担负物质运输和商业贸易的内河航道。晚清辽河航运业的发达促进了辽南地区经济的繁荣，并在辽河沿岸兴起了大量的近代城市，营口即为代表之一，成为西方列强在东北地区的重要通商口岸，[9]与天津、烟台同为北方三大港口。西炮台就扼守在辽河入海口左岸，是船只由渤海进入辽河的必经之地，具有确保营口和辽河沿岸的牛庄、鞍山等港口城市安全，保护奉天和整个东北地区稳定的重要军事作用。

2 西炮台的军事运作与工程营造

2.1 攻击体系

据《南北洋炮台图说》记载："（营口）南面海口有铁板沙，凡轮船入口，必由东之北。"[10]即，若有敌船来犯，必从东北方向驶入辽河口；又若敌船的进犯路径是经旅顺口、威海卫进入渤海湾，并试图进攻营口，则必是由南而来。统而观之，辽河入海口的左岸是迎敌的前沿地带，而西炮台正是修筑在面向敌船来犯的方向，呈迎头之势。西炮台的选址和布置方式确保了炮台拥有面向海面的开阔视域，使炮台火力能够以最大范围覆盖敌船的行进区域，争取到尽可能开阔的作战空间和充裕的攻击时间（图2-3，图2-4）。

西炮台地处平原地区，地形平坦，无法利用山势地形构筑不同高程的多层次火炮工事，形成较大范围的立体交叉火力网，就必须通过构筑大炮台来居高临下地观察和射击远、中、近目标，其他如大沽口炮台（图2-5）、北塘炮台等，皆如此。西炮台共建有炮台5座，主炮台居中，两侧各有1座小炮台辅之，在东南和西北两隅又各建圆炮台1座。主炮台是整个西炮台的构成主体，配置了两门口径最大、射程最远的21厘米德国克虏伯海岸炮；其他小炮台作为主炮台的辅助攻击力量，配置的海岸炮口径为15厘米和12厘米。主炮台上的火炮射程远，但若敌船临近则不易攻击，就需要小炮台上射程

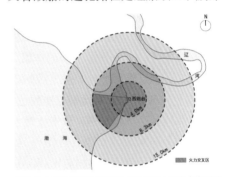

图2-3 ｜ 西炮台对辽河口的火力控制（图中火力覆盖半径据所置火炮的有效射程确定）

图2-5 ｜ 第二次鸦片战争时的大沽口炮台（费利斯·比托（Felice Beato）摄于1860年英法联军攻陷大沽口后，引自 http://imgsrc.baidu.com/forum/mpic/item/5bd030d3aaa927303af3cfbb.jpg）

图2-4 ｜ 西炮台向南望海滩

8　（清）李鸿章.李鸿章全集（四册）.北京：时代文艺出版社，1998：1960.

9　1858年，清政府与清英等国签订《天津条约》，原定牛庄为开埠城市，后因其交通不便，改为营口。

10　（清）萨承钰.南北洋炮台图说.一砚斋藏本，2008：49.

较近的火炮加入战斗，且左右对称的布局可以形成火力交叉，提高攻击的命中率和打击强度；此外，主炮台围墙下还置有暗炮眼8处，以隐蔽消灭敌人。火炮皆可360度环射，不仅能纵射辽河下游河身，也可向东、南、北三面陆上射击，这样就构成了一个多层次的交叉火力网。同时，各炮台之间还通过围墙的马道相互联系，战时既能独立作战、集中火力，又可相互支援和掩护，机动地多方打击敌人，有效扼守住辽河入海口。

2.2 防御体系

来敌进攻炮台时，常采取船炮和步兵登陆作战配合的方式，船炮负责在远处集中攻击炮台，同时派小艇运送步兵登陆，绕至炮台背部或侧翼发动攻击，鸦片战争初期的很多炮台就因抵挡不住陆上攻击而被攻陷。西炮台作为晚清海防体系中建造较晚的军事工程，充分吸取了以往的经验教训，除配备强大的攻击武器外，还具备完善的陆上防御系统，就工程营造而言，表现在修筑围墙、护台濠及吊桥等。

围墙是西炮台的主要屏障，全长850米，环抱炮台，西面随辽河转弯之势呈扇形。围墙上炮位多集中在南北两侧及东侧面海处，显然是为了防止敌人从侧面包抄和从正面登陆。墙上设平坦马道，低于挡墙1米多，为战时回兵之用。西炮台南北两侧又各筑有土墙一道，既可用于战时增兵防守，又起到防止海水涌浸的作用[11]；整个围墙为三合土版筑，亦为军事防御所需：早期炮台多为砖石所砌，看似坚固，然遇炮弹攻击，砖石崩裂易伤士兵，而三合土则不易崩裂，可有效避免不必要减员[12]；且三合土的材质颜色与西炮台周围的海滩芦苇相近，利于隐蔽和伪装。

护台濠筑于围墙外侧，濠中设置水雷（周边滩涂亦埋有地雷），濠沟之上又设吊桥，平时放下以供通行，战时收起[13]。护台濠、水雷、吊桥共同构成了围墙外的防御系统，可在战时拦阻迟滞敌人的攻击，为守军组织防御和攻击争取更多时间，提供更大的作战空间。

通过这些防御措施的设置，西炮台形成了有前沿、有纵深、相互之间互为犄角的防御体系，为守备作战提供了持久和坚韧的物质和运作条件。

2.3 保障体系

后勤保障是维持炮台正常运行不可或缺的部分。据《南北洋炮台图说》记载，西炮台共有营房208间，皆为青砖砌筑而成[14]。其中，兵房多建于围墙内侧临近处，既有利于驻守官兵快速地登上围墙进行战斗抵御，围墙的遮挡还能降低兵房被炮弹击中的几率。弹药库则建于炮台两侧，有效保证弹药的及时运达。

11　丁立身.营口名胜古迹遗闻.沈阳：辽宁科学技术出版社，1991：57-60.转引自孙福海.营口西炮台.营口：营口市西炮台文物管理所，2005：166.

12　"以大石筑炮台，非不美观，然大炮打在石子上，不独码子可以伤人，其炮击石碎，飞下如雨，伤人尤烈。"参见（清）林福祥.平海心筹.中山大学历史系资料室藏抄本，论炮台事宜第十二.李鸿章奏折中也曾提到："窃查大沽、北塘、山海关各海口所筑炮台，均系石灰和沙土筑城，旅顺口黄金山顶炮台仿照德式，内砌条石，外筑厚土，皆欲使炮子陷入难炸，即有炸开，亦不致全行坍裂。"参见故宫博物院.清光绪朝中日交涉史料（卷十六）.1932：2-3.以上史料皆转引自施元龙.中国筑城史.北京：军事谊文出版社，1999：205.

13　孙福海.营口西炮台.营口：营口市西炮台文物管理所，2005：1.

14　东南向居中建官厅5间，又连建官房8间，两旁各建官房5间，西北向居中建官房5间。西南向炮后左右共建兵房11间，西北隅建兵房10间，西向建兵房21间借建子药库3间，东向又建兵房25间，营墙下环建兵房98间，营门后左右又建兵房6间。参见（清）萨承钰.南北洋炮台图说.一砚斋藏本，2008：49.

西炮台内南北两侧还各有水塘一处，约700平方米，内蓄淡水，一般认为是炮台驻兵的生活水源[15]。两个水塘皆临近于小炮台的马道末端，这种布局特点可能与小炮台上设置有旧式火炮有关：晚清自己生产的旧式火炮在连续发射时会由于炮膛内温度过高而导致炸膛，需要大量的储备用水对火炮进行降温[16]，水塘设于小炮台附近，恐还担负火炮降温的职责；反观大炮台，设置的德国克虏伯海岸炮无须降温，水塘亦无设，可为佐证（图2-6）。

西炮台正门外还设有影壁一座。影壁是中国传统建筑的重要组成部分，不仅可以界定建筑内外的过渡，丰富空间序列，也是传统社会风俗和文化的重要体现。西炮台虽为军事工程，但在一定程度也遵循了传统的营造理念（图2-7）。

3 基于军事运作角度的保护策略

"军事工程"类遗址的文物价值首先取决于其军事功能，军事运作的解读是对其作出深刻认识和理解的有效途径，主要涉及历史环境、布局结构和构成要素等；再综合现状评估，确定保护对象构成、保护区划划分和制定保护措施等，进而达到文物保护中真实性与完整性的构建。

3.1 历史环境

晚清海防体系由南至北分布的大大小小的炮台中，因地形和环境影响而面貌各异，即使在地形相似的情况下，炮台形制也因具体环境差异而不尽相同。基于西炮台军事运作的条分缕析，结合考古发掘和

图2-6 | 德国克虏伯海岸炮和晚清自制的旧式火炮（上图引自 http://pic.itiexue.net/pics/2009_2_17_96084_8796084.jpg；下图引自 http://www.mice-dmc.cn/proimages/200872217551114.jpg）

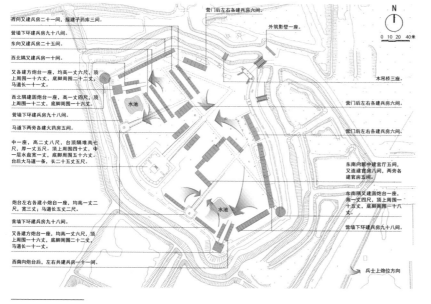

图2-7 | 西炮台布局结构推测（据（清）萨承钰 . 南北洋炮台图说 . 一砚斋藏本，2008：49；（清）杨同桂 . 沈故；孙福海 . 营口西炮台 . 营口：营口市西炮台文物管理所，2005：16-17，162-167 推测）

15 孙福海 . 营口西炮台 . 营口：营口市西炮台文物管理所，2005:17.
16 "中国军事史"编写组 . 中国历代军事工程 . 北京：解放军出版社，2005：230.

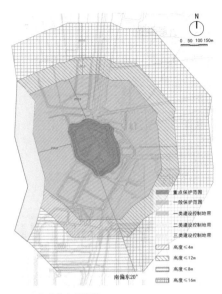

图 2-8 | 建筑高度控制

图 2-9 | 掩映在芦苇丛中的西炮台（西炮台文物管理所提供）

文献记载，可以明了炮台营造与周边环境的密切关系，并对历史环境的保护作出合理的规划。

（1）作战视域：由于当时尚不存在超视域作战技术，炮台必须等目标进入其视域范围之内方可实施攻击，因此，开敞的视域对炮台来说至为关键。西炮台的视域保护主要是通过划定保护范围和建设控制地带予以保证：西侧保护范围以外的滩涂、水域划为禁建地带；建设控制地带划分为三级，除对可建建筑高度进行分层次控制外，又由南侧小炮台东边界中点向南作一南偏东20°的射线，对该区域建筑高度作特别控制，以保证视域的开阔（图2-8）。

（2）滩涂植被：西炮台为露天明炮台，又建于河流入海口开阔地带，很容易招致炮火集中攻击。而周边滩涂的丛丛芦苇，正是极好的掩护，加之炮台自身的夯土材料与芦苇颜色相近，具有保护色的作用，可使炮台隐匿于芦苇丛中（图2-9）。据此，本案特别提出对炮台周边芦苇进行强制性保护，并建议将南侧的大面积鱼塘恢复为滩涂，并大面积种植芦苇，以营造已渐渐褪去的历史环境氛围。

（3）内部景观：西炮台目前内部景观为规整的人工造景，有悖于这一军事工程的原有环境氛围，故建议对其进行调整以还原历史风貌。通过削弱现有人工草坪面积过大、过整的效果，增加砾石或砂石铺地，烘托气氛，重现炮台较为雄壮、厚重的沙场气息（图2-10）。

（4）缓冲地带：现在的营口城市扩张已经威胁到西炮台的生存空间，渤海大街直抵其前（图2-11），历史上"出得胜门外远瞻（西炮台）形势巍峨，隐隐一小城郭"[17]的影像早已荡然无存。本案建议在西炮台南侧和东侧种植高大乔木，一来遮挡现代城市天际线；二来可使土黄色的炮台身躯隐现于绿树婆娑，吸引来观者，在一定程度上回应历史图景（图2-12）。

图 2-10 | 人工造景的前后对比（西炮台文物管理所提供）

17　大同二年（1933）《民国营口县志》。转引自孙福海. 营口西炮台. 营口：营口市西炮台文物管理所，2005:163.

图 2-11 ｜西炮台向东望城市

图 2-12 ｜西炮台与城市之间的缓冲

3.2 布局结构

西炮台是一座功能完备、组织严密的海防工程，布局结构是其作为军事工程系统性的最直接物质表征，也是本案编制中最为切实紧要的部分，只有保证了布局结构的完整，才能正确呈现西炮台军事运作的功能特点和特有的文物价值。

历经一百多年的风雨侵蚀，加之中日甲午战争和日俄战争中侵略者的蓄意破坏[18]，延续至今的西炮台遗址虽总体格局尚属清晰，但存在着不同程度的历史信息缺失（表2-1）。如：

西炮台的营房是反映炮台驻兵生活的重要载体，外围的两侧土墙是防御体系的重要组成，现俱以不存，应对其实施考古发掘并予以展陈；在此工作尚未全面展开的情况下，则预先通过军事运作分析其可能埋藏区，并纳入保护范围，为考古发掘提供条件。西炮台周边的滩涂为地雷埋设地，虽不属于炮台建筑本身，但仍属于防御体系的组成部分，亦应划入保护范围。

西炮台护台濠上的吊桥亦已不存，取而代之的是一座钢筋混凝土桥（图2-13），原真性受到严重破坏，亟待在广泛收集图像资料、文献记载的基础上，结合相关历史时期炮台吊桥案例，本着严谨的历史研究态度对西炮台吊桥予以复原设计，使之符合或反映历史原状，并拆除现有钢筋混凝土桥。

表2-1 ｜西炮台军事运作体系构成及现状评估

分类	构筑物		功能及形制	保存状况及主要破坏因素
攻击体系	炮台	主炮台	西炮台主要攻击力量，构成主体，配置的火炮射程最远，威力最大。大炮居中，东与正门相对，台通高8米，分两层。下层长52米，宽54米，高2米；上层长44米，宽43米，高4米。台顶四周筑有矮墙，高2米，宽1米。墙内的南北接筑3条东西排列的短墙，相互对称，战时为掩体	受破坏严重，墙皮脱落，后经过修补，原状基本保存。历史上的人为破坏，海风侵蚀及大雨冲刷，深根植物破坏
		小炮台	主炮台的辅助攻击力量，攻击范围较近。台长16米宽14米，高4.7米	
		主炮台	辅助攻击，负责较近区域防御。东南、西北隅各置1座	
		暗炮眼	设置隐蔽，不易被敌人发现，可发动突袭，可控制范围较近，主要防止敌人登陆。主炮台墙下周围设暗炮眼8处	

18　1895年日军向营口西炮台进犯，乔干臣率部用火炮、地雷同日军展开激战，日军伤亡多人。后日军由埠东偷渡潜入，干臣"度不能守，亦退兵田庄台"。营口失守后，炮台、营房和围墙都遭日军破坏。后在1900年庚子之战中，俄、日围攻营口，在胡志喜、乔干臣率领下，经过6个小时激战，终因寡不敌众，海防练军营官兵104人阵亡，127人受伤，俄军死伤200余人。俄军侵占营口后，炮台又遭损毁。参见孙福海.营口西炮台.营口：营口市西炮台文物管理所，2005:164.

分类	构筑物		功能及形制	保存状况及主要破坏因素
防御体系	围墙	南段围墙	西炮台主要的屏障，保证炮台安全，提供守备作战的依托。周长850米，环抱炮台，西面随辽河转弯之势呈扇形。墙高3~4米，宽2~3米，其外围陡低2米多，内有平坦马道比外围墙低1米多	受破坏严重，墙皮脱落，后经过修补，原状基本保存。历史上的人为破坏，海风侵蚀及大雨冲刷，深根植物破坏
		东段围墙及城门		受破坏严重，墙体多处坍塌，裂缝严重，墙皮脱落。海风侵蚀及大雨冲刷，深根植物破坏，动植物洞穴造成墙体灌水，进而加速墙体坍塌
		北段围墙		原城门已不存在，围墙有豁口，现城门为1990年代以后复建，围墙豁口及残毁部分用新的夯土修补，新旧材料区分明显。海风侵蚀及大雨冲刷
		西段围墙		西段围墙存在几处缺口，剩余部分保存较好。人为打断，风雨侵蚀
	护台濠		隔断敌人的进攻路线，延滞敌人的进攻。护台濠距围墙外周8.5米至15米，随围墙折凸而转绕一周，长1070米。护台濠上口宽7米，底宽2米，深2米	原护台濠已淤塞，后经1987年和1991年两次清理挖掘，并重新修葺。新修的护台濠宽度比发掘实测尺寸明显偏大，护坡为石砌，与历史不符。保护不当造成破坏，自然老化
	吊桥		保证炮台与外部的交通联系，战时收起以便防守。1（或3）座，设于正门外，横于护台濠上[19]	现已不存
	土墙		用于增兵防守，抵御敌人炮火，掩护兵员。还可起到防潮之用。南北两侧各筑土墙一道，长10余里。基宽10米，顶宽5米，高2米	现已不存
保障体系	营房		日常生活保障。208间，青砖砌筑	遗址在过去发掘中曾部分发现，但尚未进行全面考古发掘。埋于地下，受破坏因素不得而知
	弹药库		提供炮台的弹药支援。3间	
	水池		日常用水和战时火炮降温用。南北各有1处，约700平方米	受扰动少，保存较好。自然老化
	影壁		传统建筑营造理念的体现。1座	仅存基座。历史上的人为破坏

注：西炮台军事运作体系构成据孙福海.营口西炮台.营口：营口市西炮台文物管理所，2005：16-17，162-167整理

图2-13｜护台濠上的钢筋混凝土桥

3.3 构成要素

　　构成要素是体现布局结构的基础，只有做到真实全面的保护，才能向公众传达正确的历史信息，体现文物保护的意义。就西炮台的构成要素而言，主要问题集中在围墙和护台濠：围墙是西炮台防御体系的最重要构成，三合土的版筑方式更是晚清海防体系后期炮台修筑特点的实物见证，是典型的军事运作角度下的功能性建构。在长年的风雨侵蚀下，部分墙体进水坍塌，破坏严重；保存相对较好的部分也面临诸般自然威胁。本案针对围墙受损的不同程度和原因，分别制定相应的保护措施（图2-14）。而护台濠虽得新修，却比原有尺度明显偏大，且护坡为石砌，看似"美观"，实则歪曲了历史原貌，应尽快采取整治措施：缩减濠宽至原尺度，拆除石砌护坡，并种植芦苇等湿地植物恢复自然护坡（图2-15）。至于西炮台正门外的影壁，现仅存台基，而门内仁立的影壁则为新建的景观设施，并且造成了不必要的历史信息错乱。应予以拆除，而在原址的台基基础上进行复原。

19　关于吊桥数量，史载不一："吊桥，一个，设于正门外"。参见孙福海.营口西炮台.营口：西炮台辽宁省能源研究所印刷厂，2005：17.而李鸿章光绪十二年十一月初四名为"营口炮工工费片"的奏折中记为"木桥三座"。参见（清）李鸿章.李鸿章全集（四册）.北京：时代文艺出版社，1960：卷五十一.

病害种类	破坏现象	破坏原因	主要措施	备注
A 浅根植物影响	植物无组织生长,破坏墙体土体	未及时清理墙体附着的植物	清除附着在墙缝中和墙顶上的植物乱根	
B 深根植物影响	植物乱根深入墙体裂隙,撑破墙体	未及时清理墙体裂缝中生长的植物,导致植物乱根深入裂缝,撑破墙体	清除墙顶杂树、乱根。建议使用8%铵盐溶液或0.2%~0.6%的二氯苯氧醋注入树根处理,腐烂后加入三合土夯实	可采用化学试剂清除植物根系,但应经过试验,确保不对夯土造成破坏
C 墙体塌陷	墙体部分塌陷、倒墙	墙体膨胀、开裂、起壳、下沉状况没有得到及时维修,导致破坏加剧严重,出现部分墙体坍塌	采取加固和确保安全的措施,使用原材料、原工艺补夯墙体	应保证补夯的土色与原夯土色有显著区别,以确保可识别性
D 墙面空蚀	墙体立面出现膨胀、开裂、起壳、空蚀	夯土风化、酥碱。墙体结构材料老化,抗力降低	清理破坏表面,补夯内侧墙体。对墙体表面的损伤、封堵裂隙。局部重要部位表面损伤墙面,可根据试验结果,采用敦煌研究院开发的PS加固剂或北京大学开发的丙烯酸酯非水分散性土遗址补强制剂,配合锚杆、竹钉予以拉结、修补,防止进一步破坏	整片墙面膨胀、隆起、扭曲、大角度倾斜,并可能在近期内失稳的,应以安全为第一原则,予以拆除,并使用原材料、原工艺进行补夯
E 墙体缺口	墙体被打断,或部分缺失	人为打断墙体	使用原材料、原工艺补夯	应保证补夯的土色与原夯土色有显著区别,以确保可识别性
F 降水冲沟	顶面、侧面浸泡、冲蚀	年久失修、战争或其他人为原因破坏	埋设PVC管等排水构造,解决墙体排水问题,并经常扫围墙顶面,清除排水障碍。墙体顶面排水构造之上可种植草皮	

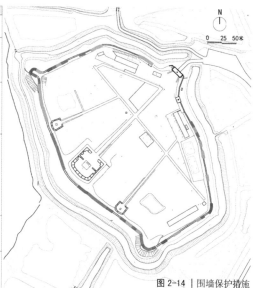

图 2-14 | 围墙保护措施

4 结语

功能性要求作为"军事工程"存在的最直接动因,决定了"军事工程"类遗址的文物价值首先在于其军事运作的体现;而军事运作的解读,不仅有助于把握此类遗址的设计原理和构成内容,形成系统性的认知,更是制定有效而具有针对性保护规划的必要前提,并以此达到构建真实性与完整性的文物保护目的。

图 2-15 | 护台濠现状

保护规划（2010—2030年）：
晚清海防体系的时空节点与多样性选择

1 保护对象

1.1 保护西炮台的文物建筑和遗址本体

包括现存的一大两小三座炮台、围墙、护台濠、两个水池遗址，以及现已无地面遗存的其他炮台遗址、影壁遗址、兵营遗址、库房遗址。

1.2 保护西炮台的整体空间格局与历史风貌

西炮台空间格局特征：平面为"凸"字形、扇面形，由护台濠和围墙围合，围墙于炮台背面开一大门两小门，门外有影壁。炮台各有坡道通达台上；围墙内侧环墙原建有兵营，院内炮台下布置官厅、兵营和弹药库。

西炮台的历史风貌为较为雄壮、厚重的沙场氛围。

1.3 保护西炮台相关的可移动文物

可移动文物包括两尊大炮和两尊小炮，铁炮弹、铜线等战斗装备以及一些瓷碗、瓷盘等兵营生活用品。

1.4 保护西炮台的背景环境

包括西炮台面临辽河入海口的地形格局，以及周边沿海湿地的生态环境（图3-1）。

2 价值评估

2.1 文物价值

（1）西炮台虽经风雨侵蚀，人为破坏，但仍具有一定的历史、艺术和科学价值

西炮台是清末东北的重要海防要塞，是东北最早的海防工程之一，也是迄今为止我国北方沿海地区保存最为完整的土构炮台之一。第二次鸦片战争打开了东北的大门。营口代替牛庄开港后，几乎所有的帝国主义列强都把魔爪伸到营口，屡屡向营口进犯。为加强海防、抵御入侵之敌，营口道台续昌遂奏请朝廷在辽河海口左岸择地修筑炮台，营口西炮台成为近代中国人民抵御外侮的前沿阵地，在中国近代对外关系史、航运史和海防史，均占有重要地位。西炮台自修建之日起便与营口一起走过了120余年的历史沧桑，既见证了中国备受屈辱及英勇不屈、抵御外敌的近代史，也见证了国家由落后走向富强的这段艰辛历程。

（2）西炮台作为一种特殊的兵营形式，自身的选址和布局具有军事研究和建筑艺术方面的价值

营口西炮台遗址占地面积：8.5公顷

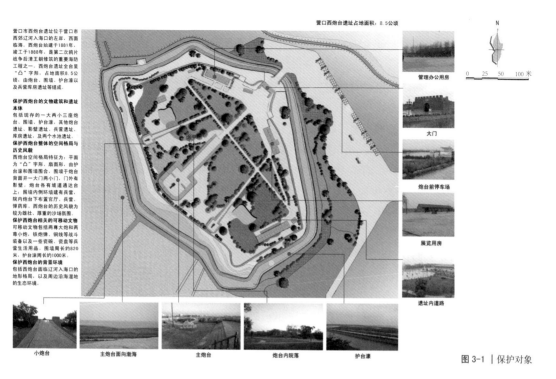

营口市西炮台遗址位于营口市西郊辽河入海口的左岸，西面临海。西炮台始建于1881年，竣工于1888年，是第二次鸦片战争后清王朝修筑的重要海防工程之一。西炮台遗址全台呈"凸"字形，占地面积8.5公顷，由炮台、围墙、护台濠以及兵营库房遗址等组成。

保护西炮台的文物建筑和遗址本体
包括现存的一大两小三座炮台、围墙、护台濠，其他炮台遗址、影壁遗址、兵营遗址、库房遗址、及两个水池遗址。

保护西炮台整体的空间格局与历史风貌
西炮台空间格局特征为：平面为"凸"字形、扇面形，由护台濠和围墙围合。围墙于炮台背面开一大门两小门，门外有残壁。炮台各有坡道通达台上；围墙内侧环墙建有兵营，院内炮台下布置营官厅、兵营、弹药库。西炮台的历史风貌较为雄壮、厚重的沙场氛围。

保护西炮台相关的可移动文物
可移动文物包括两尊大炮和两尊小炮，铁炮弹、铜铁等战斗装备以及一些瓷碗、瓷盘等兵营生活用品。围墙周长约820米，护台濠周长约1000米。

保护西炮台的背景环境
包括西炮台面临辽河入海口的地形格局，以及周边沿海湿地的生态环境。

管理办公用房

大门

炮台前停车场

展览用房

遗址内道路

小炮台　主炮台面向渤海　主炮台　炮台内院落　护台濠

图 3-1 | 保护对象

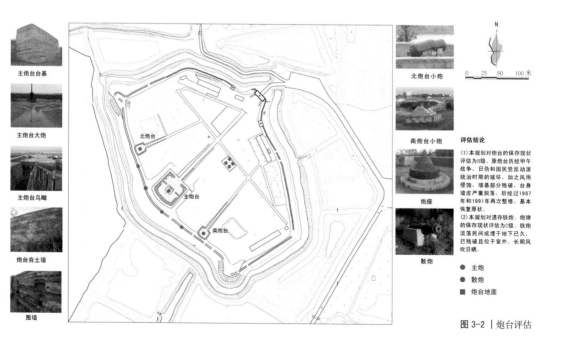

主炮台台基

主炮台大炮

主炮台鸟瞰

炮台夯土墙

围墙

北炮台小炮

南炮台小炮

炮座

散炮

评估结论

（1）本规划对炮台的保存现状评估为B级。原炮台历经甲午战争，日伪和国民党反动派统治时期的破坏，加之风雨侵蚀，炮基部分残破，台身墙皮严重脱落，后经过1987年和1991年两次整修，基本恢复原状。

（2）本规划对遗存铁炮、炮弹的保存现状评估为C级。铁炮流落民间或埋于地下已久，已残破且位于室外，长期风吹日晒。

● 主炮
● 散炮
■ 炮台地面

图 3-2 | 炮台评估

西炮台遗址的建筑结构以"三合土"加糯米浆夯筑，代替传统的石垒炮台，是炮台建造技术的一大进步。西炮台遗址是北方沿海现存较大的一处炮台遗址，在近代军事防御工程建筑史上具有独特的科学价值。

正如《清代前期海防：思想与制度》所总结的：炮台建筑原以砖石为主，看似非常坚固，这恰恰是其致命弱点，因为炮击石碎乱飞，如同霰弹，对人员杀伤力很大。敌台上的守兵仅以垛墙掩护其正面，顶部与后面没有遮蔽，很容易被从空中落下的炮弹以及溅起的碎砖石击伤。炮台侧后没有壕沟、吊桥、关闸设施，难以阻击敌登陆部队的侧后袭击。弹药仓库与兵营建在炮台之中，易被敌炮击中起火爆炸，对整个炮台从内部构成威胁。炮台之间缺少隐蔽的交通道路，不利于援兵进入和军需品的补充供应。总之，这种高台式露天工事，只考虑了如何阻击敌船出入内河，未能充分重视自身的保护，缺乏隐蔽和保护设施，把守兵完全暴露在敌舰炮火之下，这是一个致命的弱点。

鸦片战争后，人们在总结战争失败的教训时才认识到，中国的炮台防海盗有余，御外敌入侵则不足。敌船总是现在正面轰击，尔后派兵绕到后路袭击，"使我水陆腹背受敌。此虎门、厦门、定海、镇海、宝山失事情形，如出一辙。"[1]这才知道纯用砖石砌成的工事不如三合土。"以大石筑炮台，非不美观，然大炮打在石子上，不独码子可以伤人，其炮击石碎，飞下如雨，伤人尤烈。"[2]战略位置的价值不单纯在于位置本身的重要性，而在于对它的有效利用。有了失败的教训，这才懂得后枕高山不利防守，"勿以大角、沙角后枕山面甚高，前临海港甚低，如圈椅样，一遭炮击，碎石炸裂，巨火喷烧，立足无地，何暇顾及交锋！"这才懂得把营房、弹药库建在炮台中间的坏处，"若台内行兵之处，后有物宇及后有高墙，则一被轰击，火光非溃，立足无地，且能焚烧火药局。"[3]因此才有了建筑棱式（即后曲折炮台）与圆形暗堡式炮台的要求，才有了筑炮台外面"必用三合土"的主张[4]。

李鸿章在奏折中提到"此项工程因营口濒临海滩，土松水急，非排钉椿木加以三合灰土层层夯筑不能经久，且系仿照洋式，与内地工程不同"[5]。

可见，西炮台是参考了较为先进的西式炮台建造方法，且使用三合土代替了砖石作为建造材料的一处明证，是我国炮台建造史上的一大进步。

2.2 社会价值

西炮台是中国近代屈辱史的见证，也是近代中国人民坚强不屈、抵御外侮的象征，出现了乔干臣这样的爱国将领。奉军前营步队管带乔干臣，在镇守炮台、抵御日俄军入侵立下汗马功劳。1895年，日军向营口西炮台进犯，乔干臣率部用火炮、地雷同日军展开激战，日军伤亡多人。在1900年庚子之战中，俄、日围攻营口，在胡志喜、乔干臣率领下，经过6个小时激战，终因寡不敌众，海防练军营官兵104人阵亡，127人受伤，俄军死伤200余人。近代中国人民奋勇抗敌的精神对于今天我们的爱国主义精神教育具有不可替代的价值。

1　（清）黄冕.炮台旁设重险说//魏源.海国图志.卷五十六：45-46.
2　（清）林福祥.平海心筹//中山大学历史系资料室藏抄本《论炮台事宜第十二》.
3　（清）丁拱辰.西洋低后曲折炮台图说//魏源.海国图志.卷五十六：36.
4　王宏斌.清代前期海防：思想与制度.北京：社会科学文献出版社，2002：100-104.
5　（清）李鸿章撰，（清）吴汝纶.李文忠公全集//近代中国史料丛刊续辑（691-700）.台北：文海出版社，1977.

天辽地宁 格致探原

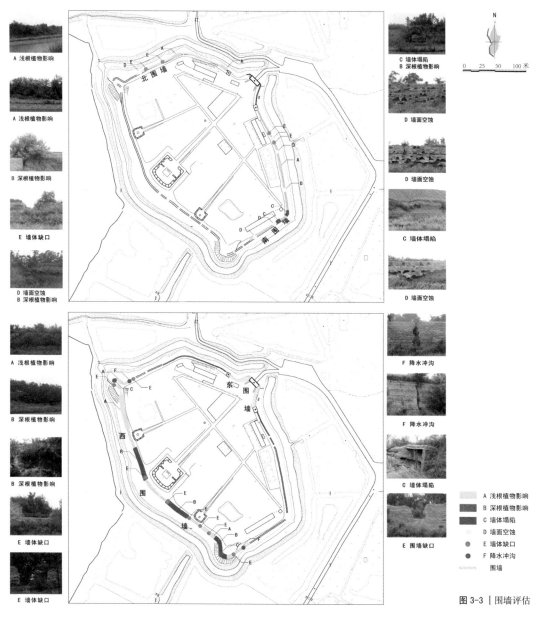

图 3-3 | 围墙评估

西炮台自建成以来，已经成为营口市历史的一部分，是城市景观的重要组成部分。

3 现状评估

3.1 保存状况

根据保护工作现状和实地调查情况，对西炮台的可移动文物和不可移动文物的保存现状、完整性、主要破坏因素和破坏速度做出下列评估（表3–1～表3–3，图3–2～图3–4）。

表3-1 | 西炮台军事运作体系构成及现状评估

名称		材质	保存状况	主要破坏因素	破坏速度	真实性	完整性
炮台		土	受破坏严重，墙皮脱落，后经过修补，原状基本保存	历史上的人为破坏、海风侵蚀及大雨冲刷，深根植物破坏	较快	较真实	较完整
围墙	南段围墙	土	受破坏严重，墙体多处坍塌，裂缝严重，墙皮脱落	海风侵蚀及大雨冲刷，深根植物破坏，动植物洞穴造成墙体灌水，进而加速墙体坍塌	很快	真实	不完整
	东段围墙及城门	土和砖	原城门已不存在，围墙有豁口，现城门处为1990年代以后所复建，围墙豁口及残毁部分用新的夯土修补，新旧材料区分明显	海风侵蚀及大雨冲刷	较慢	有一定破坏	较完整
	北段围墙	土	受破坏相对于东段围墙较少，保存较好，但墙皮也有脱落，墙顶遭破坏较严重	海风侵蚀及雨水冲刷，深根植物破坏	较快	真实	较完整
	西段围墙	土	西段围墙存在几处缺口，剩余部分保存较好	人为打断，风雨侵蚀	较快	真实	不完整
兵营库房遗址		土	遗址在过去发掘中曾部分发现，但尚未进行全面考古发掘，推测在地下仍有较好的保存	埋于地下，受破坏因素不得而知	较慢	真实	完整
护台濠		石砌	原护台濠已淤塞，现护台濠为1987年和1991年两次维修所挖，保存状况较好	自然老化	较慢	有一定破坏	不完整
两个水塘		—	受扰动少，保存较好	自然老化	较慢	较真实	较完整
大炮		铁	现存四尊大炮是1978年后陆续找回，由于流落民间或掩埋于地下已久，大炮已残破	金属锈蚀	较快	真实	不完整

表3-2 | 非文物建筑、构筑物和设备保存状况评估

名称	建造年代	材质	历史根据	对遗址破坏程度	与环境协调程度
展览馆	2000年代	砖木	无	对兵营库房遗址可能已造成破坏	建筑不符合历史环境
办公房	1990年代	砖木	无	对兵营库房遗址可能已造成破坏	建筑不符合历史环境
仿清兵营	2004年	砖木	有	对兵营库房遗址可能已造成破坏	屋顶机制瓦与环境不符
室外雕塑、入口内侧碑亭及浮雕照壁	2005年	泥塑、砖石、木结构等	无	对遗址基本无破坏	较协调
室外大炮、碉堡等实物展示	1992年	金属	有	对遗址基本无破坏	有助于塑造历史氛围

表3-3 | 西炮台整体保存状况评估

炮台物质遗存的完整性	历史信息的体现	历史环境氛围
三个炮台及围墙尽管有破坏，但主体仍在；文献记载的200间兵营、库房已无地面遗存，但可能在底下仍有保存。总体来说较为完整	围墙和护台濠及三个炮台的屹立使得炮台整体的历史信息仍得以体现	炮台整体的历史环境保存较好，仍能体现出苍凉、雄壮的气氛，但受到南侧和东侧城市发展压力

3.2 环境现状

根据保护工作现状和实地调查情况，对西炮台周边及内部环境、历史环境的环境氛围、安全隐患和噪音噪声做出下列评估（表3-4，图3-5~图3-7）。

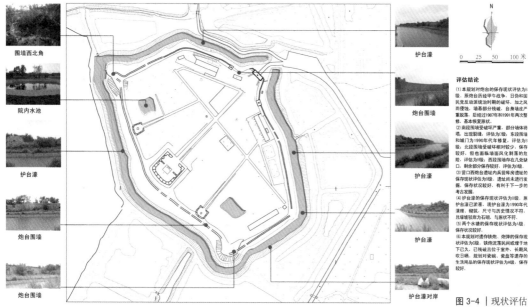

围墙西北角

院内水池

护台濠

炮台围墙

炮台围墙

护台濠

炮台围墙

护台濠

护台濠

护台濠对岸

0 25 50 100 米

评估结论

(1)本规划对炮台的保存现状评估为Ⅱ级。原炮台历经甲午战争、日伪和国民党反动派统治时期的破坏，加之风所侵蚀，墙基部分塌落，台身墙皮严重剥落，后经过1987年和1991年两次整修，基本恢复原状。

(2)南段围墙受破坏严重，部分墙体坍塌，出现裂隙，评估为Ⅱ级；东段围墙和城门为1990年代年修复，评估为Ⅱ级；北段围墙受破坏相对较少，保存较好，但也面临墙面风化剥落的危险，评估为Ⅲ级；西段围墙存在几处缺口，剩余部分保存较好，评估为Ⅲ级。

(3)营口西炮台遗址及兵营房遗址的保存现状评估为Ⅲ级。遗址尚未进行发掘，保存状况较好，有利于下一步的考古发掘。

(4)护台濠的保存现状评估为Ⅲ级。原护台濠已淤塞，现护台濠为1990年代清理、砌筑。尺寸与历史情况不符，且墙体较陡为石墙，与现状不符。

(5)两个水塘的保存现状评估为A级，保存状况较好。

(6)本规划对遗物铁炮、炮弹的保存现状评估为Ⅲ级。铁炮流落民间或埋于地下已久，已残破且位于室外，长期风吹日晒。规划对瓷碗、瓷盘等遗存的生活用品的保存现状评估为A级，保存较好。

图 3-4 | 现状评估

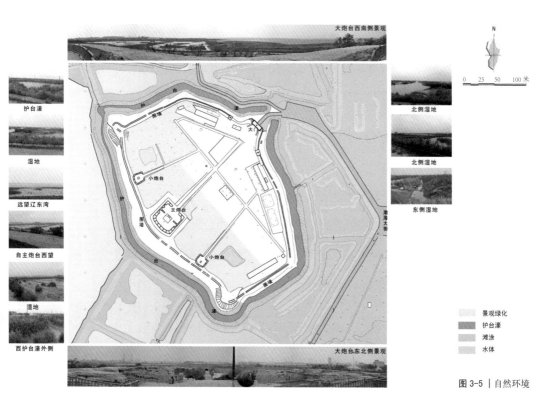

大炮台西南侧景观

护台濠

湿地

远望辽东湾

自主炮台西望

湿地

西护台濠外侧

北侧湿地

北侧湿地

东侧湿地

大炮台东北侧景观

N

0 25 50 100 米

景观绿化
护台濠
滩涂
水体

图 3-5 | 自然环境

表3-4 | 环境现状评估

评估项目	评估内容	评估等级
周围环境	遗址西面和北面为水面和湿地公园，周围环境视野开阔，与炮台功能和氛围相符，但北面曾有搭建房屋（现已拆除），东面远处有现代办公楼，对炮台的环境氛围造成破坏；东面虽不属于视线通廊的范围，但城市建筑对炮台的环境有一定影响	A
历史环境体现	遗址南北西三面面海，环境雄壮苍茫，历史环境基本保持，但炮台院内的水泥地面、护台濠的石砌护坡与历史环境不符，台院内的景观也有现代园林化的倾向	B
环境安全隐患	炮台西临渤海，海风和多雨的环境对夯土炮台和围墙的保护不利	C
噪音噪声	遗址位于公路尽端，距市中心较远。现阶段较为安静，噪音影响较小	A
水污染	护台濠周围有废弃物，护台濠内水面上漂有一些垃圾，流经该区域的辽河受污染较严重	B

评估等级分为三级。A级最高，表示环境较好，有利于文物的保护和利用；B级中等，表示对文物的保护存在一定影响，不利于文物利用和管理；C级最低，表示严重威胁文物本体安全，应予以及时整治

3.3 管理评估

对西炮台的保护管理现状做出下列评估（表3-5，图3-8）。

表3-5 | 管理现状评估

文物名称	辽宁省营口市西炮台遗址
省级文物保护单位公布时间	2006年5月
管理机构	辽宁省营口市西炮台文物管理所
占地规模	7.05公顷
现有保护范围	护台濠内全部及濠基外，向西200米至辽河岸边，南、东、北各250米以内。占地面积51.07公顷
现有建设控制地带	保护范围外，东、北各100米以内为Ⅱ类建设控制地带，Ⅱ类建设控制地带外200米内为Ⅲ类建设控制地带。炮台西部滩涂，水域为Ⅴ类建设控制地带。占地面积81.64公顷
保护工程记录	有
管理条例	有
日常管理	有
管理评估	A

评估等级分为三级。A级最高，表示最有利于文物的保护和利用；B级中等，表示利于文物的保护和利用；C级最低，表示不利于文物的保护和利用

3.4 利用评估

对西炮台的利用现状做出下列评估（表3-6）。

表3-6 | 利用现状评估

评估项目	级别	说明
现有展陈	B	展示空间较小，内容较少，且现有展陈手段较单一，不能满足不同人群的需要
本体可观性	A	营口西炮台是清末东北的重要海防要塞，也是东北最早的海防工程之一，是中国人民爱国精神的象征，具有重要的文物价值和教育意义，具有很强的可观性
交通服务条件	A	位于城市干道尽端，交通便利
容量控制要求	较高	大量人流不利于管理，极易对文物本体（夯土炮台和围墙）造成破坏，应严格控制开放容量
旅游资源级别	A	已列入省级旅游规划，面临较好发展机遇
宣传教育	A	营口市西炮台是辽宁省国防教育示范基地，已组织和开展了多次学生宣传教育活动
利用评估	可开放	在保证文物不受损伤，公众安全不受危害的前提下，对公众开放

评估等级共分为三级。A级最高，表示文物本体受到或面临的破坏因素少，历史信息保存完整；B级为中等，表示文物本体受到或面临一定破坏因素，但仍保存了大部分历史信息；C级最低，表示文物受到或正面临较严重的破坏，应尽快实施保护措施。在本规划中对各评估对象保存状况的相对评价级别，并不表示绝对的恒定的等级标准

西炮台作为省级爱国主义和国防教育基地，每年的清明节、"五四"青年节，都有许多学生到西炮台进行爱国主义教育，平均每年接待学校40余所，接待十余万人次。每到节假日，爱国主

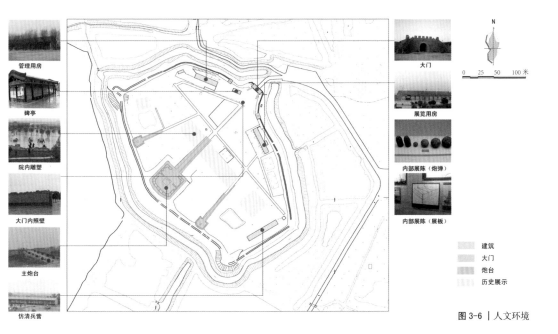

管理用房

碑亭

院内雕塑

大门内照壁

主炮台

仿清兵营

大门

展览用房

内部展陈（炮弹）

内部展陈（展板）

N

0 25 50 100 米

建筑

大门

炮台

历史展示

图 3-6 | 人文环境

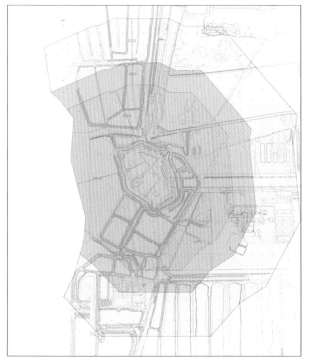

营口西炮台遗址的保护管理现状评估结论为A级：

（1）营口西炮台遗址于2006年被公布为全国重点文物保护单位，现有保护范围5.74公顷、建设控制地带8.81公顷。根据历史研究和现状调查，保护区划完全包括了含有历史信息的历史环境。

（2）营口西炮台遗址的"四有"档案建设已比较完备，在今后的工作当中应当继续加强日常监测，继续完善档案建设。

（3）营口西炮台遗址现已有管理条例，管理机构较为完备。

（4）日常管理方面，对遗址的日常巡视和记录有待加强。

N

0 25 50 100 米

原保护范围

原一类建设控制
地带

原二类建设控制
地带

图 3-8 | 管理评估

图 3-7 | 周边 DEM 高程

义教育展映室都为游客全部免费循环放映爱国主义教育影片，常年为武警战士提供训练基地，每年为现役军人免费参观6300余人次，为老人免费参观4000余人次，为残疾人参观200余人次，为儿童免费参观10000余人次。

3.5 研究现状

（1）文献资料收集：现已收集到相当数量与西炮台遗址有关的历史文献和题录，既可结合文献记载，在现场开展考古发掘；又有条件以清代海防炮台为研究对象，整体展开对比研究。

（2）研究成果出版：现有营口地方历史、军事史研究文献部分涉及西炮台遗址，亦有西炮台专论介绍出版。但仍有待以西炮台为研究对象的学术专著和考古报告出版。

3.6 现存主要问题

（1）炮台：炮台经过修缮后基本保存完好，但应合理解决炮台上的排水问题。

（2）围墙：夯土围墙长年受风雨侵蚀，造成部分段落墙体进水坍塌，破坏严重；保存相对较好的部分也面临风雨侵蚀、墙皮脱落等问题。

（3）南北两角的炮台遗址：受长年风雨侵蚀，炮台内进水，造成坍塌。

（4）护台濠：根据历史资料考证，原护台濠因年久失修早已淤平，现护台濠系后来所挖，尺寸为上口宽15米，底宽10米，与发掘实测的上宽7米，下宽2米不符，且护坡为石砌，与历史环境不符。

（5）兵营及库房遗址：据记载，历史上有200余间兵营库房，现均已不存。兵营库房遗址没有大规模发掘，炮台遗址内历史信息未得到完整表达。

（6）炮台大门外钢筋混凝土桥：不符合历史原状，对炮台的真实性和历史风貌造成严重破坏。根据李鸿章奏折记载：炮台原有"木吊桥三座"。

（7）遗存大炮：大炮由于流落民间或掩埋地下已久，大多残破，应采取切实的保护措施。

（8）可移动文物：可移动文物较少，不能充分体现历史信息。

（9）动植物破坏：围墙上的动物洞穴和深根植物加快了墙体的坍塌和墙体裂缝的出现。

（10）风貌破坏：炮台院内的水泥地面和历史氛围的营造相悖，遗址东面远处的现代办公楼和西北边上的搭建房屋破坏了炮台的环境氛围。

（11）水质污染：护台濠内水面上及护坡旁边有废弃物，流经该区域的辽河受污染严重，污染的水质也对炮台环境带来影响。

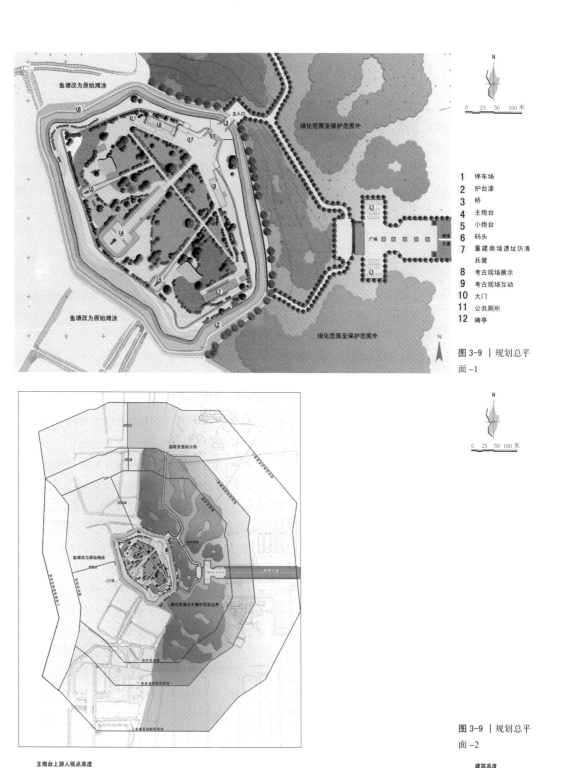

鱼塘改为原始滩涂

主入口

绿化范围至保护范围外

鱼塘改为原始滩涂

绿化范围至保护范围外

广场

滨海大道

N

0 25 50   100 米

1	停车场
2	护台濠
3	桥
4	主炮台
5	小炮台
6	码头
7	重建南墙遗址仿清兵营
8	考古现场展示
9	考古现场互动
10	大门
11	公共厕所
12	碑亭

图 3-9 │规划总平面 -1

遗趾至湿地公园

鱼塘改为原始滩涂

绿化范围大于保护范围边界

滨海大道

N

0 25 50 100 米

图 3-9 │规划总平面 -2

主炮台上游人视点高度

建筑高度

高程 米

高程

博物馆

396米

4 保护区划

4.1 区划原则

根据对西炮台的现状评估和历史研究，现有保护范围和建设控制地带的区划基本能够满足文物保护需求和遗址历史环境的完整。根据确保文物保护单位安全性、整体性和可操作性的要求，同时考虑西炮台所处环境，对原有保护范围进一步作出调整建议，使其分为重点保护范围和一般保护范围两部分。同时根据建设控制地带的不同控制需求，对各类建设控制地带重新分类（表3-7，图3-9，图3-10）。

表3-7 | 保护区划规模

区划名称		面积（公顷）
保护范围	重点保护范围	7.05
	一般保护范围	44.02
建设控制地带	一类建设控制地带	23.17
	二类建设控制地带	58.47
	三类建设控制地带	8.29

4.2 区划类别

（1）保护范围：原保护范围划定较为全面准确，能有效保护文物本体，因此本案维持原有范围，不作调整。根据保护工作的现实需要和可操作性，将保护范围具体划分为重点保护范围和一般保护范围。

（2）建设控制地带：原建设控制地带划定较为全面，基本有效保护了文物的周围环境，因此本案对边界不作大的调整，仅在原有文字描述基础上，对其进行图形化落实和具体管理规定的调整。

1993年，在辽政发〔1993〕8号《关于公布一百五十九处省级以上文物保护单位保护范围和建设控制地带的通知》的附件中，曾规定了建设控制地带的若干种分类，并具体制定了各类的建设控制地带的控制指标，用以指导辽宁省所有的省级以上文物保护单位建设控制地带的管理工作。考虑到不同文物保护单位的本体和环境具有很大的差异性，套用统一的管理规定不尽有效。本案认为需要针对西炮台的具体情况制定专门的建设控制地带的管理规定。因此本案规定的一类建设控制地带、二类建设控制地带和三类建设控制地带与辽政发〔1993〕8号《关于公布一百五十九处省级以上文物保护单位保护范围和建设控制地带的通知》附件中规定的I类、II类、III类建设控制地带的管理规定不同，在执行时应注意按照本案的具体规定执行。

一类建设控制地带（原I类建设控制地带）：采取控制文物周边建筑的高度、体量、色调及功能的多重手段。该控制地带内的原有鱼塘应保留，不得填埋。该区内的建筑物和构筑物本身及其功能不应对环境带来污染，尤其是水污染。为保持炮台上西向面海的视域内的历史环境氛围，确定视线通廊，对该控制地带内的建筑物和构筑物高度进行分区控制。从南侧小炮台东边界中点往南画一南偏东20°的射线，在该控制地带内，被射线划分的西侧区域内的建筑物和构筑物高度不应超过4米，剩余区域内建筑物和构筑物高度不超过12米。为控制炮台周边环境的肌理，确保炮台在环境中的核心位置，规定该控制地带内的建筑物和构筑物的体量不应过大，单体占地面积应控制在10米×50米之内。同时规定建筑物和构筑物色调应与环境融合协调，以青、灰色调为宜，避免刺目突出。二类建设控制地带（原II类建设控制地带）：以控制文物周边建筑的高度、体量和功能为主要手段。该控制地带内的原有鱼塘应尽量保留。对建筑物和构筑物功能不作具体要

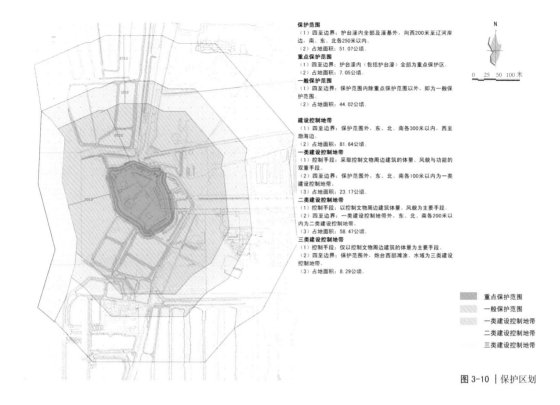

保护范围
(1) 四至边界：护台濠内全部及濠基外，向西200米至辽河岸边，南、东、北各250米以内。
(2) 占地面积：51.07公顷。
重点保护范围
(1) 四至边界：护台濠内（包括护台濠）全部为重点保护区。
(2) 占地面积：7.05公顷。
一般保护范围
(1) 四至边界：保护范围内除重点保护范围以外，即为一般保护范围。
(2) 占地面积：44.02公顷。

建设控制地带
(1) 四至边界：保护范围外，东、北、南各300米以内，西至渤海边。
(2) 占地面积：81.64公顷。
一类建设控制地带
(1) 控制手段：采取控制文物周边建筑的体量、风貌与功能的双重手段。
(2) 四至边界：保护范围外，东、北、南各100米以内为一类建设控制地带。
(2) 占地面积：23.17公顷。
二类建设控制地带
(1) 控制手段：以控制文物周边建筑体量、风貌为主要手段。
(2) 四至边界：一类建设控制地带外，东、北、南各200米以内为二类建设控制地带。
(3) 占地面积：58.47公顷。
三类建设控制地带
(1) 控制手段：仅以控制文物周边建筑体量为主要手段。
(2) 四至边界：保护范围外，炮台西部滩涂、水域为三类建设控制地带。
(3) 占地面积：8.29公顷。

▨ 重点保护范围
▨ 一般保护范围
▨ 一类建设控制地带
　 二类建设控制地带
　 三类建设控制地带

图 3-10 ｜保护区划

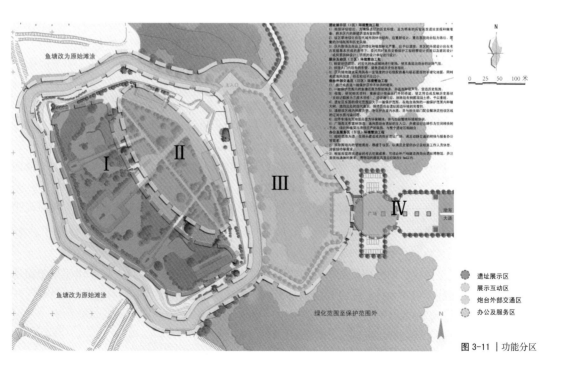

● 遗址展示区
● 展示互动区
● 炮台外部交通区
● 办公及服务区

图 3-11 ｜功能分区

求，但应避免兴建带来大量人流聚集、停车、交通疏导问题，或者带来环境污染，如水污染和噪音污染问题的大型公共建筑或工厂、企业。为保持炮台上西向面海的视域内的历史环境氛围，确定视线通廊，对该控制地带内的建筑物和构筑物高度进行分区控制。从南侧小炮台东边界中点往南画一南偏东20°的射线，在该控制地带内，被射线划分的西侧区域内的建筑物和构筑物高度不应超过8米，剩余区域内建筑物和构筑物高度不超过16米。

三类建设控制地带（原V类建设控制地带）：一般不得进行建设行为，如因防洪、海事等特别情况需要进行建设的，应经营口市文物行政管理部门同意后，报营口市规划局批准。西炮台现已公布的建设控制地带中，曾确定了炮台"西部滩涂，水域为V类建设控制地带"，但未在图纸上具体确定边界所在。本案确定了炮台遗址的保护范围西侧100米内的滩涂、水域为三类建设控制地带，为今后的保护和管理工作提供了明确的实施范围。

4.3 规划分区

根据西炮台的历史格局及空间利用现状，结合本案的基本设想，将规划地块根据不同的保护措施和使用功能进一步划分为四个区域（表3-8，图3-11）。

表3-8 | 规划分区

区域编号	区域名称	保护区划	功能定位
I区	炮台遗址展示区	重点保护范围	以三个炮台为中心的遗址展示区，包括两个水池，以及西、北段围墙
II区	展示互动区	重点保护范围	包括室外的作战雕塑和考古挖掘现场的展示，并组织策划可参与性的纪念活动，突出中日海战的展示主题
III区	炮台外部交通区	一般保护范围	包括护台濠外侧环路、主入口及林荫道，满足炮台外部环境的营造与展示
IV区	办公及服务区	一般保护范围	包括渤海大道与遗址公园的缓冲广场、停车场，以及西炮台文管所办公及相关工作人员休息处，解决人流和车流交通问题，并满足消防、疏散要求。同时该区设立游客服务咨询处及服务设施，为游客提供便利

5 保护措施

5.1 工程保护记录

西炮台遗址多为土质遗址，惧水，必须采取切实的防护措施。遗址自1987年以来，先后经过多次修缮或清理。

1987年夏和1991年9月两次清理护台濠，挖出开口15米、落底10米、深2米的壕沟，并外修防潮坝一道。

1990—1992年，先后三次对围墙坍塌部分进行了修复，动用夯土块和填土3000立方米，保护了围墙不再继续坍塌。

5.2 防洪工程

遗址的重点保护区必须沿地段周边有组织设置排水，并入城市排水管网，防止洪汛期及雨季积水。由于文物的不可再生性，尤其是土遗址的惧水性，应考虑遗址表面的快速排水，结合《营口市城市总体规划》中的城市防灾规划，做好应急措施。

5.3 墙体保护措施（表3-9）

表3-9 | 墙体保护措施

病害种类	破坏现象	保护区划	主要措施	备注
A浅根植物影响	植物无组织生长，破坏墙体土体	未及时清理墙体附着的植物	清除附生在墙缝中和墙顶上的植物乱根	—
B深根植物影响	植物乱根深入墙体裂缝，撑破墙体	未及时清理墙体裂缝中生长的植物，导致植物乱根深入裂缝，撑破墙体	清除墙顶杂树、乱根。建议使用8%铵盐溶液或0.2%-0.6%的二氯苯氧醋注入树根处理，腐烂后加入三合土夯实	可采用化学试剂清除植物根系，但应经过试验，确保不对夯土造成破坏
C墙体塌陷	墙体部分塌陷、倒塌	墙体臌胀、开裂、起壳、下沉状况没有得到及时修缮，导致破坏加剧严重，出现部分墙体坍塌	采取加固和确保安全的措施，使用原材料、原工艺补夯墙体	应保证补夯的土色与原夯土色有显著区别，以确保可识别性
D墙面空蚀	墙体立面出现臌胀、开裂、起壳、空蚀	夯土风化、酥碱。墙体结构材料老化、抗力降低	清理破坏表面，补夯内侧墙体。对墙体表面的损伤，封堵裂缝。局部重要部位表面损伤墙面，可根据试验结果，采用敦煌研究院开发的PS加固剂或北京大学开发的丙烯酸树脂非水分散体加固剂等土遗址补强制剂，配合锚杆、竹钉予以拉结、修补，防止进一步破坏	整片墙面膨胀、隆起、扭曲、大角度倾斜，并可能在近期内失稳的，应以安全为第一原则，予以拆除，并使用原材料、原工艺进行补夯
E墙体缺口	墙体被打断，或部分缺失	人为打断墙体	使用原材料、原工艺补夯	应保证补夯的土色与原夯土色有显著区别，以确保可识别性
F降水冲沟	顶面、侧面浸泡、冲蚀	年久失修、战争或其他人为原因破坏	埋设PVC管等排水构造，解决墙顶排水问题，并经常清扫围墙顶面，清除排水障碍。墙体顶面排水构造之上可种植草皮	—

5.4 化学保护

（1）夯土表面为防止雨水渗透，可以采取一些化学保护措施。但应注意在使用时进行多方案比较，尤其要充分考虑其不利于保护文物原状的方面。所有的保护补强材料和施工方法，都必须先在实验室进行试验，取得可行的结果后，才允许在夯土上进行局部试验。经过至少一年时间，得到完全可靠的效果后，才允许扩大范围使用。敦煌研究院开发的PS加固剂及北京大学开发的丙烯酸树脂非水分散体加固剂是得到较多案例实施证实可靠的两种土遗址补强制剂，配合锚杆、竹钉对夯土墙予以拉结、修补，可防止炮台夯土体进一步破坏。应在西炮台遗址取夯土试块进行现场试验，检验使用试剂后夯土体具体的抗压、抗拉、抗冻、抗水溶能力后，择优使用。

（2）对遗存大炮、炮弹等金属制品的保护也应采取化学措施，作防锈和防腐蚀保护。在采取化学保护措施时应本着科学谨慎的态度，进行多方案比较，充分考虑不利因素。所有的保护措施，都必须先在实验室进行试验，取得可行的结果后，才允许在金属文物上进行局部试验。经过至少一年时间，得到完全可靠的效果后，才允许扩大范围使用。

（3）化学保护要有相应的科学检测措施和阶段监测报告。

（4）化学保护必须由取得文物保护工程资质证书的单位承担，经专业技术论证后才能实施，要考虑可逆性。

5.5 防护加固工程

（1）对坍塌严重的围墙、围墙南北两角坍塌的炮台进行加固，具体措施包括局部支撑、重点部位支护、局部补砌、补夯等修整措施。应使用原材料、原工艺补夯墙体，保证补夯的土色与原夯土色有显著区别，以确保可识别性。

（2）在监测的基础上，定期对遗址的保护性建筑进行建筑结构可靠性鉴定与评估。

（3）在可靠性鉴定与评估的基础上，针对破坏原因进行结构加固和耐久性保护。

（4）在试验的基础上使用化学试剂清除围墙上的破坏性植物乱根，腐烂后加入三合土夯实。

（5）在围墙顶预埋排水构造，顶部可覆盖草皮，保护表面土体。

（6）增强消防设施，电线设置应当尽量隐蔽，并套PVC管保护。

5.6 护台濠整治

（1）原护台濠已淤塞，后经清理挖掘，并重新修葺。护台濠的恢复对于炮台原状原格局的恢复具有重要意义，对炮台的排水和防止人为攀越破坏围墙具有积极意义。

（2）新修的护台濠宽度比发掘实测尺寸明显偏大，不能传递正确的历史信息，其宽度应相应缩减到历史尺寸。

（3）现护台濠的护坡为石砌，与历史不符，近期应尽快种植芦苇对毛石驳岸进行遮挡。中期拆除护台濠石砌护坡，缩减濠宽，并恢复自然护坡，种植芦苇等湿地植物，塑造历史环境氛围。护坡的具体改造构造见基础资料汇编图（图3-12）。

5.7 可逆性原则

（1）在制定具体保护措施时，必须采取审慎的态度。在保护措施和技术不够成熟的情况下，首先考虑具有可逆性的措施。

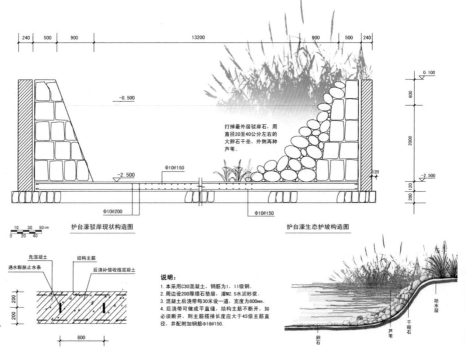

图3-12 | 护台濠生态护坡示意

天辽地宁 格致探原

（2）上述所有保护措施的运用必须建立在对遗址具体问题的实际调研和科学分析的基础上，技术方案须经主管部门组织专家论证批准后，方可实施。

6 环境规划

6.1 环境保护要求

保护区总体容量应严格控制在环境容量之内。尽可能防治保护区划内的环境污染，规划范围内禁止倾倒、堆积任何类型的固体、液体废弃物，禁止建设有可能造成环境污染（如产生污水、废弃或有害气体、噪声、废弃物等）的工厂、企业。

景观设计必须在满足文物保护的前提下进行，同时与周边滩涂水域植被资源保护相协调。

在炮台南侧，位于建设控制地带范围内选择当地树种种植高大乔木，遮挡远处的现代办公楼，保证炮台南侧视线通廊的历史氛围。

6.2 环境质量要求

在保护范围和建设控制地带内不得设置垃圾填埋场。保护范围内的生活垃圾管理和无害化系统参照旅游风景城市的标准执行；大气、水、噪声、放射性防护标准按照风景名胜区标准执行；游客粪便处理按照《城市公共厕所卫生标准》GB/T 17217和《城市公共厕所规划和设计标准》CJJ14的有关规定执行：

（1）大气环境质量符合国家《环境空气质量标准》GB 3095—1996中规定的一级标准。

（2）地面水环境质量按国家《地表水环境质量标准》GB 3838—2002中规定的I类水质标准要求执行。

（3）规划范围内室外允许噪声级应低于国家《城市区域噪声标准》GB 3096—1993中规定的"特别住宅区"的环境噪声标准值。

（4）放射防护标准应符合GBJ8-74中规定的有关标准。

（5）开展环境质量监测和记录工作，包括气象、风沙、水质等。监测档案与文物保护单位档案共同管理。

6.3 环境整治要求

环境整治是对遗址环境的综合治理措施，包括清理和营造两方面任务：清理的主要对象是已经或者有潜在可能引起污染，破坏遗址本体或环境真实性、完整性、延续性的外界因素；营造的主要项目是为公众服务、保障安全，及辅助展示遗址本体、环境的设施、建筑、景观绿化等。

根据营口市城市总体规划，现西炮台地块规划为公共绿地，应将地块用地性质调整为文物古迹用地。根据环境评估结论，分期搬迁一般保护范围中不协调的建筑；分期整治或拆迁建筑控制地带中不协调的建筑，以达到控制要求；新建项目的控制要求根据保护范围和建设控制地带的管理规定执行。

西炮台周围的景观环境应与炮台的军事防御工事氛围相协调。在考古发掘研究的基础上，结合文献记载，对炮台的整体环境进行重新设计和修复，展现西炮台遗址的历史环境。景观设计要防止出现园林景观化的倾向，造成历史信息与"场所精神"的错乱。

6.4 遗址展示区（I区）环境整治工程

（1）为确保遗址的历史环境，及为将来的兵营库房遗址发掘做准备，将本区内的新建仿清兵营拆除。仿清兵营的建设没有历史依据，且不利于地基下面原兵营遗址的保护。拆除之后应进行兵营库房遗址的探掘，在保护的基础上，进行展示设计，传达历史信息。

（2）该区草地绿化有现代城市园林化倾向，应重新设计，重在展现炮台较为雄壮、厚重的沙场氛围和历史风貌。具体手段可包括：削弱现有人工草坪面积过大、过整的效果，增加砾石铺地、砂石铺地，烘托气氛。

（3）区内围墙及炮台上的绿化种植园林化倾向明显严重，应予以清理。本区的环境设计应在考古发掘基本完成的条件下，委托同时具有文物保护工程勘察设计资质以及建筑设计（或风景园林设计）资质的设计单位进行设计，以保证在设计过程中能充分贯穿文化遗产保护和展示的理念。

6.5 展示互动区（II区）环境整治工程

（1）对现状的水泥铺地进行更换，使其表现出炮台的沙场气氛。

（2）根据《南北洋炮台图说》及《沈故》文献记载，原影壁位于炮台大门外。据当地专家回忆，1970年代大门外仍保存有影壁遗存，但现已不存。现大门内的影壁为新建的景观设施，使历史信息造成一定混乱。因此应拆除大门内现有的影壁，避免造成历史信息错乱。

（3）区内铺地建议采用具有一定强度的砂石级配路基与砾石面层的半硬化地面，同时考虑海风强度，砾石粒径不应过小。

6.6 办公及服务区（III区）环境整治工程

（1）搬迁或改造一般保护区中不协调的建筑。

（2）一般保护范围内的鱼塘还原为原始滩涂，并适当种植芦苇，营造历史氛围。

（3）收集、研究相关资料，重新设计炮台大门外的桥梁，使之符合或反映历史原状。根据李鸿章奏折记载：炮台原有"木吊桥三座"，设计研究应广泛收集相关历史时期的炮台吊桥案例、图像资料、文献记载，本着严谨的历史研究态度予以复原设计，不得凭空创造或加入过多的想象发挥。研究论证通过后，拆除现有钢筋混凝土桥，对木吊桥予以重建。

（4）遗址区东面的绿化范围大于一般保护范围，在炮台南侧的一般保护范围内种植大树，遮挡远处的现代建筑，保证视线通廊。包括两方面：一方面是对炮台东侧的城市建筑的缓冲和遮挡，主要通过在该区内东侧与城市交接处种植树木绿化带来实现，从而形成古炮台和现代城市的过渡区，一定程度上减少城市对炮台环境的不利影响；另一方面是在该区的炮台南侧种植几排高大树木，遮挡远处的办公楼的视线影响。

（5）清理该区域内的废弃物，净化护台濠内水质，并与相关部门配合解决流经该区域的辽河水质污染问题。西炮台周围环水，水域是炮台环境的重要组成部分，应与相关部门配合综合治理水污染问题，主要包括护台濠内水质和辽河水质污染问题。

（6）现停车场水泥地面应改为环保铺地，如使用植草砖，与炮台周边的湿地环境相协调。

（7）在渤海大道尽端设置广场，满足视线缓冲、交通组织的要求。

（8）广场西北布置林荫道，通向西炮台遗址的主入口，并建设纪念碑作为空间转换的节点，绿化种植突出肃穆庄严的氛围，与整个遗址区相融合。

6.7 炮台外环境区（Ⅳ区）环境整治工程

（1）将渤海大道端头改造成西炮台遗址广场，满足动静交通的转换与服务办公等需求。

（2）拆除围墙内的管理用房，移建于该区，以满足文管所办公及相关工作人员休息、游客接待等需求。

（3）根据兵营库房遗址的考古挖掘成果，结合外广场建造西炮台遗址博物馆，并注意视线通廊的要求，博物馆的建筑高度在详细研究后确定。

7 展示规划

7.1 展示方式

（1）室外展示内容包括：遗址本体和环境，院内的场景雕塑，考古发掘现场。现阶段炮台遗址本体和环境、院内的场景雕塑已具备展示条件。在制定炮台院内兵营、库房遗址考古发掘计划时，应充分考虑发掘、揭露的步骤，以确保院内有足够的开放展示空间。同时，考古发掘现场应设计对公众开放展示的部分，使公众能普及了解考古知识。

（2）室内展示内容包括：中日海战及西炮台相关历史知识、相关建筑知识、出土文物及清理过程。现阶段已有西炮台相关历史知识、建筑知识、出土文物的展板和展陈。随着炮台内兵营、库房考古发掘的开展，必然会清理出更多的出土文物。应安排专门的室内空间作为工作场地，进行出土文物的清理、编号、复原、保护等工作过程，并确保此工作过程能够向公众开放。同时亦可与大专院校合作，接受爱好者、志愿者参与一部分出土文物的清理工作，使公众有机会对考古研究过程获得充分的感性认识。

7.2 展示分区

（1）炮台遗址展示区（Ⅰ区）：主要包括三个炮台遗址、南北东三面围墙遗址、两个水塘遗址。该区体现了西炮台的大量历史信息，是展示的重中之重。

（2）展示互动区（Ⅱ区）：位于台院内中部开敞地带，以主炮台所在中轴线为界，南北分为两个场景雕塑展。北部雕塑主要展示清兵作战场景，并展示了部分碉堡等防护体的仿制品；南部雕塑为清兵训练场景，并展示了一些仿制大炮。这两部分场景雕塑可以使游客具象地了解清兵训练作战场景，并增加了台院内的历史气氛。考古发掘开始后，该区即为发掘和展示发掘的主要区域。

（3）炮台外环境区（Ⅳ区）：林荫道营造肃穆庄严的气氛，使游客在进入炮台遗址区前得到精神上的洗礼，炮台围墙外的交通还有护台濠和濠外环路，游客可以在环路上绕行或乘小型游船在护台濠内游览，获得对炮台的全面认识。

（4）办公及服务区（Ⅲ区）：包括西炮台遗址广场、文管所、游客服务处和相关服务设施，对游客进行管理并提供相关服务。根据考古挖掘的情况，建设博物馆，主要存放和展示相关的历史图文资料，记录出土文物及文物清理过程。

7.3 展示路线

炮台的展示内容可分为台院内和台院外两部分，台院内的各展示区之间相互交接且距离很近，并没有固定和明显的展示流线，本案中的展示路线是基于有序参观的考虑而设置，仅起引导作用，在实施中主要靠具体的管理和服务来得到保障。

（1）由外向内：办公及服务区停车—炮台外环境区—炮台遗址展示区—展示互动区。

（2）由内向外：办公及服务区停车—炮台遗址展示区—展示互动区—炮台外环境区观赏（图3-13）。

7.4 容量控制（表3-10）

表3-10 | 容量计算

名称	计算面积（平方米）	计算指标（平方米/人）	一次性容量（人/次）	周转率（次/日）	日游人容量（人次/日）	年容量（万人次）
三个炮台遗址	2025	50	41	6	246	5.02
围墙大门遗址	300	50	6	6	36	0.49
陈列室	300	15	20	6	120	3.26
台院内空地	27410	100	274	6	1644	33.54
炮台外部观赏区	5000	10	500	6	3000	81.60
总计	35035	185	841	6	5046	123.91

考虑西炮台的维修、布展、春节休假及人员学习等情况，年开放天数按340天计；为确保遗址不因过度开放而受损，规划暂定系数为0.6；为确保展览建筑不因过度开放而受损，规划暂定系数0.8。遗址展览式：年容量=日游人容量×340天×系数0.6；综合陈列式：年容量=日游人容量×340天×系数0.8

7.5 交通组织

（1）交通方式：各展示区的区内交通以步行为主，可辅助以依靠洁净能源的游览车。西炮台院内部主要道路采用砂石级配路基与砾石面层的半硬化地面，次要道路采用青砖路；外部环路采用砂石夯筑路面。护台濠内使用采用清洁能源的小型游览船。区内道路共分二级：一级道路为主大门通往大炮台的道路和护台濠外的环路，路面宽度为5米；二级道路为台院内连接各区的道路，路面宽3米。

（2）停车场：广场处设有停车场并留有远期扩展用地，满足停车要求（图3-14）。

8 管理规划

8.1 管理策略

加强管理，制止人为破坏是有效保护遗址的基本保障。日常保养是最基本和最重要的保护手段。要制定日常保养制度，定期巡视监测，并及时排除不安全因素和各种损伤。管理规划范围为西炮台的保护范围和建设控制地带。

8.2 管理机构

西炮台现由辽宁省营口市西炮台文物管理所管理。根据《全国重点文物保护单位保护范围、

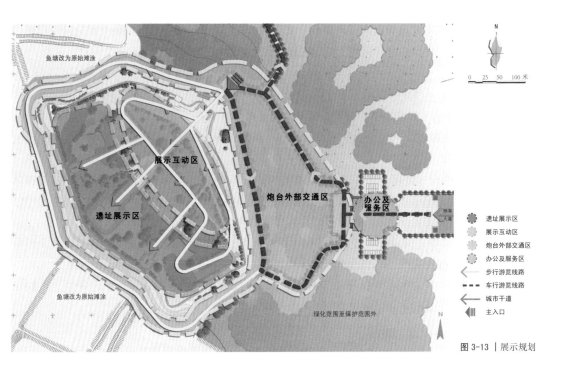

图 3-13 │ 展示规划

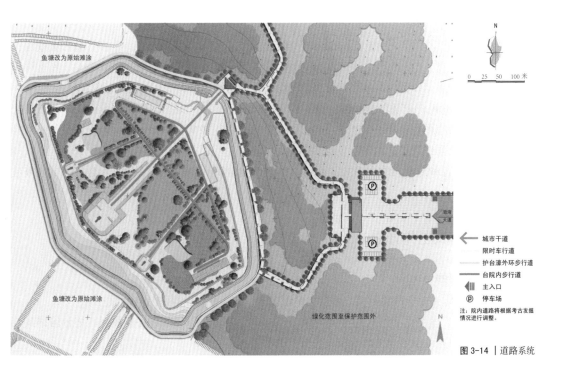

图 3-14 │ 道路系统

标志说明、记录档案和保管机构工作规范（试行）》要求，结合文物管理措施和现阶段管理机构体制，规划不对管理机构进行调整。遗址的日常管理和服务工作均由西炮台文物管理所负责。

8.3 管理规章

按照国家有关法律法规要求，本规划经审定之后，各级政府应落实下列工作事项：

（1）由辽宁省人民政府公布保护范围与建设控制地带。

（2）营口市政府应尽快根据规划要求编制《西炮台遗址保护管理条例》，报市人民代表大会审批通过后公布实施。

（3）《西炮台遗址保护管理条例》内容应包括：保护范围与建设控制地带的界划；管理体制与经费；保护管理；奖励与处罚等。《西炮台遗址保护管理条例》必须强调对开放容量的管理：必须以不损害文物原状为前提，并以文物自身的开放容量为核算依据。

（4）由营口市文物局按照有关规范要求立桩标界、设置说明牌。标志制作应符合《全国重点文物保护单位保护范围、标志说明、记录档案和保管机构工作规范（试行）》的规定。

（5）由营口市文物局根据现有具体管理办法，按照《西炮台遗址保护管理条例》，制定《营口市西炮台遗址日常工作管理条例》，指导日常管理工作。

8.4 日常管理

（1）保证营口市西炮台遗址的安全和游人的安全。主要工作项目有：建立自然灾害、旧址本体、环境以及开放容量等监测制度，积累数据，为保护措施提供科学依据；实施日常保养工程，即经常性保养维护工程，包括夯土监测，及时排除水灾、火灾、人为破坏等隐患；根据测算结果，控制遗址的开放容量；协调与遗址周边的关系，建立保护网络；建立定期巡查制度，及时发现并排除不安全因素。

（2）提高展陈质量。主要工作有：尽可能显示、宣传营口市西炮台遗址，引起公众重视；抓好展示陈列工作，创新创优，扩大展陈影响；提高导游、讲解人员素质，培养中文、外文讲解员；管理出售的书刊、音像制品和遗址工艺纪念品，不得销售格调低俗的旅游纪念品。

（3）收集资料，记录保护事务，整理档案，从中提出有关保护的课题进行研究。包括：纪录、收集与营口市西炮台相关的历史文献、历史研究成果；收集营口市西炮台遗址的各种工程勘测报告、考古工作记录等，做好业务档案。

（4）制定各种应急预案。主要工作有：制定西炮台防火疏散、防洪、防人为重大事故等应急预案。

9 研究与咨询工作计划

9.1 考古工作目的

（1）深入研究西炮台的原状，探索更多历史信息，充分展示西炮台的价值。

（2）兵营、库房作为炮台的重要组成部分，其历史信息的存在对完整表现西炮台的格局具有重大意义，对其他炮台遗址的研究也具有重要的借鉴意义。

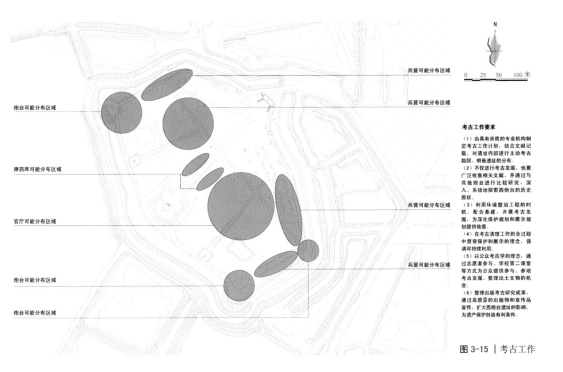

炮台可能分布区域

弹药库可能分布区域

官厅可能分布区域

炮台可能分布区域

炮台可能分布区域

兵营可能分布区域

兵营可能分布区域

兵营可能分布区域

兵营可能分布区域

N

0 25 50 100 米

考古工作要求

（1）由具有资质的专业机构制定考古工作计划，结合文献记载，对遗址内部进行主动考古勘探，明确遗址的分布。

（2）不仅进行考古发掘，也要广泛收集相关文献，并通过与其他炮台进行比较研究，深入、系统地探索西炮台的历史原状。

（3）利用环境整治工程的时机，配合基建，开展考古发掘，为深化保护规划和展示规划提供依据。

（4）在考古清理工作的全过程中贯穿保护和展示的理念，强调可持续利用。

（5）以公众考古学的理念，通过志愿者参与、学校第二课堂等方式为公众提供参与、参观考古发掘、整理出土文物的机会。

（6）整理出版考古研究成果，通过高质量的出版物和宣传品宣传，扩大西炮台遗址的影响，为遗产保护创造有利条件。

图 3-15 ｜ 考古工作

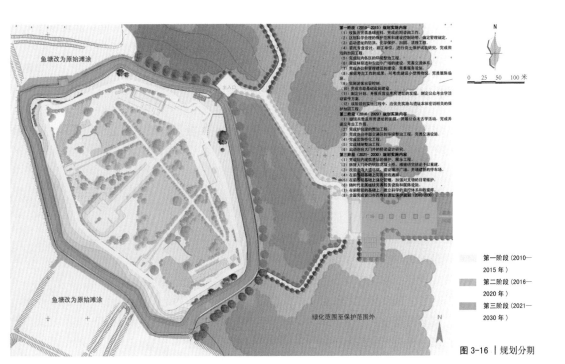

鱼塘改为原始滩涂

鱼塘改为原始滩涂

绿化范围至保护范围外

N

0 25 50 100 米

第一阶段（2010~2015）规划实施内容

（1）收集与西炮台相关的各项资料，完成前期咨询工作。
（2）划拨专项经费用于西炮台保护设施的建设，确定管理规定。
（3）启动建设的各项准备工作，加固、加强、清理工程。
（4）委托专业设计、施工单位，进行加固、保护试验研究，完成图纸的改造工程。
（5）完成场地内各区的环境绿化工程。
（6）完成观光林荫道和东边的广场的建设，完善交通体系。
（7）建设办公和管理建筑的修建，完善服务功能。
（8）完成对出土文物的整理工作，并考虑建设小型博物馆，完善展陈设施。
（9）实施地基管控制。
（10）完成市政基础设施改建工程。
（11）制定兵营、弹药库等遗址的发掘，制定公众考古活动宣传方案。
（12）逐步控制实施工程，应优先实施遗址本体密切相关的保护加固工程。

第二阶段（2016~2020）规划实施内容
（1）继续兵营遗址的发掘，开展公众考古活动，完成并改善考古工作计划。
（2）完成环境整治绿化工程。
（3）完成综合性交通系统的绿化整治工程，完善交通设施。
（4）完成墙体强化工程。
（5）完成城墙修复工程。
（6）启动防护大门外的修建设计研究。

第三阶段（2021~2030）规划实施内容
（1）完成院内的环境整治工程、展示工程。
（2）继续大门外的修缮设计及施工，根据研究结果进行建造的修复工作。
（3）改造墙体大门及通道，建设博物馆，建设大门外的停车场。
（4）完成墙体周边绿化整治工程。
（5）在墙角基础上加固处理，加强对文物的日常维护。
（6）对各代文物类进行类别划分与标准保护。
（7）在墙角周边修缮上，建立科学的管理体系和制度。
（8）全面完成营口市西炮台遗址保护规划（2010-2030）。

第一阶段（2010—
2015 年）

第二阶段（2016—
2020 年）

第三阶段（2021—
2030 年）

图 3-16 ｜ 规划分期

（3）考古发掘过程本身的展示，作为一项公众考古学的活动，亦可为营口市增加一项重要的历史文化旅游资源。具体案例可参见山东南旺分水龙王庙考古发掘过程展示、美国费城总统旧居考古发掘过程展示等案例。

9.2 考古工作要求

（1）由具有资质的专业机构制订考古工作计划，结合文献记载，对遗址内部进行主动考古勘探，明确遗址的分布。考古工作程序应符合《田野考古工作规程》（国家文物局，2009）。

（2）不仅进行考古发掘，也要广泛收集相关文献，并通过与其他炮台进行比较研究，深入、系统地探索西炮台的历史原状。

（3）利用环境整治工程的时机，配合基建，开展考古发掘，为深化保护规划和展示规划提供依据。确定展示的遗址应就地原址保护，可具体探讨保护和展示设施的设计。

（4）在考古清理工作的全过程中贯穿保护和展示的理念，强调可持续利用。

（5）以公众考古学的理念，通过志愿者参与、学校第二课堂等方式为公众提供参与、参观考古发掘、整理出土文物的机会。

（6）整理出版考古研究成果，通过高质量的出版物和宣传品宣传，扩大西炮台遗址的影响，为遗产保护创造有利条件（图3-15）。

9.3 咨询工作计划

（1）委托具有资质的专业机构制订考古工作计划，以及公众考古学宣传计划。

（2）考古工作基本完成时，委托同时具有文物保护工程勘察设计资质以及建筑设计（或风景园林设计）资质的设计单位，对西炮台内部建筑遗址的保护和展示进行设计。

（3）随着研究的深入，于规划中期委托具有文物保护工程勘察设计资质以及建筑设计资质的设计单位，对西炮台门外的桥梁进行设计。

10 规划分期

本案的规划期限设定为21年（2010—2030年），规划的建设与改造内容分为：第一阶段6年（2010—2015年），第二阶段5年（2016—2020年），第三阶段10年（2021—2030年）（图3-16）。

10.1 第一阶段（2010—2015年）规划实施内容

（1）收集并完善基础资料，完成前期咨询工作。

（2）区划科学合理的保护范围和建设控制地带，确定管理规定。

（3）启动遗址的防洪、化学保护、加固、清理工程。

（4）委托专业设计、施工单位，进行夯土保护试验研究，完成围墙的加固工程。

（5）完成院内各区的环境整治工程。

（6）开展广场和林荫道的建设，完善交通体系。

（7）结合广场的建设，完成办公和管理建筑的建设，完善服务设施。

（8）根据考古工作的成果，可考虑于广场南面建设小型博物馆，完善展陈设施。

（9）实施游客容量控制。

（10）完成市政基础设施建设。

（11）制订计划，开展兵营及库房遗址的发掘，制定公众考古学活动宣传方案。

（12）该阶段的实施过程中，应优先实施与遗址本体密切相关的保护加固工程。

10.2 第二阶段（2016—2020年）规划实施内容

（1）继续兵营及库房遗址的发掘，开展公众考古学活动，完成并递交考古工作报告。

（2）完成护台濠的整治工程。

（3）完成炮台外部交通区的环境整治工程，完善交通设施。

（4）完成装饰亮化工程。

（5）完成铺地整治工程。

（6）启动炮台大门外的桥梁设计研究。

10.3 第三阶段（2021—2030年）规划实施内容

（1）完成西炮台内的考古工作；完成院内建筑遗址的保护、展示工程报告。

（2）拆除大门外的钢筋混凝土桥，根据研究结论予以重建。

（3）在前阶段基础上完善视线通廊。

（4）在前阶段基础上强化管理，加强对文物的日常维护。

（5）随时代发展继续完善服务设施和展陈设施。

（6）在前阶段的基础上，建立科学的监控体系和数据库。

（7）全面完成营口市西炮台遗址保护规划。

11 附录：基础资料汇编

11.1 西炮台相关文献目录及摘抄

《清史稿》兵志九，海防

……其次为营口海滩平衍，敌易抄袭，复调劲旅接应后路，十年，将军定安于营口创设水雷营，电线、火药，建雷库十间存。

《清实录》光绪七年六月乙亥

光绪七年六月己亥，盛京副都统富升等奏，履勘牛庄、旅顺、没沟营、貔子窝等各海口形势，绘图贴说。得旨：图留览。

《满洲古迹古物名胜天然纪念物汇编》营口西炮台

营口西炮台（营口县西南）：光绪八年开工十四年工竣，台高三丈余，占地三万里许，筑土台三方，中大旁小，高五丈余追光绪甲午年战后已损坏。

《奉天通志》卷七十六

辽河……自海城县西境……又西南巡田庄台村南……小型轮船，可自营口泝航至此……又西南……即营埠码头……又西北回转而南巡西炮台。西炮台，建于清光绪八年。

《辽宁省各县统计表列》

营口西炮台，筑于清光绪五年，系奉天将军马小仓来营监修，工竣后，营总恩赐亭，屯骑兵二百。□招汉兵五百，驻此防守。台周围三里，高四丈，纯两三合土筑成。

《东三省纪略》

同治五年，始设营口海防同知，宣统元年乃分海城、盖平二县地隶之。光绪十一年曾于下游左岸建筑炮台一座，设大小炮四十八尊。甲午之役，营埠失守，炮台毁焉。

杨同桂《沈故》

营口炮台，光绪八年建炮台于东岸，海船入口处，台墙周二百六十余太，前面随辽河湾转作扇面形，中间筑大炮台一座，两旁平炮台二座，以取迎头环击之势。墙下有暗炮洞八处，以备使平击之用。军械库、火药库即在台下。后面中间营门一，两旁营门二，水洞二。内筑兵房库房二百余间。水塘两处，台前有长壕一道，围墙两旁又筑墙十余里，翼蔽左右。

《营口清真寺碑记》

圣世之穆民乃迟年以来，膏火不继房间亦多坍塌，又成岌岌之势。七年夏间，在冠廷军门统领练军来此，筹办海防督修炮台。

《东华录》

四月戊申，定安泰：奉天营口地方，前因办理海防创设水雷营，以资扼守。陆续于外洋天津添置机械、电线、棉花、火药等件运解到营，应设雷库十间，存放电线军械各器，层垒堆集已无余地，棉花、火药，性烈气猛，安置宜严，电线内水线一项必须有甜水蓄养，庶免损伤，若久置旱地胶性燥。烈锈蚀堪虞。拟在该营雷库西编，添盖药库五间，地盘筑深七尺，下用木桩、木梁、三合土坚筑，厚四尺。上盖用青砖圈洞，三合土、塞门土封顶，以杜木性生火。每间开斜照窗二扇，用铁条铁网外照玻璃，以防电气。墙内挖砌竹管，以泄湿气。并于房外四角开井四眼，各置园径二寸，长二丈四尺铁柱一根，以收天行电气。又于雷库东偏添盖电线库五间，地盘筑深九尺，用塞门土、三合、青石块块砌筑中间土地，蓄注甜水，以养水线，四周砖墙、灰顶、木梁、柱椽、望板与药库同，共实需工料银五千五百一十二两二钱六分，撙节估计并无浮冒。

《太子少保头品顶戴兵部尚书山东巡抚部院一等轻车都尉兼一云骑尉世职霍钦巴图鲁张 札》

候补知县萨承钰知悉照得奉天至广东一带沿海舆图中外皆有而洋法所绘尤为详细惟各海口所建炮台安设炮位若干尊略而不载自应于南北两洋各口逐细查明绘图详注以备稽考查该令于海岸形势素所熟悉合行札委札到该令立即前赴南洋及北洋各海口详细绘图贴说禀缴母得延误切切此札

《南北洋炮台图说》

奉天营口，水道迂折，与直隶之大沽形势相埒，其南面海口，有铁板沙，凡轮船入口，必由东之北而达牛庄。现于东岸建成明炮台。中一座，高二丈八尺，台顶隔堆高七尺，厚一丈五尺。顶上周围四十丈，中一层水盘宽一丈，底脚周围五十六丈。台后大马道一条，长二十五丈五尺，马道下两旁各建火药房五间。炮台左右各建小炮台一座，均高一丈二尺，宽三丈；马道长五丈二尺。又各建方炮台一座，均高一丈六尺，顶上周围一十六丈，底脚周围二十二丈，马道长一十一丈。西北隅建圆炮台一座，高一丈四尺，顶上周围一十二丈，底脚周围一十六丈。东南隅又建圆炮台一座，高一丈四尺，顶上周围一十五丈，底脚周围一十八丈。东南向居中建官厅五间，又连建官房八间，两旁各建官房五间。西北向居中建官房五间。西南向炮台后，左右共建兵房一十一间，西北隅又建兵房一十间。西向又建兵房二十一间，接建子药库三间。东向又建兵房二十五间。营墙上分设炮位，营墙下环建兵房九十八间。台后居中建一营门，左右开二便门，营门后左右各建兵房六间，外筑照墙一道。

《营口の现势》五旧炮台

营口驿西二邦里半にわり营口河口に于て海贼船の来袭ぶ防がんたぁ同治九年筑城せらねたぁ八角形の中央を河口に正面し东西の 三方に巨炮を设け周圜は丈余の土壁を以 て筑かね远望古城の赴ぁり光绪二十六年露军の来营と共に撤废せこね其仅放任こね巨炮ね地中に埋没せり。

《营口事情》

巨炮ど设け周围ね丈余の土壁と以て筑かね远景古城 炮台ど中心さして约一置ざ 广さ一町步位の兵营を筑かねた 其当时の海防の迹を窥ふた足ゐ然ゐた光绪二十六年露国人の朱营共撤废せらねて以来修理せらねす自 然の仅た放置しすり故た大巨炮ね地中に埋没し其用ど成さす只独り城壁のみ赤そ夕日た照そに今 其除影と语ゐのけはり。

《东三省古迹遗闻》

刘佩文云。去营埠西五里。有炮台日西炮台。据于辽河之左口。周可三里许。内有点将台三。皆西向。东有三门。与台相对。四围墙高二丈余。系用小米和黏土筑成。坚固异常。内有残炮三尊。至今尚存。相传为清光绪初年。乔帅来守是地。筑以备战者也。迨甲子之役。宋帅战日人于此。其南尚有四营。亦其时所建。今者战事已矣。此台□留。徒为樵子渔父徜徉之所而已。

《营口县志·营口十景》

清初本省为发祥之地，沿海船舶严禁入口，雍正三年始诏驰禁，直鲁渔船，有航海而至者，闽浙之夹板帆船亦相继驶入，然其时海波砥平，防备未设也。道光庚子后，海防始严，迨咸丰十年立牛庄通商为约，而海口险要，亦因以说、施。光绪八年，北洋大臣奉旨，会同盛京将军扎饬营口海关道绩昌，择度要塞地形，于辽河口岸建筑炮台一座，并修营房二百间，当由北洋大臣派官二员，兵百名来营督修，旋加派毅军两营奉军两营、道标一营，取砂石灌浆土，合力建筑，前后十载，环以坚墙，高三丈余，周围约三里许，内筑土台三方，中大，旁小，高四五丈，上可架炮，还可逢海，至光绪十四年始造成功。迨甲午之役，惜为日军占领，以炸药损毁，墙周炮眼到处皆是，然垒基尚固，关道每岁尤等经费储待补修，民国二年，南路观察使任内并将经费提出，此事遂废迄今出德胜门外还瞻，形势巍峨，隐隐一小城郭，及抵其地，则一片荒凉、凭吊故垒遗址，空存，殆不胜有今昔之感矣。

光绪七年，因海防吃紧，兵备道绩昌，请于营濒海口处建筑炮台一座，并修营房二百间，复查旗兵多老幼不堪捍卫，恐误军机，禀请裁撤旗队各归原缺。全体抗命，经毅军统领宋庆竭力弹压，始行解散回籍。由盛京将军改派前营管带马筱昌带兵二百五十名来营驻防，兼修炮台，八年秋，调奉军前营步队管带乔干臣来营。

光绪十四年炮台工程告竣，内置有二十一生的炮二尊，十五生的炮四尊，十生的半炮四尊，三楞铜炮六尊，洋装炮三十六尊，以资防御。甲午中日之役，营口失守，退守榆关，致将炮台房间尽被日人损坏，迄今仅存台基旧址内置各炮，亦被日本得去。迨和议告成，调回营口，职务如前，添置巡船三只，巡官三员，兵士由营拨派另给津贴，巡行海口，及庚子拳匪之乱，俄据营口，将炮台巡船尽数捣毁无存，并库存弹药服装亦全损失。

《李文忠公全集》

（奏稿四十六 营口炮台营制摺 光绪九年六月二十一日）……查营口大小炮台并炮洞以及前墙顶应安设大小炮位三十余尊，其余营墙亦须酌设中次炮二十余尊。营口现存有八千斤铜炮二尊，六千斤铜炮二尊，一千五百斤洋铁炮一尊，又蒙饬拨万斤重阿姆斯脱朗前膛钢炮二尊，现由外洋购到克鹿卜后膛钢炮四尊，每尊约重三千余斤，并原设练军所用五百余斤洋铁炮四尊、喷炮四尊，堪以作为边炮之用。以上各炮拟请俟安设妥协，开操时仿照大沽章程按月支给津贴，其余未购齐大小炮位俟购到后随时禀明办理，其炮盘炮架及随炮器具什物等件遇有缺损，仿照大沽章程随时筹款修补更换禀报……

（奏稿五十八 营口炮台工费片 光绪十二年十一月初四）……谕旨允准钦遵在案，当由升任山海关道续昌勘定东岸第二道标杆处先行拦筑土坝培垫叠道以作底盘，旋即购备料物，雇募匠夫陆续兴造，计修筑炮城一道长二百二十六丈二尺，大小炮台五座，炮房八间，兵房连房一百四十六间，官厅五间，厢房十间，营房、住房十三间，军械药库十间，大营门一座，角门二座，照壁一座；挑挖护城濠、引濠各一道护城，二处凑长一千六百一十三丈二尺，土圩一道长四百十九丈八尺，闸门一座，木吊桥三座，并平垫地面长一千二百丈，土山一道长七百八十丈。于光绪七年八月二十五日动工至十二年七月初六日一律修竣……查此项工程因营口濒临海滩，土松水急，非排钉椿木加以三合灰土层层夯筑不能经久，且系仿照洋式，与内地工程不同……

11.2 炮台相关历史文献目录（表3-11）

表3-11 | 相关文献目录

序号	题名	著者	年代
1	谨拟修改沿江四路炮台刍议	—	明崇祯十七年（1644）
2	广东省海防图	—	清嘉庆五年（1800）
3	惠潮海防全图	—	清道光十年（1830）
4	广东炮台图册	顾炳章绘	清道光二十四年（1844）
5	广东省海防图	—	清道光二十五年（1845）
6	大连湾图	—	清咸丰五年（1855）
7	河阳空心炮台图式	叶世槐绘	清同治元年（1862）
8	天津府城图	—	清同治元年（1862）
9	瑞士进呈炮台图式案	—	清同治十一年（1872）
10	江阴南北两岸炮台防营附近全图	周玉生绘	清光绪元年（1875）
11	长江炮台刍议	姚锡光 撰	清光绪元年（1875）
12	上张勤果公南北洋各炮台情形节:一卷附图说目录	萨承钰 撰	清光绪元年（1875）
13	海阳县沿海疆域墩炮台等项简图	—	清光绪元年（1875）
14	直隶沿海图说	—	清光绪元年（1875）
15	海河及北塘至秦皇岛沿海形势图	—	清光绪元年（1875）
16	莱州府即墨县海图	—	清光绪元年（1875）
17	营口杂记	诸仁安撰	清光绪十七年（1891）
18	铁炮台图说（一卷）	赵伯迅撰	清光绪（1875—1908）
19	山东全省海疆岛岸图	—	清光绪二年（1876）
20	广东海防图	王治绘	清光绪十年（1884）
21	增建炮台章程（一卷）	—	清光绪十年（1884）

序号	题名	著者	年代
22	营口辽河图	王维桢 绘	清光绪十一年（1885）
23	胶州湾图	—	清光绪十一年（1885）
24	烟台图	—	清光绪十一年（1885）
25	福建闽厦两海口各炮台全图	—	清光绪十一年（1885）
26	营口地势炮位图	—	清光绪十一年（1885）
27	天生港炮台立看侧面全图	—	清光绪十六年（1890）
28	江阴南岸炮台立看侧面全图	—	清光绪十六年（1890）
29	江苏沿江炮台图	—	清光绪十六年（1890）
30	厦门湖里山炮台全图	—	清光绪十六年（1890）
31	都天庙炮台立看侧面全图	—	清光绪十六年（1890）
32	营口全图	—	清光绪十六年（1890）
33	广西中越全界之图	蔡希邠 制	清光绪十九年（1893）
34	旅顺驻防图	—	清光绪二十年（1894）
35	金州大连湾图	—	清光绪二十一年（1895）
36	大沽海口南北两岸炮台营垒全图	—	清光绪二十一年（1895）
37	长江炮台刍议	姚锡光 撰	清光绪二十二年(1896)
38	福州海口全图	福建善后局 制	清光绪二十二年（1896）
39	长江炮台刍议（一卷）	姚锡光 撰	清光绪二十五年(1899)
40	达濠城图	—	清光绪二十六年（1900）
41	揭阳县全舆图	—	清光绪二十六年（1900）
42	南北洋七省各海口码交台图说	—	清光绪二十六年（1900）
43	金陵炮台全图	—	清光绪二十六年（1900）
44	炮台说略（二卷）	（德）何福满 译	清光绪二十六年（1900）
45	江西省九江四路炮台六座总图	陈志能 绘	清光绪二十六年（1900）
46	文登县沿海口岸墩炮台内外洋岛屿图说	—	清光绪二十六年（1900）
47	安徽省城至九江长江江防图	—	清光绪二十六年（1900）
48	广东省河河南各码头全图	—	清光绪二十六年（1900）
49	吴淞炮台档案	—	清光绪三十年（1904）
50	江阴南北岸各炮台地舆全图	—	清光绪三十二年（1906）
51	长江炮台刍议（不分卷）	姚锡光 撰	清光绪三十三年(1907)
52	营口全图	（日）川端源太郎 编绘	清光绪三十四年（1908）
53	河南省城修补炮台图	—	清宣统元年（1909）
54	查阅沿江炮台复禀（一卷）	—	清末
55	虎门各炮台形势总图	广东威远署总台长处 编	民国元年（1912）
56	金州旅顺口大连湾图	—	民国元年（1912）
57	奉省沿海地势炮台营垒图	王亮 编	民国二十二年（1933）
58	营口县志（二十三篇）	杨晋源 修	民国二十二年（1933）
59	长江炮台总图	王亮 编	民国二十二年（1933）
60	营口文史资料（第十辑）营口港埠面面观	蒋犟 主编	1994年
61	西炮台	崔德文 著	1994年
62	营口地方史研究	李有升 著	1995年
63	营口港史（古·近·现代部分）	邓景福 著	1995年
64	中国近代建筑总览（营口篇）	曹汛 主编	1995年
65	营口市文物志	崔艳如，等 著	1996年
66	（民国）营口县志	杨晋源 修	2001年
67	营口军事志（1840—1985）	营口军分区 编	2002年

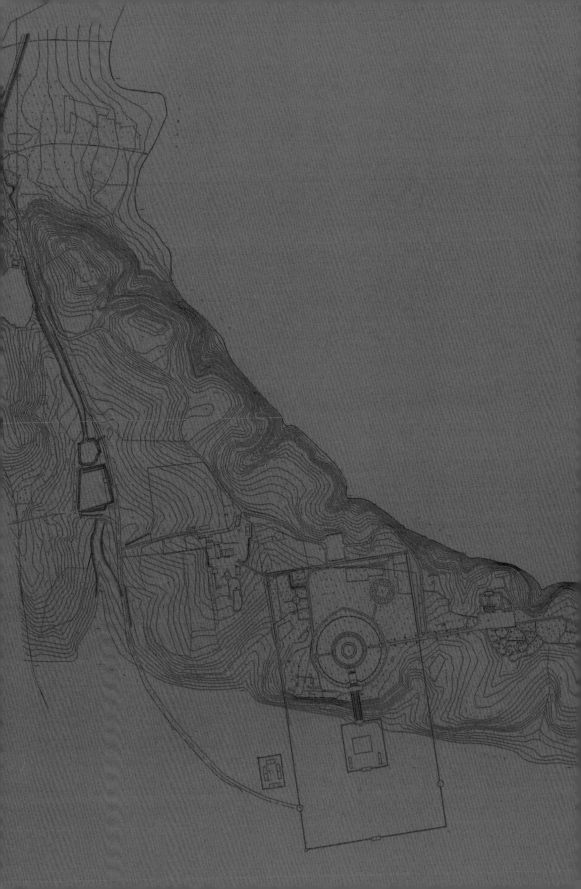

元帅林——明清石刻与近代名人墓葬的空间化系列展示

概况： 抚顺市元帅林〔省保〕

空间序列重塑
—— 基于历史信息传承的文化遗产保护方法

保护规划（2010—2030年）：明清石刻与近代名人墓葬的空间化系列展示

概况：抚顺市元帅林（省保）

　　抚顺市元帅林是"东北王"中华民国陆海军大元帅张作霖的未葬茔墓，元帅林按照中国传统风水观念进行选址，位于抚顺市东章党乡高力营村南的山岗上。山岗自北向南突出，北面群山绵亘，东、南、西三面浑河环绕（今为大伙房水库一角），南面隔水与铁背山相望。总体布局体现了中国古代陵墓形制，分为外城、方城和圆城，建筑风格为中国古典形式（图1-1），但局部装饰却体现出西洋风格，是一座中西合璧的近代墓葬建筑（图1-2）。陵墓建设之时，为节约工期，从北京明清皇家陵园运来大批珍贵精美的石刻（图1-3），目前仍保存在元帅林内。1950年大伙房水库的修建，使得元帅林方城以及外城的南半部被水淹没。

1　历史沿革

　　元帅林是爱国将领张学良为其父奉系首脑张作霖选址所建的陵寝，始建于1929年5月。占地1200亩，由外城、方城、圆城、墓室组成，整体工程计划3年完成。

图1-1 | 元帅林隆恩门、石牌坊现状

(1) 纪念碑
(2) 纪念碑细部
(3) 大台阶栏杆
(4) 栏杆细部
(5) 大台阶
(6) 碉堡

图1-2 | 西洋风格的建筑遗存组图

1931年秋，"九一八事变"爆发，即将竣工的工程被迫停工。建陵时，从北京西郊石景山隆恩寺、清太祖努尔哈赤第七子阿巴泰墓及附近的明太监墓迁运大批石像生、影壁、石牌楼等石刻置放陵园内。

1954年5月，修建大伙房水库，在征得张学思（新中国海军前参谋长，张作霖第四子）同意的前提下，将规划中处于淹没区的陵门、隆恩门、享殿、东西配殿和部分方城城墙拆除。"文革"期间，圆城南门、墓道、120级石台阶和石刻文物都遭到严重破坏。1972年，元帅林划归市文化局，省文化厅先后两次拨款，对石刻文物进行清理、鉴选，集中保护。

1978年2月，抚顺市政府公布元帅林石刻为"市级文物保护单位"。

1979年，辽宁省、抚顺市文化行政部门先后投资3万元，修建了圆城南门（未按原貌复原），维修圆城城墙，并根据故宫博物院院长杨伯达和刘开渠的建议将精选的62件石刻文物陈列于宝顶平台下的四周。

1980年，对元帅林进行了大规模维修，元帅林基本恢复原貌。

1983—1985年，抚顺市政府组成"元帅林维修工程指挥部"，投资86.8万元对元帅林进行了大规模维修。相继维修了宝顶、墓室、墓门、墓道，恢复重建了圆城南门、东西门楼、120级石阶和栏杆。元帅林除淹没部分外，基本恢复原貌。

1984年，经市政府批准，抚顺市、县文化行政部门，组织人员对散放于群众和一些单位手中的元帅林石刻文物进行了回收。

1987年，省文化厅拨款对元帅林圆城正门、东西门楼进行了彩画。

1988年，在元帅林背面的进山口处安装了一架石牌坊；同时进行了华表加固校正、圆城城墙串瓦、龙头碑基座加固等维修项目。

1988年12月20日，辽宁省政府公布元帅林为"省级文物保护单位"。

1999年，建"明清石刻苑"，陈列已清理的明清石刻精品53件。

2000年7月11日，划归抚顺市东洲区政府代管的抚顺市萨尔浒旅游度假区管委会，期间一直未对文物本体进行实质性维修保护，文物却遭到前所未有的人为破坏。

2007年1月13日，重新划归文化局管辖，文物保护工作提到了重要议事日程。

2007年10月21日至10月28日，对方城东30米处被人为扔进深沟中的石刻，进行抢救性清理，

图1-3 ｜ 元帅林遗存的明清石刻

共抢救出869件，其中：明太监碑3通，石雕201件，建筑构件665件。

2008年4月至5月，对墓室进行防水处理，对圆城内牌坊进行钢板托架，以防止地基下沉。对圆城南门及东西门楼上的部分风化琉璃瓦进行了更换，同时将门和檐柱重新披麻喷漆。

2　地理环境

元帅林位于辽宁省抚顺县章党乡高丽营子村南1.5公里的浑河北岸，西距抚顺市约35公里，地理坐标为东经124°17'，北纬41°55'。

元帅林东、南、西三面被大伙房水库环绕，一条钢铁动脉——沈吉铁路横贯其间，营盘、高丽营子等史上留名的村庄散落于山岗下；所在丘岗植物种类丰富，拥有松、柏、槐等植物近500种，被辟为国家级森林公园；元帅林东西两面为滩涂，南有铁背山与其隔水相望，山上林木参天，枝繁叶茂，还有晃荡石、四方洞等自然景观。

空间序列重塑

—— 基于历史信息传承的文化遗产保护方法

  元帅林[1]是张学良为其父张作霖修建的墓葬，位于辽宁省抚顺市东约35公里、章党乡高力营村南的山岗上。 建于1929年春，由天津华信工程司的建筑师殷俊设计，并由建筑工程公司负责施工，建造时从北京等地拆运了大批明清陵寝的建筑构件至此备用。1931年"九一八事变"爆发，东北沦陷，虽然即将竣工的元帅林工程被迫停止，但除了植树与筹建学校外[2]，基本规模格局皆按照原设计方案予以实现（图2-1）。后因日本驻军阻拦，张作霖亦未葬入其中。1954年大伙房水库的修建[3]，使得元帅林的南半部被水淹没，其后又几经变迁，破坏严重，亟待抢救性保护。

  在以往的文物保护工作中，常常是通过保护文物建筑的具体物质形态来展示其所包含的各种历史信息；反之，通过对历史信息变迁的研究也可以为保护工作提供参考与指导。元帅林时代背景特殊，不同时段叠加的历史信息丰富，本文正是以元帅林的保护主体复杂、破坏不可逆的情况为切入点，通过对其多元的历史信息进行分析与梳理，进而探讨以空间序列重塑为主线的保护措施，使得分散断裂的片段化历史信息得以清晰系统的表达与传承。

图 2-1 | 元帅林原貌
（元帅林文物管理中心提供）

---

1 1988年12月，元帅林被公布为辽宁省省级文物保护单位。

2 当年尽数买下基地周围田产八百多亩，亦曾在元帅林以北的高丽营子村增设火车站，以备运建筑材料和灵柩需要。并预备在墓园内遍植杉柏等树木几万余株，筹建学校一处，整个陵墓管理由校长负责，以为长久之计。参见金辉.元帅林与明清石刻.考古与文物，2008（2）：84.

3 大伙房水库始建于1954年，1958年竣工，坝长1834米，高49米，水面总面积110平方公里，总蓄水量21.8亿立方米，是当时全国第二大水库。

1 营建工程呈现的多元化历史信息

1.1 山形水势

1928年秋，由张作霖旧部彭贤偕"帅府丧礼办事处"人员及风水先生，在奉天境内选择墓地，最终选中今辽宁省抚顺市东章党乡高丽营子村南的山岗及附近地方。"前照铁背山，后座金龙湾，东有凤凰泊，西是金沙滩。"[4]

元帅林的营建顺应山岗地形、浑然一体。山岗以北是平川，乃1300多年前唐太宗东征时的驻军所在，再迤北则为起伏错落的高山。东、南、西三面浑河环绕，隔河南面为铁背山，其山之上有萨尔浒战役[5]的战场遗址；山顶正中有一晃荡石，高约3米，突兀直立于一巨石之上，据说人力推石即可左右晃荡；而元帅林轴线则与晃荡石自然相对，遥相呼应（图2-2）。

1.2 序列营造

据说元帅林是仿照沈阳清福陵（又称东陵，为清太祖努尔哈赤陵寝)的格局进行设计施工的（图2-3），遵循了中国传统墓葬建筑群的布局法则[6]，通过精心布置的空间营造，于封闭的建筑群体中展开序列。元帅林的空间序列由四部分组成（图2-4）：

最南端以石牌坊起始，紧接其后为外城南门，入门即开敞的院落和直线型的墓道，导向明确，方城赫然坐落于尽端，此为序列的第一段前导部分。墓道尽端的方城是整个序列的第二部分，承担着祭祀仪式的空间容器作用；一入隆恩门，封闭的高墙围合与外城院落形成明显的空间开阖对比；方城最重要的建筑物——享殿位于方形院落的正中心，东西配殿和正前方的石五供有力地烘托了祭祀空间的仪

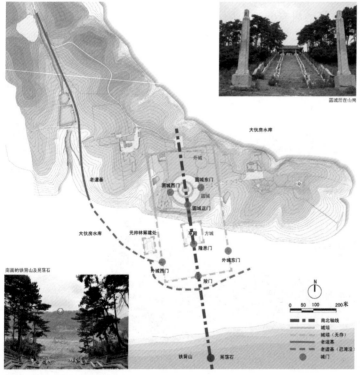

图 2-2 元帅林山形水势

4　此为当时踏勘基地的风水先生所言。转引自赵杰. 留住张学良：赴美采访实录. 沈阳：辽宁人民出版社，2002：10-11.

5　萨尔浒战役是明清之际的重要战役，也是集中优势兵力各个击破，以少胜多的典型战例。该战本由明方发动，后金处于防守地位，然而竟以明军的惨败告终，并由此成为了明清战争史上一个重要的转折点。

6　据1929年6月18日《盛京时报》报道，转引自金辉. 元帅林与明清石刻. 考古与文物，2008（2）：82.清福陵及中国古代陵寝的布局，参见孙大章. 中国古代建筑史·清代建筑. 北京：中国建筑工业出版社，2002：256-284.

式感。出方城，则为序列的升华部分；矗立的纪念碑以垂直挺拔的姿态明示了下一个重要空间的开始，多达120级的石阶梯和末端的四座石人强势地引导了观者视线由水平而仰望，序列氛围渐趋高涨，威严恢弘的气势不言而喻；随着动态的斜上移动，整个序列最重要的部分——圆城（墓冢所在地）在顶端缓缓展现；于圆城正门回望，直面铁背山顶的晃荡石。入圆城、观宝顶，回环循往的院落空间与序列第二部分方城的方整幽闭再次形成强烈对比（图2-5）。

与其他传统的明清帝王陵寝相比，元帅林建筑群体的布局结构并不复杂，仅以一个大院落（外城）包容了两个院落（方城、圆城）。但由于充分借助地势和不同空间原型的塑造，予人感受独特而寻味：方圆之间不仅有空间体验的反差，二者之间又通过空间维度上的位移进行联系，超越了通常的水平纵深；而在序列的行进中不时回望，对浑河和铁背山的视觉触摸也在步移景异，并最终在圆城之前发出了与晃荡石进行空间对话和轴线感知的最强音。

1.3 中西杂糅

在遵循传统陵墓营造理念的同时，元帅林又融合了大量的西方纪念性建筑元素，从单体的结构、形式、材料的运用及细部的装饰看，中西杂糅的异质多元是元帅林的突出特点和时代特征。如：

方城北门的纪念碑为方尖碑形式，立于方形石台基上，柱平面为十字形，柱身有收分，柱根雕有花饰，柱上部嵌五角军徽[7]，类似于华表的功用（图2-6）；外城墙四角不再是传统陵寝中的角楼，而是炮楼（图2-7），便于防守，似乎也在暗示着张作霖作为一位军事首领的特殊身份；主要的单体建筑均采用了当时新式的钢筋混凝土结构；宝顶墓室内拱顶呈穹窿形，彩绘日月星辰，水浪浮云图案环围，且有小天使塑于两壁（图2-8）[8]。

元帅林的建设时期正值中国社会变革动荡、新旧交替、民族危急存亡之际，但同时也是中西方文化激烈交汇、思想嬗变的时期，转型期的中国近代建筑也往往出现中西杂糅的建筑营建方式，真实地记录了那段特殊的历史。元帅林的设计由具有日本留学背景、任职天津华信工程公司的建筑师殷俊负责，并由当时产生于现代建筑制度体系之下的建筑工程公司负责施工，这正是元帅林在传统陵寝序列和氛围营造同时兼具异质杂糅特点的根本原因。

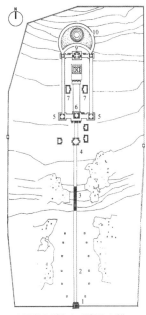

1. 正红门　2. 石象生　3. 一百零八磴　4. 碑楼
5. 角楼　6. 隆恩门　7. 配殿
8. 隆恩殿　9. 明楼　10. 宝城

图2-3 ｜ 清福陵平面(引自孙大章. 中国古代建筑史·清代建筑. 北京: 中国建筑工业出版社，2002: 256.)

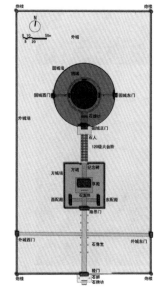

图2-4 ｜ 元帅林平面复原（据《大元帅林之简略说明书》内容绘制）

7　纪念碑的方尖碑形式，参见张驭寰. 中国古代建筑文化. 北京: 机械工业出版社，2007: 219.
8　中国人民政治协商会议辽宁省委员会文史资料委员会. 辽宁文史资料（第1辑）. 沈阳: 辽宁人民出版社，1988: 193-194.

图 2-5 | 行进序列景观

图 2-6 | 大台阶细部与纪念碑

图 2-7 | 炮楼

1.4 明清石刻

在空旷漫长的墓道上设置石像生,可以丰富环境内容,引起视觉关注,带给观者特殊的空间体验,正是这些石像生感性的形象与墓葬建筑形成良好的互补,从而营造了中国传统陵寝独有的宁静肃穆[9]。

根据殷俊的《大元帅林之简略说明书》[10],设想在元帅林"头门内左右置石兽五对,石兽连座子均用洋灰造成,斩毛雕刻";实际建造时则是从北京西郊石景山隆恩寺[11]、清太祖努尔哈赤第七子阿巴泰墓及附近的明太监墓迁运了大批石刻,有"文武朝臣、牵马侍、石骆驼、石狮、石羊、石虎等石像生以及望柱与朝天吼,还有双鹿、麒麟与狻猊和天马石屏、莲花元宝石盆(聚宝盆)、透孔石窗、火焰宝珠、花柱、牌坊等"[12],准备直接安放于林内。但元帅林工程因"九一八事变"仓促停工,石刻亦未予妥善处置,大多构件分离,散落一地。

这些保存至今的精美的明清石刻,结构严谨、线条流畅、造型生动、雕刻精湛、寓意深刻,是明清陵墓雕刻艺术的代表和精华,对于研究明清陵墓建筑亦具有重要的文物价值。

2 不可逆的历史信息层叠与片段化

元帅林周边环境改变的不可逆、明清石刻的历史变迁等,造成了现状可感知历史信息的或缺失或重叠交集或混乱无序,加剧了诸如原状保护、复原建设等保护措施的操作复杂性。

9　中国古代陵寝建筑与雕刻的关系,参见张耀.中国古代陵墓建筑与陵墓雕刻探究.雕塑,2005(3):36-37.

10　《大元帅林之简略说明书》由李凤民先生发现,现存于辽宁省档案馆,由元帅林文物管理中心提供。

11　隆恩寺始建于金,初名昊天寺,明改为今名,清代发展为清太祖第七子饶余郡王阿巴泰家族墓地。参见冯其利.清代王爷坟.收入于中国人民政治协商会议北京市委员会文史资料研究委员会.文史资料选编(第43辑).北京:北京出版社,1992:168-173.

12　为李凤民先生考证,转引自金辉.元帅林与明清石刻.考古与文物,2008(2):85.

2.1 序列受损与信息层叠

　　1954年大伙房水库的修建彻底改变了元帅林的空间布局：大台阶以南部分皆位于水库的水位线以下，只在枯水季展现于世人面前，由于长期被水浸泡，损坏严重，元帅林原本严整对称的南北轴线已缺失大半，序列的前两部分踪影难觅（图2-9）。虽然以物质实体为承载对象的"形式与设计"[13]的信息已经流失，元帅林的真实性遭到了不可逆的破坏，但其作为遗存至今、为数不多的近代名人墓园的典型代表，是特定时期留下的特定遗址，具有特定的历史价值，这种价值不会因物质实体的缺损而弱化。

图 2-8 ｜ 墓室内部装饰

　　《奈良文件》指出："想要多方位地评价文化遗产的真实性，其先决条件是认识和理解遗产产生之初及其随后形成的特征，以及这些特征的意义和信息来源。"[14]反观元帅林，因水库建设而作出的历史信息牺牲，本身就体现了其在不同历史时期的身份转换，序列的破损也是一种历史真实性的记录，是其建成后由于特定外力所增加的历史信息，也成为如今的元帅林历史真实性的一部分。亦即，现状序列残损的元帅林其实是多重历史信息层叠的结果。

2.2 异地迁移与信息流失

　　"一座文物建筑不可以从它所见证的历史和它所产生的环境中分离出来。不得整个地或局部地搬迁文物建筑，除非为保护它而非迁不可，或者因为国家的或国际的十分重大的利益有此要求。"[15]不过，这种对于文物保护的

图 2-9 ｜ 南部残损现状

认识高度也只是在20世纪中期才渐渐明晰起来的。如民国时期就多有历史遗存从原初地被转运嫁接到当时新建建筑中的案例，位于南京钟山的谭延闿墓前的石案就来自圆明园[16]，元帅林中的明清石刻亦属此类。

　　文物保护中的完整性概念包含两个基本层面：一是范围上的完整性（有形的），建筑、城镇、工程或考古遗址等应当尽可能保持自身组成部分和结构的完整，及其与所在环境的和谐、完整性；二是文化概念上的完整性（无形的）[17]。就中国传统陵葬建筑群的完整性而言，作为其重要组成部分的石刻雕塑在这两个基本层面上都是不可或缺的。当北京的大量明清石刻被异地搬迁至元帅林时，其完整性就已遭到了不可逆的极大破坏，原本系统性的历史信息呈碎片状或片段式。虽已有众多专家对元帅林的明清石刻进行多方考证，也只是大致知道来源，因种种原因，具体构件的准确出

13　《关于原真性的奈良文件》第13条，成文于世界遗产会议第十八次会议·专家会议，1994。

14　《关于原真性的奈良文件》第9条。

15　《威尼斯宪章》第七项，从事历史文物建筑工作的建筑师和技术员国际会议第二次会议在威尼斯通过的决议，1964。

16　参见蔡晴. 基于地域的文化景观保护. 南京：东南大学，2006：30-31.

17　张成渝，谢凝高. "真实性和完整性"原则与世界遗产保护. 北京大学学报，2003（2）：63-64.

图 2-10 | 明清石刻苑及散落的石刻构件

处、形制、艺术特点等仍存在着大量盲区。如今，这些异地迁来的明清石刻散落于元帅林东侧的空地与林间（图2-10），随着时间的推移，历史信息仍在缓缓地流失，亟待抢救性的文物保护与考证研究。

3 历史信息的再整合与序列化展示

序列作为一种全局式的空间格局处理手法，是以人们从事某种活动的行为模式为依照，并综合利用空间的衔接与过渡、对比与变化、重复与再现、引导与暗示等，把各个散落的空间组成一个有序又富于变化的整体。基于元帅林现状保护主体的散乱，本案尝试建构一条基于情感体验的序列，对残存的或是片段式的建筑实体或构件加以展示，通过序列的营造，将片段实体重新组合为新的整体，使其包含的重叠的或是残缺的历史信息得到有秩序、有层次地呈现与表达，并带给观者相应的情感体验，从而达到文化遗产传承保护的目的。

3.1 信息整合：塑造序列前导空间

元帅林现有的入口道路为近年新辟，不仅与原有历史格局不符，且人车混行，流线较为混乱。本案将主入口设在元帅林西北方的牌坊处，重新启用废弃已久的老道基（原有墓道）作为人行道路，不仅实现了交通的合理分置，更是对历史的还原与尊重。

图 2-11 | 现安置于外城东门外的石像生

同时，将现状中处于元帅林东部道路的石像生（图2-11）迁移至老道基两侧；石像生千百年来总是与陵墓的神道相辅相成，当它们从外地被匆匆运来元帅林，原本打算置于何地早已湮灭不可考，而如今的再次迁移，与老道基共同构成序列的前导空间，也许正是得其所在。而老道基的南段现已没于水库之下，本案在临水处特别进行了端头设计，暗示着老道基的空间延伸。

3.2 信息强化：打造序列高潮节点

元帅林主体部分的外城南部及整个方城因水库建设已坍塌淹没，鉴于

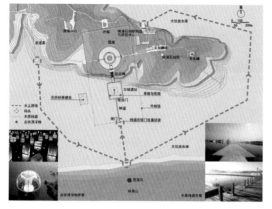

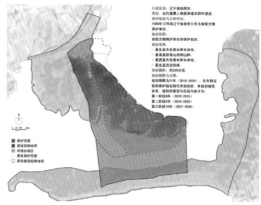

图 2-12 ｜原山水揽胜区方案

图 2-13 ｜保护区划

周围环境的不可逆改变，维持现状的就地保护是比较契合时宜的措施；由于水库的水质保护要求，本案放弃了对山水揽胜区（如水上游览线、沿墙体设置木质栈道以示标识等）的展示规划措施（图2-12），但仍然强调在环境评估和监测的基础上，应采取可持续的生态方式，对墙体和重要建筑的空间限定作出标识。同时，将淹没区域和铁背山晃荡石一并划入保护范围，对元帅林的历史格局进行最大限度的保护（图2-13）。

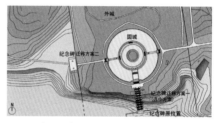

图 2-14 ｜纪念碑迁移方案

位于方城北门外的大台阶起始标志——纪念碑亦受水库的影响，常被水浸泡，稳定性逐渐衰退，处置方案有两种：一是将纪念碑迁移至大台阶中段的水面以上，仍立于两旁；二是将其迁移至外城的西入口处，强调序列高潮的来临。权衡二者，考虑到对文物建筑保护和真实性展示的影响程度，最终选定方案一（图2-14）。

图 2-15 ｜序列尾声

外城的现有东门并不是历史遗留，而是为适应东侧的新辟道路所开，为既有现实；本案在充分论证可行性的基础上，建议开设对称的外城西门，形成与旧有轴线呈垂直状的新增轴线，使经由老道基而来的行人可以顺畅地到达圆城南门。

通过对地上残毁元帅林主体的信息强化，及水下遗址的空间标识，达到了虚实相生的序列营造，加之周围自然环境的氛围烘托，使得进入外城到达圆城南门的过程成为踏进圆城的新序列的高潮节点。

3.3 信息延伸：营造序列尾声部分

散落的明清石刻亟待进一步的考证研究，陈列室与研究中心的建设立项正是为此提供必要的研究平台。选址位于外城的东墙外、关东碑林周围的空地上，用地面积约10000平方米，其中建筑面积5000平方米，一层，高度不超过6米，体量不宜集中，当顺应地形，与环境充分协调。考虑到石刻类型的多样性，采取室内、室外及半室外等多种展示方式。这一部分作为整个序列中元帅

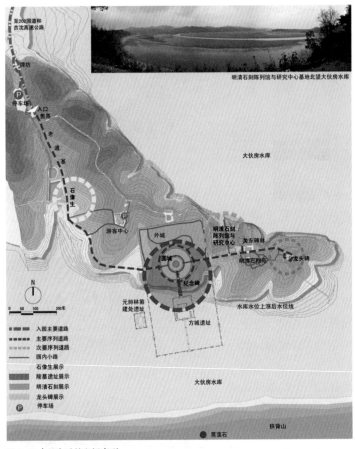

图 2-16 | 整合后的空间序列

林主体之外的最后章节，而异地迁来的龙头碑仍原地保存，为序列画上完整的句号（图2-15）。

3.4 片段式历史信息的序列化传承

重新整合后的元帅林序列，从北端的牌坊开始，沿老道基往南延伸，四周林木茂盛，视野狭长，曲折的路径使得行人看不到序列的尽端，从而增加了行进过程中的神秘感和未知性，且相对于之前的直线型行走路线，曲折型更具有韵律感和节奏感。过外城西门，达至圆城南门，视野豁然开敞，下延的大台阶引导视线直面大伙房水库与对面的铁背山，山水景致风光旖旎，水上标识又暗示着原有的格局图景。北折入圆城，观宝顶，再径由外城东门出，行进路线上依次是明清石刻陈列室与研究中心、关东碑林，驻足而立又可观北面水库。再逶迤而东，路线微有曲折，龙头碑所在是序列的最后一个高潮，也是尾声部分（图2-16）。

时空的叠加、历史的再现，沿着老道基一一行来，绵延的墓道、肃立的石像生、修复的地上建筑部分、消逝的水下遗址、完备的石刻陈列馆，这些都串联在精心设置的序列游线中，都熔铸于优美的自然景致中，人们能感受到的有近代军事首领的雄心壮志，日军侵华的耻辱历史，也有红色年代大搞建设的激情岁月，更有新的时代人们对历史遗迹与文物的珍视与凭吊。这条主要的序列游线，在开放的自然环境中如一条空间链条将包含不同历史信息的遗存、不同功能的建筑物串连起来，通过自然环境到人工环境再到自然环境的交替穿插，带给观者丰富的多层次空间感受。除此之外，另有山林内的曲折小路连接景观节点，提供多视点多角度的空间体验。

元帅林的初始布局为封闭建筑群体内空间序列沿着轴线情感渐次加强的单一变化，原有轴线也只是为塑造陵墓的威严气势从而引起人的敬畏之情服务。而重新整合后的元帅林空间序列，则是在更为宏大开敞的范围内，融入了更多的历史信息与崭新的时代功能。通过这一系列的景观序列的塑造，元帅林成功地完成了从一处近代名人墓园遗迹向综合文物展示、研究、风景旅游等多重内容与功能的综合体的身份转换。

4 结语

多重的历史信息可通过序列的合理营造进行系统性的整合，保护规划的过程就是发掘整理场所显在的或是隐含的信息，加以分类整理，再清晰呈现在人们面前。元帅林的保护规划不是创造，而是倾听，是再现，是历史信息的梳理，是历史价值的整合，是功能的转换和完善，如此才有真正意义上的保护与延续。

而特定历史时期的历史事件造成的异地文物迁移，形成多种文物并置、历史信息或叠加或缺失的较为混乱的现状格局，带来了保护工作的复杂性。多元保护本体这一难点，恰恰启发了本案的编制思路，是为研究复杂历史文物格局提供思考和研究的切入点，并成为保护工作成果的闪光点。

保护规划（2010—2030年）：
明清石刻与近代名人墓葬的空间化系列展示

1　保护对象

元帅林的保护对象包括四大部分（图3-1）：元帅林建筑整体格局、元帅林内的可移动文物、元帅林选址的历史风貌、以元帅林为载体的非物质文化遗产。

1.1　保护元帅林建筑整体格局

（1）保护元帅林现存水面上文物建筑本体，包括部分外城墙、西北炮楼、东北炮楼、大台阶、纪念碑、圆城和龙头碑。

（2）保护元帅林水面下建筑遗址，包括陵门、外城东门、外城西门、部分外城墙、方城和元帅林筹建处。

1.2　保护元帅林内可移动文物

（1）保护元帅林内的明清石刻。

（2）保护元帅林内散落残损的石建筑构件。

1.3　保护元帅林选址的历史风貌

（1）保护元帅林所在山岗的地势环境，及其三面环水一面背山的形势格局。

（2）保护元帅林南面铁背山的地势环境，及铁背山顶正对元帅林的"晃荡石"。

1.4　保护以元帅林为载体的非物质文化遗产

（1）元帅林作为近代一段特定历史的见证，以及对中国近代史上一位重要人物张作霖的纪念所承载的历史信息。

（2）保护元帅林所体现的近代建筑师的设计理念，以及当时科学先进的设计、施工方法。

2　价值评估

2.1　历史价值

（1）1931年"九一八事变"爆发，东北沦陷，即将竣工的大帅建陵工程被迫停止并遭到破坏，在日军的百般阻挠下，张作霖也未能在此入葬，可以说元帅林是那个特定时期留下的特定遗址，也是那段耻辱历史的见证。

（2）元帅林在20世纪初由天津华信工程司的建筑师殷俊设计，并由建筑工程公司负责施工，是近代为数不多的大型墓葬建筑群之一，这在近代建筑史上具有重要价值。

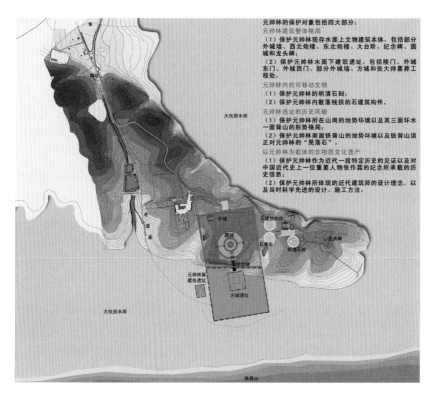

元帅林的保护对象包括四大部分：

元帅林建筑整体格局

（1）保护元帅林现存水面上文物建筑本体，包括部分外城墙、西北炮楼、东北炮楼、大台阶、纪念碑、圆城和龙头碑；

（2）保护元帅林水面下建筑遗址，包括陵门、外城东门、外城西门、部分外城墙、方城和张大帅墓葬工程处。

元帅林内的可移动文物

（1）保护元帅林的明清石刻；

（2）保护元帅林内散落残损的石建筑构件。

元帅林选址的历史风貌

（1）保护元帅林所在山岗的地势环境以及其三面环水一面背山的形势格局；

（2）保护元帅林南面铁背山的地势环境以及铁背山顶正对元帅林的"晃荡石"。

以元帅林为载体的非物质文化遗产

（1）保护元帅林作为近代一段特定历史的见证以及对中国近代史上一位重要人物张作霖的纪念所承载的历史信息；

（2）保护元帅林所体现的近代建筑师的设计理念，以及当时科学先进的设计、施工方法。

图例
- 现存文物建筑本体
- 水下建筑遗址
- 可移动文物

图 3-1 | 保护对象

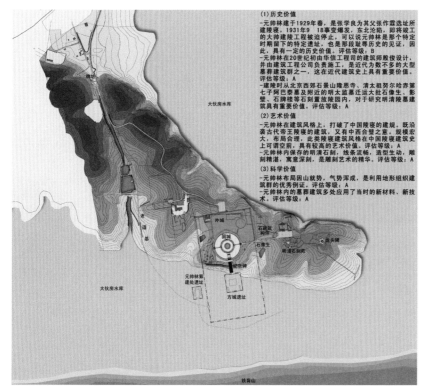

（1）历史价值

－元帅林建于1929年春，是张学良为其父张作霖选址所建陵寝。1931年9·18事变爆发，即将竣工的大帅建陵工程被迫停止，可以说元帅林是那个特定时期陵墓的特定遗址，也是那段耻辱历史的见证，因此，具有一定的历史价值。评估等级：B

－元帅林在20世纪初由华信工程司的建筑师殷俊设计，并由建筑工程公司负责施工，是近代为数不多的大型墓葬建筑群之一，这在近代建筑史上具有重要价值。评估等级：A

－建陵时从北京西郊石景山隆恩寺、清太祖努尔哈赤第七子阿巴泰墓及附近的明太监墓迁运大批石像生、影壁、石牌楼等石刻置放陵园内，对于研究明清陵墓建筑具有重要价值。评估等级：A

（2）艺术价值

－元帅林在建筑风格上，打破了中国陵寝的建规。既沿袭古代帝王陵寝的建筑，又有中西合璧之意。规模宏大，布局合理，此类陵寝建筑风格在中国陵寝建筑史上可谓空前，具有较高的艺术价值。评估等级：A

－元帅林内保存的明清石刻，线条流畅，造型生动，雕刻精湛，寓意深刻，是雕刻艺术的精华。评估等级：A

（3）科学价值

－元帅林布局因山就势，气势浑成，是利用地形组织建筑群的优秀例证。评估等级：A

－元帅林内的墓葬建筑多处应用了当时的新材料、新技术。评估等级：A

图例
- 水库
- 山体
- 水池
- 道路
- 硬地
- 建筑
- 水下遗址

图 3-2 | 价值评估

（3）建陵时从北京西郊石景山隆恩寺、清太祖努尔哈赤第七子阿巴泰墓及附近的明太监墓迁运大批石像生、影壁、石牌楼等石刻置放陵园内。这些精美明清石刻对于研究明清陵墓建筑具有重要价值。

2.2 艺术价值

（1）元帅林在建筑风格上，打破了中国陵寝的建规。既沿袭古代帝王陵寝的建筑，又有中西合璧之意。规模宏大，布局合理，此类陵寝建筑风格在中国陵寝建筑史上可谓空前，具有较高的艺术价值。

（2）元帅林内保存的明清石刻，结构严谨，线条流畅，造型生动，雕刻精湛，寓意深刻，是雕刻艺术的精华，并且对于研究明清陵墓建筑具有重要价值。

2.3 科学价值

（1）元帅林布局因山就势，气势浑成，是利用地形组织建筑群的优秀例证。

（2）元帅林内的墓葬建筑多处应用了当时的新材料、新技术。

2.4 社会价值

（1）元帅林是省级文物保护单位，保护好元帅林，将对抚顺市的文物保护产生积极的推动作用。

（2）元帅林是抚顺市重要的历史文化资源与旅游资源，并且周边分布有众多其他历史遗迹，做好元帅林的保护和合理利用，可对周围遗迹景观起到整合作用，推动抚顺市旅游的发展，对于提升地方竞争力，促进文化和经济发展、构建和谐社会具有重大意义（图3-2）。

3 现状评估

3.1 保存状况

（1）对元帅林的保存现状做出下列评估（表3-1，图3-3、图3-4）：

表3-1 | 保存状况评估

建筑名称	材质	保存状况	真实性	完整性	结构稳定性	破坏速度	主要破坏因素	评估等级
外城城墙	砖、混凝土	南半部城墙被水库淹没，现已无存。北半部城墙仍存，但墙体局部存在表面剥落、砌体脱落、裂缝、倾斜等现象。近年在现存外城东墙上开缺口作为进入陵园内的主要入口	较好	大部分留存	较差	较快	重力与外力	B
外城城墙西北角炮楼	砖、混凝土	表面水泥剥落较严重，顶部破坏严重	好	大部分留存	较差	较快	重力与外力	B
外城城墙东北角炮楼	砖、混凝土	表面水泥剥落较严重，顶部破坏严重	好	大部分留存	较差	较快	重力与外力	B
外城城墙东南角炮楼	—	被水库淹没，已无遗存	—	无地面遗存	—	—	人为因素，水库建设	C
外城城墙西南角炮楼	—	被水库淹没，已无遗存	—	无地面遗存	—	—	人为因素，水库建设	C
陵门	砖、石、钢筋混凝土	位于水下，残破不堪，已成废墟	较好	部分留存	差	快	人为因素，水库建设，常年位于水下	C

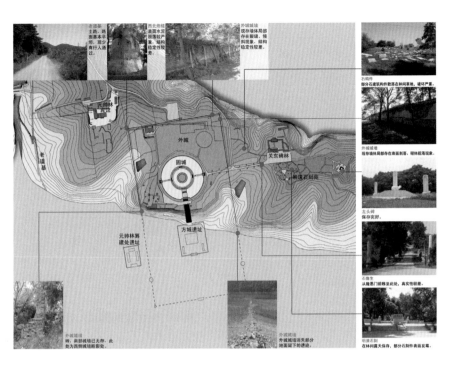

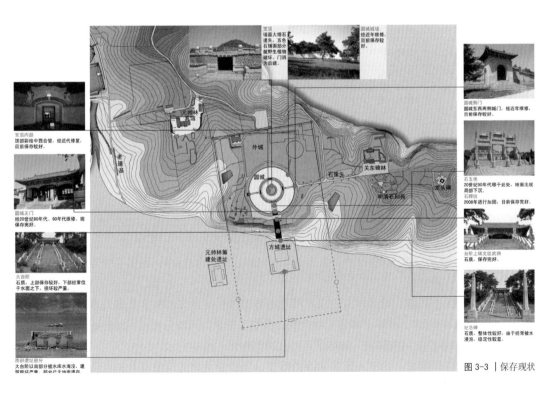

图 3-3 | 保存现状

建筑名称	材质	保存状况	真实性	完整性	结构稳定性	破坏速度	主要破坏因素	评估等级
外城东门	—	被水库淹没，已无遗存	—	无地面遗存	—	—	人为因素，水库建设	C
外城西门	—	被水库淹没，已无遗存	—	无地面遗存	—	—	人为因素，水库建设	C
隆恩门	砖、石、钢筋混凝土	位于水下，残破不堪，已成废墟	较好	部分留存	差	快	人为因素，水库建设	B
方城城墙	—	被水库淹没，已无遗存	—	无地面遗存	—	—	人为因素，水库建设	C
享殿	—	被水库淹没，仅有台基遗存	较差	地面仅留存台基柱础	—	—	人为因素，水库建设	C
配殿	—	被水库淹没，已无遗存	—	无地面遗存	—	—	人为因素，水库建设	C
纪念碑	石、混凝土	保存较好，但由于下部经常被水库水浸泡，常发生倾斜	好	留存较完整	较好	较快	人为因素，水库建设，局部经常位于水下	A
大台阶	石	水位线上部保存较好，下部由于水浸泡，损坏较严重	较好	留存较完整	较好	较快	人为因素，水库建设，局部经常位于水下	A
台阶上端文臣武将像	石	保存完好	好	完整	好	慢	自然老化	A
圆城城墙	砖、混凝土	经近年维修，保存较好，部分瓦顶有损坏现象	好	完整	较好	较慢	重力与外力	A
圆城正门前石狮	石	从其他地方移来，保存完好	较差，从他处移来	完整	好	慢	自然老化，人为移动	B
圆城正门	木、砖、石	经近年维修，现保存较好	一般	完整	好	慢	自然老化	A
圆城东门	砖、石、木	经近年维修，现保存较好	好	完整	好	慢	自然老化	A
圆城西门	砖、石、木	经近年维修，现保存较好	好	完整	好	慢	自然老化	A
圆城内石五供	石	1990年代从他处移来，目前保存完好	较差，从他处移来	完整	好	慢	自然老化，人为移动	B
圆城内石坊	石	经近年维修，现保存较好	较差，从他处移来	完整	较差	较慢	自然老化，人为移动	B
宝顶	土、石	墙面大理石遗失，五色石铺面部分被野生植物破坏，门洞为后建	一般	部分完整	好	较慢	人为破坏，植物生长	B
地宫	混凝土、石	经近年维修，现保存较好	较好	较完整	好	较慢	渗漏	A
石像生	石	原位于方城前，由于水库修建位置移动，目前保存完好	较差，位置移动	完整	好	较慢	自然老化，人为移动	B
石刻	石	在林间露天保存，部分石刻表面发霉	较差，位置待考	不完整	—	较慢	自然老化，人为破坏	C
龙头碑	石	保存完好	一般，位置待考	完整	好	较慢	自然老化	A
元帅林筹建处	—	被水库淹没，已无遗存	—	无地面遗存	—	—	人为因素，水库建设	C
碑林	石	在关东碑院内，散乱堆放	好	少部分完整	好	较慢	人为破坏	C

综上所述，评估等级为A的保护对象占全部对象的百分比为31.0%；评估等级为B的占31.0%；评估等级为C的占38.0%。

（2）文物周边环境：元帅林范围内及周边地势山体状况良好，林木茂盛，环境优美宁静；南部大伙房水库的兴建，破坏了部分文物建筑，改变了原来的河流分布；元帅林范围内及周边部分新建的旅游服务建筑风貌较差，破坏了元帅林的完整性（图3-5）。

（3）主要破坏因素：由于大伙房水库的修建，当时对文物的价值没有充分认识，而且当时元帅林没有定为文物保护单位，没有将文物搬迁，因此致使部分文物建筑常年位于水下，没有采

0 50 100 200 米

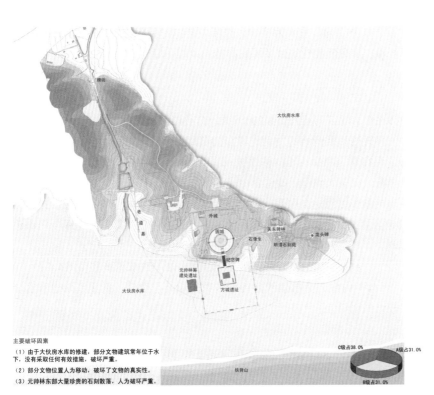

牌坊

大伙房水库

老道基

外城

圆城　美东帅林

石像生　明清石剑苑　龙头碑

大伙房水库

元帅林筹建处遗址　纪念碑

方城遗址

铁背山

主要破坏因素

（1）由于大伙房水库的修建，部分文物建筑常年位于水下，没有采取任何有效措施，破坏严重。

（2）部分文物位置人为移动，破坏了文物的真实性。

（3）元帅林东部大量珍贵的石剑散落，人为破坏严重。

C级占38.0%　　A级占31.0%

B级占31.0%

图 3-4 | 现状评估

---

0 50 100 200 米

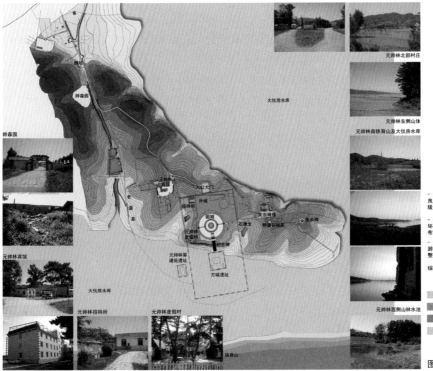

帅森园

帅森园

元帅林宾馆

大伙房水库

入口大门

接待所

圆城

石像生　明清石剑苑　龙头碑

元帅林筹建处遗址　纪念碑

方城遗址

大伙房水库

元帅林招待所　元帅林度假村

铁背山

元帅林北部村庄

元帅林东侧山体

元帅林南侧铁背山及大伙房水库

- 元帅林陵园范围内及周边地势山体状况良好，林木茂盛，环境优美宁静。评估等级：A

- 元帅林陵园南部大伙房水库的兴建，破坏了部分文物建筑，改变了原来的河流分布。评估等级：C

- 元帅林陵园范围内及周边部分新建的旅游服务建筑风貌较差，破坏了元帅林的完整性。评估等级：C

综上所述，文物周边环境评估等级为B级。

元帅林西侧山林水池

水库　　硬地
山体　　建筑
水池　　水下遗址
道路

图 3-5 | 环境评估

取任何有效措施，破坏严重；部分文物位置人为移动，破坏了文物的真实性；元帅林东部大量珍贵的石刻散落，人为破坏严重；部分新建建筑破坏了元帅林的风貌环境。

3.2 基础设施

（1）道路交通

对外交通便利：元帅林北部为沈吉高速公路和202国道，交通较为便利。

内部交通状况较好：元帅林内由北部石牌坊到外城东门道路平坦，水泥路面，路况较好，可供两车并行，但人车混行，存在安全隐患；元帅林外城城墙内部道路，为步行道，状况良好；元帅林南部，大伙房水库北岸有汽艇载人到南岸的铁背山脚下，水上交通方便。

可达性较差：由抚顺市内乘小巴到达高丽营子村，再步行到达元帅林，徒步时间较长；自驾车与社会车辆可由沈吉高速公路或202国道到高丽营子村，再到元帅林；没有公交车或专门旅游车到达元帅林，可达性较差。

存在问题：内部交通人行车行混乱；元帅林远离市区，没有专门的交通旅游线路（图3-6）。

（2）电力系统状况：元帅林内电力、电信线路绝大多数采用架空敷设，低压线路也有沿墙壁敷设，十分杂乱，存在较大安全隐患。

3.3 管理评估

（1）保护级别公布：1988年12月，辽宁省政府公布为省级文物保护单位。

（2）保护范围：根据1988年12月辽宁省人民政府颁发的辽政发〔1988〕100号文件《关于公布第四批省级文物保护单位的通知》，划定的元帅林保护范围和建设控制地带如下：

保护范围：以墓室宝顶中心为基点，东1800米至龙头碑一带水面；西1050米至老道基以西5米处；南至大伙房水库水面方尖碑以外245米；北2400米至大伙房水库水面及北山脚外100米处以内，保护区面积为12.54万亩。

建设控制地带：保护范围外西、北均外延200米，此地域为Ⅰ类建设控制地带。

原有保护范围和建设控制地带的区划，缺乏可操作性和控制力，现已不能满足文物保护及管理的需求。

（3）保护标志：元帅林圆城正门外西侧有花岗岩保护标志一处，标志碑上刻：

省级文物保护单位

　　元帅林

　　辽宁省人民政府

　　一九八八年十二月二十日公布

　　抚顺市人民政府立

元帅林的保护标志数量不够，不能满足管理和展示的需要。

（4）文物档案：缺乏"四有"档案；已完成现状勘测和水下文物遗址测绘。

（5）保护机构：由抚顺市元帅林文物保护中心管理，编制21人，其中主任1人，副主任2人。

（6）管理规章：未颁布管理条例。

（7）主要存在问题：没有制定管理条例，原有的保护范围和建设控制地带没有起到其应有的强制性与控制性的保护作用；缺乏档案管理与记录工作，没有"四有"资料；对文物建筑没有

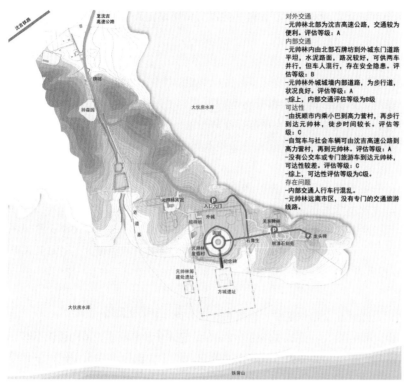

0 50 100 200 米

对外交通

-元帅林北部为沈吉高速公路，交通较为便利。评估等级：A

内部交通

-元帅林内由北部石牌坊到外城东门道路平坦，水泥路面，路况较好，可供两车并行，但车人混行，存在安全隐患。评估等级：B

-元帅林外城城墙内部道路，为步行道，状况良好。评估等级：A

-综上，内部交通评估等级为B级

可达性

-由抚顺市乘小巴到高力营村，再步行到达元帅林，徒步时间较长。评估等级：C

-自驾车与社会车辆可由沈吉高速公路至高力营村，再到元帅林。评估等级：A

-没有公交车或专门旅游车到达元帅林，可达性较差。评估等级：C

-综上，可达性评估等级为C级。

存在问题

-内部交通人行行车混乱。

-元帅林远离市区，没有专门的交通旅游线路。

🅿 停车场

▬▬▬ 铁路

▬▬▬ 入园主要道路

▬▬▬ 园内主要道路

▬▬▬ 园内步行小路

图 3-6｜道路评估

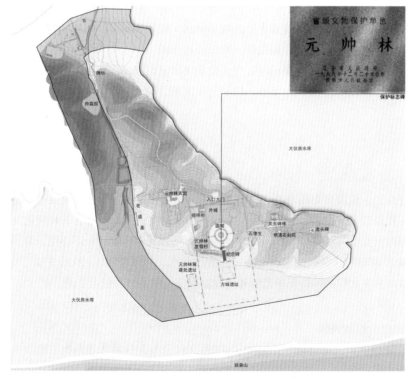

保护标志碑

0 50 100 200 米

原保护范围

以墓室宝顶中心为基点，东 1800 米至龙头碑一带水面；西 1050 米，至老道基以西 5 米处；南至大伙房水库水面方尖碑以外 245 米；北 2400 米至大伙房水库水面及北山脚外 100 米处以内，保护区面积为 12.54 万亩。

原建设控制地带

保护范围外西、北均外延 200 米，此地域为 I 类建设控制地带。

管理机构情况

抚顺市元帅林文物保护中心，编制 21 人，其中主任 1 人，副主任 2 人。

░░░ 原保护范围

▓▓▓ 原建设控制地带

● 保护标志位置

图 3-7｜管理评估

介绍说明标牌，对散落的石刻缺乏管理和保护；元帅林内没有消防设施；管理设施不完备，专业门类不齐全（图3-7）。

3.4 利用评估

（1）对外开放：元帅林现作为元帅林国家森林公园，AAA级旅游景点，对外开放，但游人较少。

（2）展陈设置：原在地宫和关东碑林内布置有室内展陈，展示方式是图片文字，形式单一，现在这两处展陈已撤除，目前元帅林内没有展陈设计和布置，对文物建筑本体的展示不够。

（3）交通服务：元帅林大门外和内部各设一个停车场，但元帅林内部游线单一，缺乏组织。

（4）游客服务设施：游客服务设施少，并且缺乏管理；指示牌、说明牌陈旧且不符合要求；无游客中心，游客不能方便地获得相关资料。厕所数量偏少，卫生条件较差。

（5）宣传教育：关于元帅林的出版物稀少，专门介绍元帅林的书目目前仅见两本：李凤民著《话说元帅林》，东北大学出版社2004年出版；郝武华编写《元帅林风景区简介》，辽抚出临图字〔1999〕第043号。宣传教育活动缺乏。

3.5 现存主要问题

根据以上分析与评估，元帅林在文物的保护、利用和管理方面主要存在下列问题：

（1）对文物的价值认识不够：对文物建筑本体的历史价值、艺术价值和科学价值的认识不够。

（2）部分文物本体破坏严重：元帅林大台阶以南文物建筑位于大伙房水库水位线以下，受到严重破坏。部分文物的位置人为移动，没有任何记录说明。大量石刻及建筑残件散落林间，破坏严重。

（3）建筑风貌不协调：部分新建建筑体量过大，风貌不协调，破坏了元帅林的环境。

（4）交通可达性较差：元帅林内部缺乏交通组织，对外可达性差

（5）管理研究缺乏：无管理条例，无档案记录，对文物缺乏研究，管理设施不完备。

（6）展示利用不够：对文物建筑本体展示不够，展陈条件简陋，缺乏游线组织。

4 保护区划

4.1 区划原则

根据现状评估和调查研究，政府公布的现有保护范围基本满足文物保护需要，但建设控制地带的区划不科学，缺乏可操作性和控制力，不能满足文物保护需求。本案根据保证相关环境的完整性、和谐性的要求，同时根据实际管理操作的可行性的要求，结合现已形成的地形环境，对建设控制地带作出调整建议。本案的建设控制地带的划定与管理要求，与辽政发〔1993〕8号《关于公布一百五十九处省级以上文物保护单位保护范围和建设控制地带的通知》规定不同。

4.2 区划类别

（1）原有保护范围和建设控制地带

1988年12月辽宁省人民政府颁发的辽政发〔1988〕100号文件公布元帅林为第四批省级文物保护单位，其有关内容为：保护范围：以墓室宝顶中心为基点，东1800米至龙头碑一带水面；西

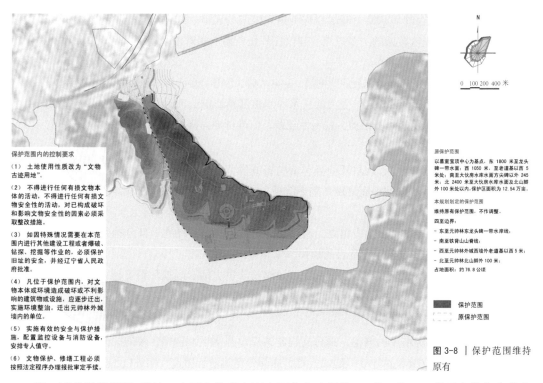

原保护范围

以墓室宝顶中心为基点，东 1800 米至龙头碑一带水面；西 1050 米，至老道基以西 5 米处；南至大伙房水库水面方尖碑以外 245 米；北 2400 米至大伙房水库水面及北山脚外 100 米处以内，保护区面积为 12.54 万亩。

本规划划定的保护范围

维持原有保护范围，不作调整。

四至边界：

- 东至元帅林外龙头碑一带水岸线；
- 南至铁背山山脊线；
- 西至元帅林外城西墙外老道基以西 5 米；
- 北至元帅林北山脚外 100 米；
- 占地面积约 76.8 公顷。

■ 保护范围
⌐ ┘ 原保护范围

图 3-8 | 保护范围维持原有

1050米，至老道基以西5米处；南至大伙房水库水面方尖碑以外245米；北2400米至大伙房水库水面及北山脚外100米处以内，保护区面积为12.54万亩。

建设控制地带：保护范围外西、北均外延200米，此地域为Ⅰ类建设控制地带。

（2）保护范围维持原有

四至边界为东至元帅林外城外龙头碑一带水岸线；南至元帅林方城南城墙遗址南20米；西至元帅林外城西墙外老道基以西5米；北至元帅林北山脚外100米；占地面积约82.3公顷（图3-8）。

（3）建设控制地带调整建议

保护范围外向西、北均外延200米。东至大伙房水库水岸线；南至铁背山山脊线；西至元帅林陵园西侧山体山脚线；北至元帅林北山脚外300米；占地面积约51.0公顷（图3-9）。

（4）环境协调区设置建议

为了与周边地区的发展建设相衔接，本规划在建设控制地带之外做出环境协调区的规划建议。东至元帅林东侧山体山脊线；南至铁背山南侧山脚；西至大伙房水库水岸线；北至沈吉铁路；占地面积约201.6公顷（图3-10）。

5 保护措施

5.1 修缮外城

（1）现存的外城墙大部分墙面剥落，顶部损坏严重，局部墙体有纵向裂缝，应对城墙进行全面维修加固，修复城墙顶部残损部分，消除安全隐患。封闭外城墙西北角处的开口。

（2）近年在现存外城东墙上开缺口作为进入陵园的入口。结合对元帅林的原貌研究，本规划恢复老道基作为进入陵园的主要道路，建议在外城西墙上相对于东墙缺口处开口，作为进入陵园的主入口，并立标牌说明。

（3）外城墙现存的西北、东北两座炮楼，年久失修，屋顶残破，墙体有裂缝，应进行修复加固。

（4）大台阶底部约三分之一受大伙房水库水位涨落影响，时而位于水面之下，时而露出水面，目前栏杆倾斜，踏步条石松动，稳定性较差，应进行加固修复。

5.2 修缮圆城

（1）圆城内石牌坊前，现将从他处移来的石五供直接摆在条石地面之上，局部集中荷载过大，导致部分条石被压碎，地面出现凹陷下沉现象，应对塌陷地面进行加固维修，对破碎的条石进行更换。

（2）圆顶第一层平台上生有植物，破坏了原有的五色石子图案，部分植物的根系会破坏圆顶的防水，应清除对文物建筑有危害的植物。

（3）圆城正门楼、东西门楼顶部瓦间以及梁枋斗拱上的彩画损坏剥落较为严重，应按原样对损坏的瓦件进行更换，对彩画进行修补或重绘。

5.3 水下遗址保护工程

（1）由于大伙房水库的修建，部分文物建筑淹没在水下，包括：陵门、外城东门、外城西门、部分外城墙、方城和元帅林筹建处，对于这部分建筑遗址遗迹，应进行水下测绘，确定其位置、形状。由于大伙房水库是重大水源地，担负着辽宁省中部城市群2000万人的饮水任务，在遵守《水法》以及《重大水源地保护条例》等严格规定、确保水库水质的前提下，在相关部门的指导和监督下，在环境评估后、确保达到相关标准的情况下，采用对水质无污染的点状标识物的方式在水面进行标示。

（2）纪念碑下半部经常位于水面下，严重影响其结构稳定性，应迁移保护，迁移后应作记录并立说明牌。

5.4 可移动文物保护工程

（1）目前大量珍贵石刻件散落摆放在林间展示，由于经常不见阳光，部分石件表面已经发霉变黑。另外，在草丛上还散落有大量残破的石构建筑构件，遭到严重的人为破坏。对于这些珍贵的石刻构件应集中保护，在进行编号整理、深入研究的基础上，建议采用室内、半室外、室外等多种方式进行展示，并立说明牌对石刻进行详细说明。

（2）石像生原位于陵门和方城之间。现位于外城东侧。为在进入陵园前形成前导空间序列，根据本规划的游线设置，建议将其迁移到老道基两旁，并立标牌说明其原始位置（图3-11）。

6 环境规划

6.1 搬迁调控

（1）凡位于保护范围内，对本体或环境造成破坏或不利影响的建筑物、构筑物、设施等应

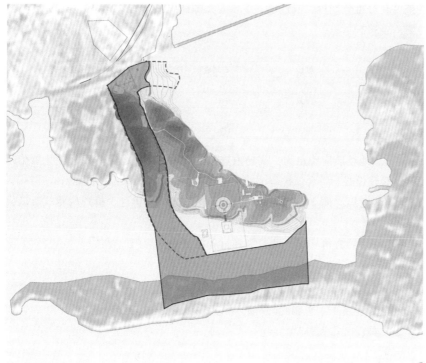

原建设控制地带范围

保护范围外向西、北均外延 200 米，此地域为 I 类建设控制地带。

本规划划定的建设控制地带范围

四至边界：

保护范围外向西、北均外延 200 米。
- 东至大伙房水库水岸线；
- 南至铁背山山脊线；
- 西至元帅林陵园西侧山体山脚线；
- 北至元帅林北侧山脚外 300 米。

占地面积：约 82.3 公顷。

建设控制地带内的控制要求

（1）在建设控制地带内进行建设工程，不得破坏元帅林的历史风貌；工程设计方案应当经市文物行政主管部门同意后，按规划建设行政主管部门批准。不得建设污染文物保护单位环境的设施，对已有的污染文物保护单位及其环境的设施，应当限期治理。

（2）不得进行可能危及元帅林安全及其环境的活动；对现有的安全隐患，应当限期整治。

（3）不得进行任何破坏原地形地貌（特别是山形水系）、污染水源与损毁植被的行为。

（4）建设控制地带内仅允许建设公共旅游设施与小型景观建筑，建筑的选址与设计应因地制宜，不得过于突显。

■ 建设控制地带

▯▯▯ 原建设控制地带

图 3-9 | 建设控制地带调整

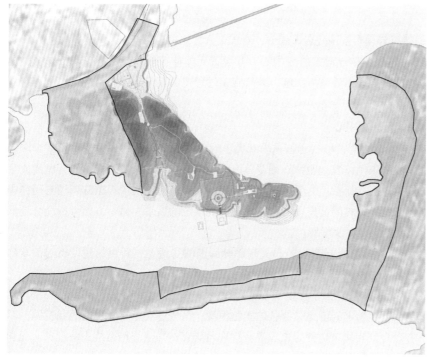

N

0 100 200 400 米

本规划划定的环境协调区范围

四至边界：

- 东至元帅林东侧山体山脊线；
- 南至铁背山南侧山脚；
- 西至大伙房水库水岸线；
- 北至沈吉铁路。

占地面积：约 201.6 公顷。

环境协调区内的控制要求

（1）在环境协调区内原则上不对建筑做形态上的控制，但应控制建设用地性质的发展，不得与元帅林的风貌及背景环境形成冲突。

（2）在环境协调区内应完善公共设施及元帅林内部务类用地的配套设施，为元帅林的文物保护，防火防灾以及旅游发展服务。

▨ 环境协调区

图 3-10 | 增设风貌协调区

根据实际情况和经济条件，分批分期拆除或迁建。主要有元帅林招待所（二所）、元帅林度假村（林湖饭庄）和跑马场（表3-2）。

表3-2 | 迁出单位一览

编号	单位名称	性质	占地面积（公顷）	建筑面积（平方米）
1	招待所（二所）	服务	0.1	365
2	元帅林度假村（林湖饭庄）	商业	0.6	508
3	跑马场	商业	0.6	360
4	帅森园	商业	0.7	2000

（2）建筑拆除后，其用地性质应确定为"文物古迹用地"，可用作绿化、室外文化展览或其他非永久性文化设施，其建设必须符合保护范围的相关要求，并须经相关部门同意。

（3）帅森园隶属抚顺热电厂，属于文物保护区内的非法建筑，应拆迁，拆迁后建议改造成入口主要停车场。

（4）搬迁须经过环境评估后方可实施，并且搬迁过程要由相关部门监督进行，不得对大伙房水库的水源造成污染。

6.2 整治建筑

根据环境评估结论，部分建筑严重影响元帅林的环境风貌，需要进行整治（图3-12），主要有关东碑林、元帅林宾馆和帅森园（表3-3）。

表3-3 | 整治建筑一览表

编号	单位名称	性质	占地面积（公顷）	建筑面积（平方米）
1	关东碑林	公共	0.2	225
2	元帅林宾馆	商业	2.9	1900

（1）关东碑林：建议合理布置现代名人碑刻，对碑刻进行保护，重新布展。

（2）元帅林宾馆：建议改造成游客服务中心，并设置元帅林管理办公用房及职工宿舍、食堂。建筑整治方案须经过环境评估后方可实施，并且施工过程要由相关部门监督进行，不得对大伙房水库的水源造成污染。

6.3 新建明清石刻陈列馆与研究中心

（1）必要性：根据评估结论，虽然元帅林内有大量珍贵的石刻与碑刻，但现阶段整个园内缺乏基本的展陈设施。陵墓东侧以及"明清石刻苑"内大量珍贵石刻露天散落在林间，既无文字记录与考证，也无法得到应有的保护。为解决这一系列问题，必须另建明清石刻陈列馆与研究中心（新馆），一方面可以对元帅林的历史以及石刻构件进行系统的展示，另一方面可以充分地保护园内的文物并提供研究的平台以及场所。

（2）选址策划：位于元帅林外城东墙外，关东碑林周围的空地上。新馆的建设将与关东碑林的整治相结合。用地面积约10000平方米，总建筑面积约5000平方米。

（3）功能设定：结合张作霖、张学良生平事迹对相关的中国近代历史进行展示介绍；对元帅林进行综合介绍，包括营建始末的历史、原状的实物模型、历史的沿革以及目前的状况等；对元帅林内散落的文物（以石刻和建筑构件为主）进行整理与研究，并建立档案统一管理；对元帅林内的石刻和建筑构件等进行有选择地展示。

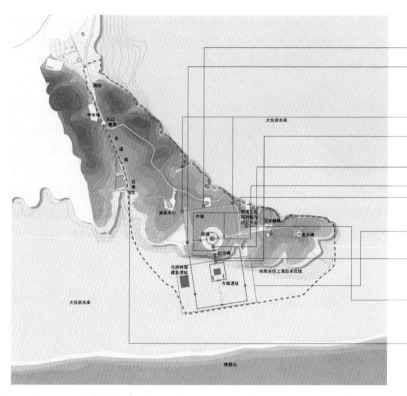

修缮工程

（1）外城

- 对现存的外城墙进行维修加固，修复城墙顶部残损部分，封闭城墙西北角的开口。

- 近年在现存外城东端开辟缺口处作为进入陵园的入口。结合对元帅林的原貌研究，本规划恢复老道基作为进入陵园的主要道路，建议在外城西墙上相对于东端缺口处开口，作为进入陵园的主入口，并立标牌说明。

- 对外城墙现存的西北、东北两座炮楼进行修复加固。

- 对大台阶稳定性较差的部分进行加固修复。

（2）圆城

- 对圆城内出现凹陷下沉现象的条石地面进行维修加固。

- 清除圆顶上对文物建筑有危害的植物。

- 更换圆城正门楼、东西门楼损坏的瓦件以及修补重绘剥落的彩画。

水下遗址保护工程

（1）对于淹没在水下的建筑遗址遗迹，进行水下测绘，确定其位置、形状，并采用点状标识物的方式在水面进行标示。

（2）纪念碑下半部经常位于水面下，严重影响其结构稳定性，应迁移保护，迁移后应作记录并立说明牌。

可移动文物保护工程

（1）散落在林间的大量珍贵石刻构件，应集中保护，在进行编号整理、深入研究的基础上，建议采用室内、半室外、室外等多种方式进行展示，并立说明牌对石刻进行详细说明。

（2）为在进入陵园前形成前导空间序列，根据本规划的游线设置，建议将石像生迁移到老道基两旁，并立标牌说明其原始位置。

图 3-11 ｜保护措施

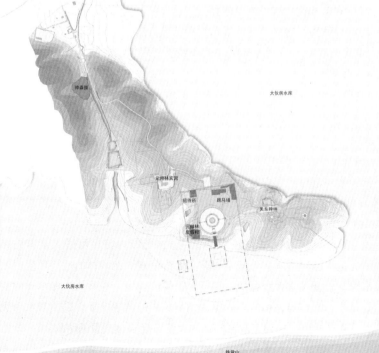

N

0 50 100 200 米

拆除建筑

单位名称	占地面积约 （公顷）	建筑面积约 （平方米）
招待所（二所）	0.1	365
元帅林度假村（林湖饭庄）	0.6	508
跑马场	0.6	360
帅磊园	0.7	2000

整治建筑

单位名称	占地面积约 （公顷）	建筑面积约 （平方米）
关东碑林	0.2	225
元帅林宾馆	2.9	1900

▨ 拆除建筑

整治建筑

图 3-12 ｜建筑整治

（4）设计要求：建筑以一层为主，高度不超过6米；营造有特色的展示空间，并为文物的保护与研究提供必要的空间与设施；体量不宜过大，应顺应周边的地形，与自然环境充分结合，从而营造出新的景观；新馆的设计应充分结合关东碑林的整治，结合展示内容和功能灵活设置室内、室外及半室外空间。

6.4　生态环境

（1）保护策略：保护元帅林的原生历史环境和风水格局，包括元帅林所在山岗的山形，以及水库对面铁背山的山形；保护与元帅林现状环境相关的生态功能；遏制人为破坏，保护水资源和耕地资源、林地资源，控制大气污染。

（2）地形地貌：在元帅林圆顶上视域可及的范围内全面禁止开山炸石行为；元帅林建设控制地带内不得进行城市大型基建项目建设；元帅林建设控制地带内的旅游开发项目不得对地形地貌造成破坏；元帅林现存外城西墙南段受到水库水位上涨威胁，建议将西墙南段西侧洼地局部垫高，保护外城西墙现存部分不被水淹（图3-13）。

7　展示规划

7.1　展示策略

（1）以元帅林的文物保护为前提，坚持科学、适度、持续、合理地利用。

（2）积极发挥社会效益，促进社会效益与经济效益协调发展。

（3）注重环境优化，为接待观众和优质服务提供便利。

（4）注重元帅林历史环境的整体性，将元帅林的展示与抚顺的自然与人文环境相结合。

（5）注重元帅林与周边景区的联系，将元帅林的保护和展示利用与周边的现有景区（如铁背山游览区和萨尔浒山游览区）紧密结合。

（6）注重环境控制，控制游人对环境的影响，确保大伙房水库的水源质量以及元帅林的自然环境（图3-14）。

7.2　展示分区

（1）石刻展示区：在东部地区，结合现有的明清石刻苑、龙头碑以及关东碑林，安排用于展示研究陵园内珍贵明清石刻的陈列馆与研究中心，并对元帅林建造的历史背景、营建过程进行展示说明。考虑到现有明清石刻苑露天展示石刻的效果很好，选择部分适合的石刻仍然露天展示，做好说明标牌，提供多种展示方式和参观方式。

（2）陵墓展示区：该区以元帅林陵园以及老道基为核心。在圆城内游客可进入墓室内参观，也可登上宝顶，环视四周。走出圆城可站在外城宏伟的大台阶上观览元帅林的地势环境以及被水库淹没的部分。遵守《水法》以及《重大水源地保护条例》等的规定，在确保水库水质的前提下，在相关部门的指导和监督下，在环境评估后、确保达到相关标准的情况下，采用对水质无污染的点状标识物的方式在水面进行标示，使游人对元帅林的完整布局留有直观的印象。

（3）绿化休闲区：元帅林北部地区，以山林绿化景观为主，辅以景观小品，各景点以林间散步道相联系，游人在参观游览之余可在林间露营。

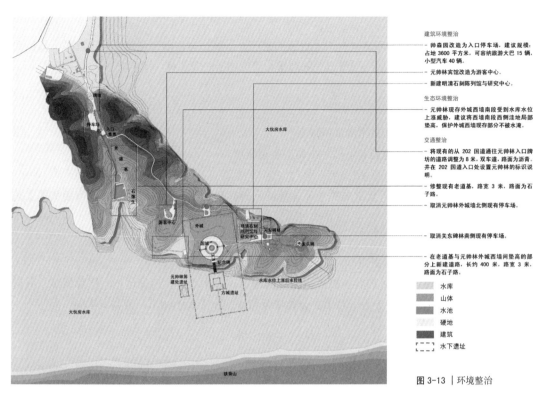

建筑环境整治

— 帅森园改造为入口停车场，建议规模：
占地 3600 平方米，可容纳旅游大巴 15 辆，
小型汽车 40 辆。

— 元帅林宾馆改造为游客中心。

— 新建明清石刻陈列馆与研究中心。

生态环境整治

— 元帅林现存外城西墙南段受到水库水位
上涨威胁，建议将西墙南段西侧洼地局部
垫高，保护外城西墙现存部分不被水淹。

交通整治

— 将现有的从 202 国道通往元帅林入口牌
坊的道路调整为 8 米，双车道，路面为沥青。
并在 202 国道入口处设置元帅林的标识说
明。

— 修整现有老道基，路宽 3 米，路面为石
子路。

— 取消元帅林外城墙北侧现有停车场。

— 取消关东碑林南侧现有停车场。

— 在老道基与元帅林外城西墙间垫高的部
分上新建道路，长约 400 米，路宽 3 米，
路面为石子路。

	水库
	山体
	水池
	硬地
	建筑
	水下遗址

图 3-13 | 环境整治

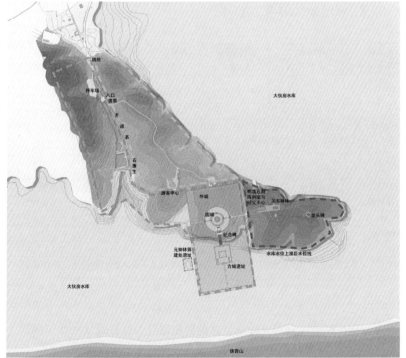

石刻展示区

东部地区，结合现有的明清石刻苑、龙头
碑以及关东碑林，安排用于展示研究陵园
内珍贵明清石刻的明清石刻陈列馆与研究
中心，并对元帅林建造的历史背景、营建
过程进行展示说明。选择部分适合的石刻
仍然露天展示，做好说明标牌，提供多种
展示方式和参观方式。

陵墓展示区

以元帅林现存部分以及老道基为核心的展
示区，被水库淹没的部分，采用点状标识
物的形式在水面上进行标识。

绿化休闲区

北部地区，以山林绿化景观为主，辅以景
观小品，各景点以林间散步道相联系。

	石刻展示区
	陵墓展示区
	绿化休闲区

图 3-14 | 功能分区

7.3 展示路线

元帅林是一处风景优美而又具有人文价值的景区，景区内有许多游览路线可以选择，如：北门牌坊—老道基—陵墓展示区—明清石刻陈列馆与研究中心—龙头碑（图3-15）。

7.4 展示设施

（1）指示说明牌。

（2）运用高科技多媒体技术的展陈设备。

（3）室内图片、模型陈列和室外的小品、雕塑展示。

（4）水面上对水下遗址展示标示。

（5）出版适合各类读者要求的关于元帅林的宣传画册、书刊及音像制品，销售相关的工艺纪念品。

7.5 服务设施

（1）各展区均设展示服务点。

（2）展示服务点的服务内容根据展示区规模确定，大小不一。内容包括：图片展示、导游解说、纪念品小卖、摄影服务等。其中：分类垃圾箱，间距不大于80米；公共卫生间，间距不大于200米。

7.6 容量控制

文物保护单位的开放容量必须以不损害文物原状、有利于文物管理为前提，容量的测算要讲求科学性、合理性，测算数据必须经实践检核或仪器监测修正。本案初步测算的元帅林的开放容量为定值，不得随旅游规划发展期限增加（表3-4，表3-5）。

表3-4 | 建筑本体容量计算

建筑本体名称	计算面积（平方米）	计算指标（平方米/人）	一次性容量（人/次）	周转率（次/日）	日游人容量（人次/日）	年容量（万人次）
明清石刻陈列馆与研究中心	3000	15	200	5	1000	27.2
关东碑林	225	15	15	6	90	2.5
考虑明清石刻陈列馆与研究中心的维修、布展、春节休假及人员学习等情况，年开放天数按340天计；为确保展览建筑不因过度开放而受损，规划暂定系数为0.8。算式：年游人容量＝日游人容量×340天×系数0.8						

表3-5 | 展示分区容量计算

展示分区名称	计算面积（平方米）	计算指标（平方米/人）	一次性容量（人/次）	周转率（次/日）	日游人容量（人次/日）	年容量（万人次）
石刻展示区	50000	80	625	3	1875	51.0
陵墓展示区	80000	80	1000	3	3000	61.2
绿化休闲区	70000	80	875	3	2625	71.4
考虑元帅林维修、布展、春节休假及人员学习等情况，年开放天数按340天计；为确保文物建筑不因过度开放而受损，陵墓展示区规划暂定系数为0.60，主题纪念展示区和绿化休闲区规划暂定系数为0.8。算式：年游人容量＝日游人容量×340天×系数						

7.7 交通组织

（1）公交线路：目前没有从抚顺市区直达元帅林景区的游览路线，应开通从抚顺市区到达元帅林的专门游览线路。

天辽地宁 格致探原

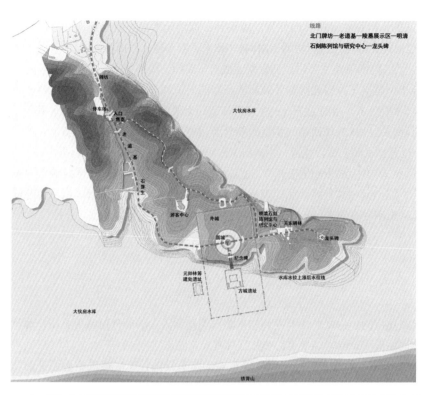

= = = 游线

图 3-15 展示路线

规划要求

-以现有道路为基础，改善路面质量。
-在保证文物安全性及不影响景观的前提下，
局部修建新路段，沟通各展示点的便捷路线。
-有利于与城市的道路交通系统衔接。

道路规划

-将现有的从202国道通往元帅林入口牌坊的道
路调整为8米，双车道，路面为沥青。并在202
国道入口处设置元帅林的标识说明。
-修整现有老道基，路宽3米，路面为石子路。
-老道基与元帅林外城西墙间新建道路，长约
400米，路宽3米，路面为石子路。

停车场规划

-元帅林入口牌坊西侧设停车场，建议规模：
占地3600平方米，可容纳旅游大巴15辆，小型
汽车40辆。
-取消元帅林外城墙北侧现有停车场，结合游
客中心设置园区内小型游览车停车场。
-取消关东碑林南侧现有停车场。

Ⓟ　停车场
|I|III|I　入园主要道路
= = =　园内主要道路
───　园内步行小路

图 3-16 道路系统

（2）入口：将景区的入口设在元帅林西北方的牌坊处；取消元帅林外城北侧现有的入口大门；将现有的从202国道通往元帅林入口牌坊的道路调整为8米，双车道，路面为沥青。

（3）景区内道路：景区内部道路主要采用沥青路面或石子路面，局部采用广场砖；景区内交通以步行为主，并结合小型游览车。将元帅林外城西侧现有的老道基调整为进入元帅林墓葬区的主要道路，并进行修整，路宽3米，路面为条石，在老道基通到大伙房水库的尽头，建亲水平台，作为登船码头；在老道基与元帅林外城西墙间垫高的部分新建道路，长约400米，路宽3米，路面为条石；在水下遗址的位置，水面上设置栈道，一端与大台阶相连，另一端作为登船码头。

（4）停车场：元帅林入口牌坊西侧设停车场，建议占地规模约3600平方米，可容纳旅游大巴15辆，小型汽车40辆；取消元帅林外城墙北侧现有停车场，结合游客中心设置园区内小型游览车停车场；取消关东碑林南侧现有停车场（图3-16）。

8 基础设施

8.1 基础设施现状

元帅林内部现状道路宽度约1~4米，主要路面基本是水泥路面为主，部分道路为土路；现状排水形式主要为暗沟和地面漫流；电力线架空，杂乱且具有火灾隐患。

元帅林内目前仍缺乏消防、给排水、热力供应等重要的配套设施，无法提供旅游服务的功能。由于元帅林内部现状道路不能形成游行回路，尤其是消防道路和旅游步行道路网系统急需在保护与元帅林历史氛围的前提下获得改善。

8.2 市政设施调整

结合道路改造，更新和完善元帅林内的市政设施。近期应重点建设的是元帅林内的给排水设施。市政设施的改造应专门编制市政详细规划，管网的走向根据本规划中的路网做必要的调整。市政设施的空间布局，应充分结合元帅林的林地系统与道路系统布置，尽量减少市政建设对元帅林风貌氛围的破坏。

（1）给水管全部埋入地下，按照防火规范要求沿路铺设。同时给水管也要满足消防水管与消火栓的布置要求，保证元帅林内最不利点要水充实水柱7米，室外消防水管管径不小于DN150。

（2）现状排水系统较简陋，下雨时雨水多为顺坡沿路面排泄。排水系统应增设污水处理设施，污水排放量的相对稳定可以在一定程度上减小地下管道的断面，减轻原有狭窄道路的负荷，同时可以防止夏季汛期雨水量的骤增造成管道的漫流影响元帅林环境。污水排放采用地下管沟系统，污水管应位于管沟最底部，呈独立空间的一室，避免污水中的沼气与强电接触发生危险。雨水采用传统边沟式雨水排放系统，排水方向仍依照现状排水方向，顺应地势，低点集水排水。污水处理系统接入周边市政排污系统。

（3）根据现状情况及规划设计要求，电力和电信基础设施的改造主要集中在容量需求及线路改造两方面。容量需求应该满足管理人员及日间最大旅游人数的用电需求。并根据负荷分布情况及负荷总量统一考虑电源配置。

（4）元帅林采用分段设置箱式变电站供电，供电半径控制在250m左右。各景点的照明以就近取电为主。

（5）元帅林内的厕所等市政配套设施，以未来旅游业的发展需求为标准，高标准建设。

（6）元帅林内要设置足够的分类垃圾箱，有专人负责对元帅林景区内的垃圾进行分类收集，并运输到抚顺市规定的垃圾处理点进行统一处理。

8.3 消防系统调整

元帅林内部防灾系统规划以"重点防范，系统协调"的原则，对元帅林陵墓区及周边林木等重点保护，增设必要的防灾设施（如消火栓系统、消防水池、火灾自动报警系统、气体灭火系统、灭火器等）。同时以元帅林陵墓区两侧的环城道路作为主要消防路径，保证有效消防半径覆盖元帅林范围内的所有地区。在保护范围内建立有效的消防监控系统，在不影响文物本体及观瞻要求前提下在适当地段设置消防泵站及消防用蓄水池，并完成消防安全通道的建设。

9 规划分期

本案的规划期限设定为21年（2010—2030年），规划的建设与改造内容分为三阶段：第一阶段6年（2010—2015年），第二阶段5年（2016—2020年），第三阶段10年（2021—2030年）。

9.1 第一阶段（2010—2015年）规划实施内容

（1）收集并完善基础资料，完成前期咨询规划工作。

（2）完成城墙、炮楼、圆城等文物建筑的加固和修缮工程。

（3）对圆城正门楼、东西门楼损坏的瓦件进行更换以及彩画的修补重绘。

（4）完成纪念碑的迁移工程。

（5）完成水下遗址的测绘。

（6）完成保护范围内招待所（二所）、元帅林度假村（林湖饭庄）和跑马场的拆迁工作。

（7）完成帅森园的拆迁工作。

（8）初步完成新建明清石刻陈列馆与研究中心的建设，并完成石刻构件迁移入馆工作。

（9）完成老道基的整治以及石像生迁移工程

（10）完成元帅林外城西墙外地势垫高、新建道路工程。

（11）完成元帅林大门的建设、入口广场的环境整治和停车场的建设工程。

（12）完成元帅林内道路的整治工程，以及登船码头建设。

（13）完成元帅林内的饮水和污水处理工程。

（14）初步完成旅游宣传品的编写出版。

9.2 第二阶段（2016—2020年）规划实施内容

（1）完善元帅林的日常维护，对文物进行长年的岁修岁补。

（2）完成水下遗址的水面标识。

（3）完成元帅林宾馆改造成游客中心的建设，并设立管理办公用房及职工宿舍、食堂。

（4）完成通向元帅林道路的扩建工程。

（5）完成旅游路线策划及相关配套硬件、软件的建设。

（6）完成关东碑林的整治和新建明清石刻陈列馆与研究中心的建设，并对元帅林内的石刻进行研究。

（7）制定并完善管理规章制度，加强日常管理。

（8）完成旅游宣传品的编写出版。

9.3 第三阶段（2021—2030年）规划实施内容

（1）在前阶段基础上强化管理，加强对文物的日常维护。

（2）全面完成展示和利用规划，将元帅林周边历史和自然资源纳入历史文化旅游圈中。

（3）不断深化日常管理，加强档案建设和学术研究，强调日常维护的重要性。

10 附录：元帅林工程简略说明书

天津华信工程司 殷俊

张故大元帅林墓之形势

沈阳之北辽水之东有佳城，焉名为水龙湾。其地四势紧凑，起祖于长白之龙岗。千里奔腾，发辉于铁背之山麓，前朝后应，气象万千，左降右伏，明堂端正，结回龙顾祖之穴，流神环抱揽浑河上游之秀。屈曲到堂，且也灵石，遥承俱见精英之凝结奇峰，环列益形拱卫之森严是知。

吉人福地，久宜百世，荣昌此诚，天施地设，所以酬我遗德在民之。

张故大元帅者，也谨将建筑大纲简略说明开列于左。

计开：

（子）建筑大纲

一、本建筑以庄严坚固为标准。

二、由奉海铁路车站随山坡之起伏造石子马路一条，屈曲相联，跨过浑河转东至林墓头门。并于浑河上架石桥一座，于通过之山涧上架洋灰桥一条以联络之。

三、林地之前随河身之环抱，左右岸造洋灰叠石堤以拦上游之水归入本河。

四、林墓头门外造连三之白石桥跨过浑河南岸，并于桥面左右建筑白石华表一对。四周镶以石栏杆加雕刻，北岸立白石五圈门之牌坊一座，此处地平，南至桥根，北至头门前之月台，照石子马路法筑平。

五、林墓外围墙纵六百八十公尺，横三百十五公尺，四城角造圆形炮各一座，各带洋灰石级上下通联。

六、外围墙南面造三圈之头门一座。上带门楼盖绿色琉璃瓦，头门前造月台一份联三之白石台级一份，月台左右各装木质守卫棚一间。

七、头门内左右置石兽五对，洋灰石子镶嵌花纹之甬路一条，直达正门。甬路中部起造碑亭一座，碑亭东西向各造甬路直通左右两门，并于路之中段各架白石三圈门之牌坊各一座。

八、外围墙左右两门内路北，各造坐北向南之守卫室五间，带廊子。

九、碑亭至正门之间左右各造办公室五间，东西相向均带廊子并造砖路以联络之。

十、内围墙纵一百七十公尺，横一百五十公尺。南面正中起造正门一座，门内铺石子路一条，直接正厅前之月台，其中段置铜鼎一座，四周铺石子路环抱并于左右各铺石子路一条直达配房。

十一、正厅前左右各造配房带廊各五间，其上皆盖绿色琉璃瓦，厅前各带白石台级全份。

十二、正门内起造正厅五间，四周环以走廊，前后石级，厅前造月台一份，四周环抱正厅。月台高二公尺，台前装置白石联，三石级全份左右。月台角布置铜质灯柱各一架。正厅明柱暗柱廊柱地平屋顶均用混凝土筑成，外加色油如木质，然厅内满铺白花色玉石镶嵌成纹。屋顶盖绿色琉璃瓦。

十三、正厅后即起石梯一百零八步达园墙，地平石梯口左右置卧狮一对。石梯上造石质平台十份，平台左右各装石栏，石梯上段左右墙壁以条石筑成与龙虎高石墙交圈，并于石梯口之高石墙上左右各装石质灯杆一对。

十四、由第二层台子南西正中造隧道，向北直通墓穴隧道门口于大元帅灵柩经过后，随即用混凝土墙封闭之。

十五、坟冢周围砌造石基园墙，其南面正中造墓门一座，其左右之山墙与园墙交接。石级上口置五圈白石牌坊一座以壮形势。此项牌坊顶亦盖绿色琉璃瓦。

十六、园墙外左右高坡沿山根筑石墙各一段，如贴身龙虎砂形，并于左右装置石级随坡而上，直通园墙之左右两门，园墙内随墙筑石子嵌成花纹之花园路，内外各一圈，前后左右互相联络。园墙与墓门交接处左右造八字墙以壮形势。

十七、园墙中间加筑团圆石台子，其周围之台墙以石为主，前后左右均装白石台级。

十八、园墙中心为坟冢，四周大墙及圆顶皆以洋灰筑成。中心起造白洋灰灵座，四周镶以木质小栏杆。内中安设大元帅灵柩，其灵座全体抹白洋灰叠花灵。座下留长方井空堂，坟冢内部地平以灰土筑成，皆所以透地气而联络龙脉也。坟冢上四周以白石镶砌，第二层台子四周加雕刻。第二层台子上面平地，即以五色土拍平，分东南西北以四方之秀气，坟冢中心以黄色土叠起半圆以作中央，戊己之形而尽五行之妙。

十九、园墙左右各造单圈墓门一座以达外城。

二十、以一为全局布置之，大概依照山坡原有之形势略去有余，而补其不足，因地制宜，而事半功倍矣。今将各部分工料分列如左。

二十一、坟冢建筑法

圆周大墙以混凝土筑成，夹墙分内外两圈，中留空堂以混凝土筑成，互相联络并于空堂中四周满贴避潮工程。其大墙之基础亦以混凝土筑成，下打木桩，内外分三道，上筑灰土十步以托基础，大墙上盖混凝土圆顶，亦以内外二层分筑。中夹圆柁，坟冢里面墙皮加抹白洋灰，抹成滨子形，其圆顶里加抹白纸灰，叠成云彩，装成满天星辰，地平满打灰土六步。四周略具倾斜形。

坟冢中间装置白洋灰灵座，为长方式，四周装置木质小栏杆灵座，四周均加白洋灰抹光、起线，玲珑精巧，灵座中心留长方形之空堂以透地气龙脉。灵柩即安设于灵座之上，座前设置玉石案桌，桌上设五供万年灯。

坟冢之四周大墙外加筑混凝土台子，墙基础做法与坟冢大墙同。其上透出一层台子处外皮色。以白石墙皮起线，雕刻台子墙盖顶。亦以白石充做墙盖，均加雕刻花纹，坟冢上盖细腻黄色土拍平凸圆并于四周加装混凝土出水管流入二层台子。

二十二、第二层台子建筑法

二层台子设于坟冢之周围，尺寸照图，台子墙及基础均用混凝土筑成。其出土处皮加白石（冰梅），墙皮上盖白石雕刻盖面起线成纹。

二层台之四，正面装置白石阶级各一份。阶级前各装白石牌坊一座，尺寸照图，台上盖以四色细土分东西南北。台的四周筑白石子小路一圈，路旁种冬青树栏杆一圈，四周交接于石坊柱台之正面，设白玉石五供一份，白玉石拜垫一份，均加雕刻。坟冢之高低及第二层台子之高低尺寸均照详细图样。

二十三、园墙建筑法

园墙之地平，即照山坡原有之地平为准园墙基础先打灰土十步，上铺乱石，满灌洋灰浆。其上再用大石块叠成墙基，高一公尺，墙之中间满灌碎石子，洋灰使生联络之效力。内外墙面石缝相接成纹，拖泥盖口俱全。墙身用大块砖叠成，磨砖对缝并加雕刻，墙顶盖以绿色琉璃瓦。

园墙左右各做单圈门一座，上盖绿色琉璃瓦，门用木质钉满天星，金钉内外，兽头金环俱全，门内地平用白石板平铺，内外各装千级石阶，门口亦以石质做成，门外随原有山坡之倾斜形修混凝土石级。凡遇平台处，左右加白石镶边，平台地平以各色瓦片铺成花纹。

园墙里沿墙根筑花园式小路一圈，坟冢台子之前后左右各筑花园式小路互相联络。二层台子迎面盖墓门三间，木制雕刻彩画，内外石阶均用条石，顶盖绿色琉璃瓦。

园墙前墓门中各装木质门一份，内外钉满天星金钉，墓门之前立白石五圈牌坊一座，注明于第三十五条。

园墙前千级石左右筑混凝土大墙直通到山坡下平地，凡墙身露明处外皮加白石，墙皮接缝长短高低照图。

二十四、隧道筑法

由圜墙内二层台子正面开筑混凝土隧道一条。直达墓穴，此项隧道内外呈倾斜形，左右墙壁及其上之拱圈，其下之地平皆以混凝土筑成，厚薄高低详注图内。地平抹颜色洋灰，墙皮及拱顶抹白纸灰，刷色成纹，隧道大门则俟。

大元帅灵柩归墓后，以白石封砌之。

二十五、千级石阶建筑法

由大厅后起造连三之白石，阶级百零八步，左右装置水沟及白石雕刻栏杆。石级口左右装置白石灯柱一对，卧狮一对，基础用铁筋混凝土筑成，座子四周加雕刻各式花纹，灯柱身为八角形下端加雕花腰箍。柱顶装置铜质灯龙各一份，中部石阶宽为六公尺左右。栏杆外筑石质泻水槽，由上而下以达平地。水槽之外又装石级，宽为二公尺以上，石级每隔十级做小平台一份，详细情形参见图内。石级左右之三角形大墙用大砖砌造，外皮加砌冰梅，石墙皮接缝成纹，拖泥盖口用石条，其厚薄尺寸依照详图。此项三角墙之基础先打木桩，上打灰土，其上再筑铁筋混凝土。详细做法及式样尺寸照图。

二十六、石墙建筑法

园墙左右随山坡之倾斜起伏，造高大石墙，基础先打梅花形木桩，上打灰土十步，其上再砌大块冰梅石，墙皮厚五公寸至六公寸，接缝用洋灰镶嵌成纹。其上盖口用宽厚之条石，其高低尺寸随山坡之起伏，依图砌造满灌洋灰，其斜度以不失原有之形势为度。详细做法注明于大样内。

二十七、大殿建筑法

月台墙基以混凝土筑成，下打灰土六步，上砌砖墙，其四周外墙皮镶嵌大块白石相接成纹。台口拖泥加以雕刻，盖面以大块白渣石充之。月台之地平满铺白玉石分色成纹。

台之前后各装白石，阶级连三式一份。台之左右各装铜质灯柱一份，其座基用白玉石镶成雕刻花纹。

正厅四周大墙及廊柱，墙之基础先打梅花式木桩。上打灰土六步，其上再筑混凝土基础。其大墙身以大块之砖砌造，到正厅地平面上盖白石，以白石充做正厅，前后各装白玉石踏步，连三式各一份，走廊地平满铺少阳玉，镶成各式花纹。正厅左右之山墙以大块砖砌造，内外满粉西洋人造大理石镶成滨子。正厅内外各种大小柱子均以混凝土筑成，外包西洋人造大理石。凡一切柱子基础栌梁升斗花板皆以混凝土筑成以求坚固，凡露明者均加以中国各色彩画。正厅之项蓬以木质镶成方格及各种花纹，加以涂金彩画，屋顶上满铺油膏油精，上盖绿色琉璃瓦封詹齐边。屋脊兽头用块绿色瓷瓦装配完全。正厅中间装置红色花梨木灵座，座后装置红木云龙屏，神橱布置完善。厅内门窗均用钢质式古铜式以求坚固，镶嵌厚玻璃砖、雕刻花纹，其详细格式尺寸均照大样细详。

二十八、配房建筑法

正厅前左右各造配房五间，前代廊子，其墙基墙身等做法均与正厅同惟，左右山墙及后墙外皮皆抹沙子洋灰以求坚固。内墙皮均抹白纸灰，顶棚用木质做成方格形，凡前后大小木柱皆以黄松充做屋顶，照中国古式木质做成。上盖绿色琉璃瓦与正厅同凡木质露明处皆包麻彩画，顶棚及外檐之木工加以涂金彩画。凡内外柱座均以白石充做，廊子地坪及配房地平均铺细磨方砖，廊前石阶均以白石充做，配房门窗皆以木质充做，嵌玻璃砖雕刻花纹。其详细格式尺寸均照大样。

二十九、正门内石路及铜鼎建筑法

正厅前装置古铜大鼎一座，其基础露明处台口用白玉石台面，用少阳玉镶嵌各式花纹，四角加白石雕刻之卧狮各一份，鼎之四周斜坡到地平处装置白石阶级镶边，沿圈修白石路以环抱之。

大鼎之前后左右纵横各筑石子路一条，左右直达配房前接正门，后连正厅前之月台。此项石子路先打灰土四步，碎石三合土三公寸，上嵌五色石子配成各式花纹，左右路边各砌侧石以栏之，详细尺寸均照图样。

三十、正门及内围墙建筑法

围墙基础先打灰土十步混凝土，基础一层上砌大块长方式石墙，厚约一公尺半，墙中满灌石子洋灰，石墙高一公尺，内外接缝成纹，其上砌造大块砖墙，磨砖对缝，墙顶盖绿色琉璃瓦。正门造单圈式，其墙身与内围墙同门，内地平满铺斜纹式石板，前后装置白石千级石阶，内外口向外倾斜，宫门上加盖，木质房顶依照中国古式法造成，上盖绿色琉璃瓦与大殿同凡木质露明处均加以涂金彩画。正门亦以木质做成四角镶嵌钢板，以求坚固，上钉满天星，金钉兽头金环俱全。

三十一、正门外甬路及碑亭之建筑法

碑亭基础先打梅花式木桩，上打灰土六步混凝土，基础一层上砌大块石墙基于地平上，透露三公寸上口拖泥起线其上，大墙以大块砖砌造外皮，磨砖对缝，墙顶亦用白石盖口起线，里墙皮抹白玉石粉，光滑如蛋壳。形抹成滨子地平，以白玉石铺成花纹，亭上房架均用黄松木质，其顶棚以钢质作方格形涂金彩画，其中心镶嵌颜色铅条玻璃烧成之。

大元帅像屋面盖绿色琉璃瓦，四屋角持铜铃铁马，亭之四正面装置钢骨铜门各一堂，门口四框皆包古铜，中心立白玉石之神道碑一座，下装青石之石龟，碑道刻团龙，碑亭四周环以白石之走台石栏。四正面装置石级各一份，石级傍以各色玉石铺成云彩花纹成倾斜形。

头门内石子路先打灰土二步，石子三合土厚三公寸，上嵌五彩石子配成花纹铺成倾斜式，左右装花岗石路栏，此路南接头门，北连正门，左右直达东西两门。

由碑亭至东西两门之间各立白石牌坊一座，四柱横梁皆以白石充做惟。其上无顶，四柱仅装莲花头，横梁雕刻，其基础以混凝土筑成并以地梁联络之，以求坚固。

三十二、办公室及守卫室建筑法

正门外左右各造办公室五间带廊子，廊柱高三公尺二寸，四周大墙基先打灰土五步大块乱石。墙高一公尺半，盖口用花岗条石，厚一公寸，其上砌造砖墙到顶。外墙皮磨砖对缝，屋架檩子檐子顶均用木质屋面盖阴阳大板瓦起脊，兽头俱全。其山墙及门面墙皆磨砖对缝。门窗均用洋式嵌玻璃，室内满铺木质板廊子铺方砖，顶棚均装吊楞钉大板条抹白灰，室内墙身皆抹白灰。

石阶石级均用花岗石充做，台子高六公寸。

两办公室间修造甬路一条，互相联络，宽约一公尺半，洋灰石子甬路，左右装洋灰路栏。

正门外东西两门内路北，各造守卫室五间，前面带廊子，四面大墙基础等做法与办公处同室内满铺方砖、地平、廊子亦然，石阶、石级皆以花岗石充做，台子高五公寸，廊柱高三公尺，室内顶棚用木楞板条抹白灰，门窗均做洋式嵌玻璃，内墙皮抹白灰，屋面盖阴阳大板瓦起脊，兽头俱全。室前各造砖路一条与甬路相连，宽约一公尺半，路栏用洋灰与办公室处同。

以上木料露明处均用油漆彩画。

头门外左右相向各造木质守卫棚一间，其四周墙壁屋顶地平皆以木质充做。

三十三、林墓之外围墙及头门建筑法

墙垣基础先打灰土十步混凝土，基础一层上砌大块砖墙。高约三公尺，墙基厚一公尺，墙顶厚七公寸，墙身内外嵌砖缝，墙顶盖混凝土起伏以城墙式。四角加造圆形炮台一份，径十五公尺，墙圈内满垫黄土捣坚。墙顶较外城墙高一公尺半。各炮台均造砖级一份，砖级之三角墙亦以砖料砌成，均嵌砖缝，其一边加砌栏杆，其扶手用混凝土筑成，砖级下首装木质棚栏门各一份，炮台地平满铺大块砖向四周返水。

外围墙之东西两面各造单圈门一座，其墙身基础均同正门墙基砌造白石。墙高一公尺，四面交圈，上砌砖墙，嵌砖缝，门顶盖绿色琉璃瓦，门洞内地平满铺花岗石，内外各装千级石阶。门用木质、内外钉满天星金钉，兽头金环俱全。详细尺寸均照图样。

围墙正南造三圈头门一座，墙基与正门同石。

墙高一公尺半，上盖门楼子五间均用木质涂金彩画。屋顶盖绿色琉璃瓦，其用洞地平满铺花岗石，向内外装花岗石阶级各三份。石板马路四面交圈门，亦用木质与正门同。

头门前造平台一份，地平满铺花岗石板。台墙用砖砌造外皮，用花岗石拖泥盖口俱全。平台前装置花岗石连三石级一份，石级前左右装洋灰卧狮一对带雕刻之座子，花纹尺寸均照图样。

三十四、石兽建筑法

头门内甬路旁左右各置石兽五种，此项石兽连座子均用洋灰造成斩毛雕刻。每份距离十五公尺，其详细格式尺寸均照大样。

三十五、石牌坊建筑法

头门之前及圜墙前千级石上口，各筑五个圈门之石质牌坊一座。其基础先于对齐下打梅桩，上打灰土各六步，上筑混凝土。柱基及地梁高出地平线下三公寸，以托其上面石柱，此项石柱透出牌坊之顶，柱顶献刻荷花头。柱座以白石充之，柱座内外各装白石雕刻坐狮一个。以靠石柱牌坊左右两边柱，每柱各装白石座狮三份，使其日久不生摇动之患。横梁镶成滨子形，内外雕阴文之字匾。其屋顶用白洋灰混凝土筑成，雕刻花纹，顶盖绿色琉璃瓦，凡格式及尺寸雕刻均照大样。

三十六、石桥建筑法

头门前面牌坊之外架设三个圈门之连三混凝土大桥一份，跨过浑河南岸。此项桥墙及基础、桥面均以混凝土筑成，其栏杆以白石板镶做加雕刻。南北桥头装置白石灯柱加以精细之雕刻，其尺寸格式花纹均照大样。

大桥之西首，来路跨过浑河处，亦加设混凝土单圈桥一份，其栏杆及灯柱与大桥同由车站来路通过山涧处，另筑混凝土单圈桥一份。左右栏杆亦以混凝土为之，其详细尺寸格式均照大样。

三十七、马路建筑法

由奉海铁路营盘车站到林前大石桥南岸，随山坡之起伏沿游屈曲造石子马路一条。宽六公尺，其基础先铺大石子一层，厚三公寸，上铺小石子，厚二公寸，面上以黄沙刮平压坚。

三十八、堤岸建筑法

沿浑河两岸东至山涧，西至铁背山嘴，将原有之河身掘深。南北两岸垫高，左右全筑冰梅石堤各一条。此条石堤先打混凝土，基础深一公尺，堤上斜坡先打素土二步，上叠大块冰梅石。用洋灰勾缝，上筑混凝土，盖顶厚六公寸，宽五公寸。

林墓之前浑河两岸堤上，各装混凝土栏杆柱中间以铁条互相联络。其详细做法及尺寸均照大样。

三十九、余录

本说明书为林工布置之各种工程上分段之简略说明也。其余如油漆粉刷、出水道、五金、玻璃、涂金彩画、雕刻及高低广涧尺寸、格式等，于工程进行期间随时于大样上注明以来简便而资明了，如有中途变更其一部分之计划者，亦较为便利，临时酌量经费以伸缩工程之精粗或就地取材，仅求规模之雄壮，好在自办材料，随时有增减之机。惟一部分磁铜玉石之雕刻须聘美术家为之以资留览于千古。